智元微库
OPEN MIND

成 长 也 是 一 种 美 好

Motivation and Personality

Third Edition

Abraham H. Maslow

精译
导读版

原书
第3版

动机与人格

［美］亚伯拉罕·H. 马斯洛 著

姜帆 译

陈陈 导读

罗伯特·弗雷格（Robert Frager）
詹姆斯·法迪曼（James Fadiman）
辛西娅·麦克雷诺兹（Cynthia McReynolds）
露丝·考克斯（Ruth Cox）
修订

人民邮电出版社
北京

图书在版编目（CIP）数据

动机与人格 ：精译导读版 ：原书第 3 版 ／（美）亚
伯拉罕·H. 马斯洛（Abraham H. Maslow）著 ；姜帆译.
北京 ：人民邮电出版社，2025. -- ISBN 978-7-115
-65476-2
　　Ⅰ．B84-067
　　中国国家版本馆 CIP 数据核字第 20242WZ223 号

版 权 声 明

Authorized translation from the English language edition, entitled *Motivation and Personality, 3e* by Abraham H. Maslow/Robert D.Frager/James Fadiman, published by Pearson Education, Inc, Copyright © 1987 by Pearson Education, Inc.

All Rights Reserved. No part of this book may be reproduced or transmitted in any form or by any means, electronic or mechanical，including photocopying, recording or by any information storage retrieval system, without permission from Pearson Education, Inc.

CHINESE SIMPLIFIED language edition published by POSTS AND TELECOM PRESS CO., LTD., Copyright ©2025. This edition is authorized for sale and distribution in the People's Republic of China (excluding Hong Kong SAR, Macao SAR and Taiwan).

本书中文简体字翻译版由 Pearson Education, Inc. 授权人民邮电出版社有限公司发行。
本书经授权在中华人民共和国境内（不包括香港特别行政区、澳门特别行政区和台湾
地区）销售和发行。
本书封面贴有 Pearson Education（培生教育出版集团）激光防伪标签。无标签者不得
销售。

◆　　著　[美] 亚伯拉罕·H. 马斯洛（Abraham H. Maslow）
　　　译　姜　帆
　　责任编辑　杜晓雅
　　责任印制　周昇亮
◆人民邮电出版社出版发行　　　　　北京市丰台区成寿寺路 11 号
　　邮编 100164　　电子邮件 315@ptpress.com.cn
　　网址 https://www.ptpress.com.cn
　　天津千鹤文化传播有限公司印刷
◆ 开本：720×960　1/16
　　印张：24.75　　　　　　　　　　2025 年 1 月第 1 版
　　字数：384 千字　　　　　　　　 2025 年 1 月天津第 1 次印刷
　　　著作权合同登记号　图字：01-2023-6157 号

定　价：89.80 元
读者服务热线：（010）67630125　印装质量热线：（010）81055316
反盗版热线：（010）81055315
广告经营许可证：京东市监广登字 20170147 号

罗伯特·弗雷格（Robert Frager）与詹姆斯·法迪曼（James Fadiman）监督编辑。

辛西娅·麦克雷诺兹（Cynthia McReynolds）负责文字编辑。

露丝·考克斯（Ruth Cox）与罗伯特·弗雷格提供新材料。

PREFACE TO THE THIRD EDITION
第3版序言

罗伯特·弗雷格

　　本书的作者亚伯拉罕·H. 马斯洛是 20 世纪最具创造力的心理学家之一，本书则原原本本地记录了他尚未完成的工作。任何对马斯洛的理论感兴趣的人，都会重点参考本书。心理学、教育学、商业和社会学科等领域的主要专业期刊作者，都越来越关注本书，这有力地证明了本书的重要性。虽然本书的第 1 版出版于 1954 年，第 2 版出版于 1970 年，但它的影响力却逐年增长。1971~1976 年，《动机与人格》作为参考文献被引用了 489 次，平均每年超过 97 次。1976~1980 年，在第 1 版问世 20 多年后，本书被引用的次数增至 791 次，平均每年约被引用 198 次。

　　《动机与人格》第 3 版经过修订，突出了马斯洛的创造性思维，强调了他影响深远的理念。我们重新排列了章节，在其中一章添加了新的标题与副标题，并删去了一些过时的材料。本书新增了第 13 章，这是 1958 年马斯洛在美国密歇根州立大学演讲的内容。为了让读者更了解《动机与人格》这本书的历史与知识背景，第 3 版增加了：马斯洛小传、关于马斯洛理念对当代生活影响的后记、章节介绍、引文研究，以及马斯洛已出版的全部书目。

　　第 3 版有四个主要部分：①动机理论；②心理病态与正常；③自我实现；④人类科学的方法论。

第 1 章 "动机理论前言"，从人本主义的角度批判了传统的行为主义动机理论。马斯洛全面地列举了传统的行为主义动机理论的局限性。他强调了考虑个人的完整性、文化影响、环境、多重动机、非动机行为、健康动机的必要性。简而言之，这一章为真正的人类动机理论奠定了主要基础。

第 2 章 "人类动机理论"，经典地呈现了马斯洛的需求层次理论。马斯洛将行为主义、弗洛伊德学说和人本主义心理学完美地融合在了一起。需求层次理论已经成了商业、广告和其他心理学应用领域中被广泛使用的范式。

马斯洛认为，人类的所有需求都可以按照层次排序。从对空气、食物和水的生理需求开始，接下来的四个心理需求层次分别为对安全、爱、尊重和自我实现的需求。马斯洛认为，我们的高级需求就像对食物的需求一样真实，是人性中不可缺少的一部分。在这个问题上，他不像行为主义理论和弗洛伊德学说一样过度简化。

在第 3 章 "基本需求的满足"中，马斯洛探讨了需求层次的一些启示。他讨论了需求的满足及其后果，以及满足需求与学习、性格形成、心理健康、心理病态及其他多种现象的关系。

马斯洛在第 4 章 "再议本能理论"中重新考察了传统心理学的本能理论。这一理论用生物学的本能概念来解释人类的行为。本能论者认为，遗传本能是所有行为的根源，而行为主义者倾向于用学习来解释所有行为。

在这一章中，马斯洛总结了本能论中的主要问题。他认为，只要仔细观察人类的行为，就会发现遗传与环境的共同影响。马斯洛写道，人类的需求确有本能的成分，但本能的影响是微弱的。正常、健康的人不会受其本能需求的支配；即使他们的某些本能需求没有得到满足，他们也不会深感沮丧。

弗洛伊德认为，我们的自我与文化所提出的要求，必然会与我们最深层、最本质的自私的本能产生冲突。马斯洛不以为然。他认为，我们在本质上是善良的、乐于合作的，我们的文化能让我们感到满足，而不是挫败。

在第 5 章"需求的层次"中，马斯洛讨论了高层次需求与低层次需求的差异。他认为，较高层次的需求是较晚的进化的产物，在人类个体身上也是较晚出现的。高层次的需求并不迫切，其满足可以推迟至更晚的时间。满足高层次的需求会带来更多的幸福，促成更大的个人成长。满足这些需求也需要更好的外部环境。

接下来，马斯洛探讨了需求层次的一些启示。马斯洛的需求层次理论全面地看待人类高级功能的丰富性与复杂性，并且把人类的动机和行为与所有生物的动机和行为放在一个连续体上加以考虑。马斯洛也概述了需求层次理论对哲学、价值观、心理治疗、文化与神学的影响。

在第 6 章"无动机行为"中，马斯洛拓展了传统心理学的关注点，将表达性行为与艺术行为囊括在内。他那个时代的行为主义心理学家，倾向于忽略习得、有动机的行为之外的所有行为。马斯洛指出，并非所有行为都是有动机、有目的的。唱歌、跳舞和玩耍等表达性行为，相对而言是自发、无目的的，其本身就是一种享受。这些行为也值得心理学的关注。

马斯洛在第 7 章"病态的起源"中讨论了两种受挫的情况。有威胁性的受挫会导致病态；不具威胁性的受挫则不然。马斯洛认为，并非所有的受挫都具有威胁性。事实上，需求被剥夺既可能有消极影响，也可能有积极影响。马斯洛还讨论了有威胁性的冲突和无威胁性的冲突，他也认为某些类型的冲突可能产生积极的结果。

在第 8 章"破坏性是本能吗"中，马斯洛提出破坏性（destructiveness）不是天生的。他回顾了来自动物、儿童与跨文化行为研究的证据，发现在健康、支持性的环境里，几乎不存在破坏性行为（destructive behavior）。他认为，对待破坏性行为，就像对待任何行为一样，我们必须考虑三个因素：个体的性格结构、文化压力，以及当下的情境。

在第 9 章"在心理治疗中建立良好的人际关系"的开头，马斯洛将心理治疗与威胁、行为完成、需求满足等传统实验心理学概念联系起来。

马斯洛认为，只要承认需求满足核心理论的作用，我们就能理解，不同的心理治疗体系是如何发挥作用的，以及相对受训不足的心理治疗师，是如何做到也能够有效工作的。他指出，我们的基本需求只能通过人际关系来满足。这些需求包括马斯洛需求层次理论中的需求——对安全、归属、爱和自尊的需求。

马斯洛认为，良好的人际关系在本质上具有治疗的作用；反过来，良好的心理治疗则建立在治疗师与患者间的良好关系上。在马斯洛看来，良好的社会是培养和鼓励良好人际关系的社会，良好的社会也是心理健康的社会。马斯洛强调，专业的心理治疗师永远都有用武之地，尤其对于那些不再寻求满足基本需求的人，以及那些不肯接受这种满足的人来说。这样的个体，需要专业的治疗来帮助他们意识到自己的无意识的想法、欲望、受挫与压抑。

在第 10 章"通往正常与健康之路"中，马斯洛讨论了心理正常的主要定义——既从统计学、传统和文化的角度讨论，也从适应良好、没有功能障碍的角度讨论。他从心理健康的积极视角提出了一个更积极的定义。马斯洛将心理健康与自我实现过程，以及需求层次理论中的其他先天性需求的满足联系在一起。他也谈到，允许每个个体自由选择的环境，能够最好地支持心理健康。

在第 11 章"自我实现的人：心理健康研究"中，马斯洛介绍了他对自我实现的开创性研究。他概述了选择和测试研究对象时采用的方法。这一章的大部分内容都在详细阐述马斯洛的自我实现研究对象所具有的共同品质与特点，其中包括：准确的感知、自发性、超然、独立、高峰体验、幽默感与创造性。

马斯洛还指出，他的研究对象远非完美的人，并讨论了他们的缺点。此外，他还讨论了价值观对于自我实现的作用，以及自我实现的人如何解决那些二分对立的矛盾，如心与脑、自私与无私、责任与快乐等矛盾。

第 12 章"自我实现者的爱"强调了研究爱，尤其是健康人的爱的重要性。他讨论了性与爱的相互关系，还讨论了爱会如何引导我们超越自我、肯定我们所爱的人的独立性和尊严，以及爱的内在回报与利他性。

在第 13 章"自我实现者的创造性"中，马斯洛将艺术家、诗人和其他从事"创意工作"的人的创造性与自我实现的创造性进行了比较。后者更直接源自人格，会表现为做任何事都有独创性的倾向，无论是教学、烹饪、运动，还是做其他活动。

有创造性的自我实现者，往往会用清醒、独到的眼光看待世界，比大多数人更率性，更善于表达。因为他们接纳自我，所以有更多的自我可以用于创造性活动。马斯洛也将这种创造性称为"原发性创造性"（primary creativity），即催生伟大艺术、音乐等作品的原始洞察力与灵感。马斯洛指出，虽然只有少数天才和训练有素的人才能在艺术创作上取得成功，但原发性、自我实现的创造性是我们人性的一个基本方面。

在第 14 章"新兴心理学的问题"中，马斯洛概述了他用新方法研究心理学时提出的一系列问题，涵盖了学习、知觉、情绪、动机、智力、认知、临床心理学、动物心理学、社会心理学和人格理论等传统心理学主题。

在第 15 章"关于科学的心理学研究"中，马斯洛从心理学的视角为我们解读了科学：科学家是人。他们作为科学家的行为遵循心理学的原理。也就是说，他们的价值观与人类的恐惧、希望和梦想在科学中会发挥作用。马斯洛还强调，科学不是发现真理的唯一途径。他建议，除了传统的科学观点外，我们还应借鉴诗人、哲学家、梦想家和其他人的视角。健康、快乐、全面发展的人很可能成为一位更好、更有创造力的科学家。

在第 16 章"聚焦手段与聚焦问题"中，马斯洛提出，许多科学领域的问题，尤其是心理学的问题，都是由于过度聚焦手段造成的。聚焦手段指的是关注科学研究的工具、仪器和技术。这往往会导致虽然研究方法得当，却缺乏重要的价值。聚焦手段往往会导致科学长期被正统观念把持，扼杀了创意，限制了科学可以研究的问题。

在第17章"刻板印象与真实认知"中，马斯洛区分了两种类型的思维，并认为大多被人当作思考的过程，其实是盲目的分类。他强调了首先关注新体验的重要性——我们应该清晰而仔细地观察这种体验，而不是立即将其分类。在马斯洛看来，刻板印象就是盲目分类的一个例子，习惯则是另一个例子。虽然思维有一些稳定性是有益、必要的，但滥用分类会导致思维僵化、缺乏对当下的觉察。这也会导致解决问题的效率低下。这样一来，新的问题要么被人视而不见，要么被通过不恰当的技术、过时的手段处理。

在第18章"心理学的整体论"中，马斯洛提出，复杂的人类行为不能被简化。即使是在研究人格的具体方面时，马斯洛也坚持认为，我们研究的是整体的一部分，而不是一个独立的实体。马斯洛提出了"人格综合征"的概念—— 一种由明显不同部分组成、结构化、有组织的复合体，并详细讨论了这种研究方法的各项启示。

我们诚挚地希望你会喜欢这本书，就像我们喜欢编辑它一样。亚伯拉罕·马斯洛在如何做人、如何思考等方面给予了我们启发。如果他对心理学和人类潜能的见解触动了你，并引导你去思考他所提出的问题，那么这本书就是一部成功之作。

ACKNOWLEDGMENTS
致谢

编辑要感谢伯莎·马斯洛（Bertha Maslow）的支持，以及乔治·米登多夫（George Middendorf）最初的设想与鼓励。有了他们，《动机与人格》第 3 版才最终问世。

露丝·考克斯要感谢辛西娅·麦克雷诺兹、詹姆斯·法迪曼、罗伯特·弗雷格，以及加利福尼亚超个人心理学研究所 1984 届的研究生，感谢他们对早期书稿的评论。同样感谢迈尔斯·维赫（Miles Vich）的观点，以及米尔顿·陈（Milton Chen）与保罗·考克斯（Paul Cox）对编辑的建议。

亚伯拉罕·H. 马斯洛

在本次修订中，我试图将过去 16 年的主要经验融入书中。这些经验不容小觑。我认为这是一次真正、详尽的修订（尽管我只做了适度的重写），因为对本书的主旨做了一些重要的修改，我将在下面详细说明。

本书在 1954 年出版之时，基本上是试图**发展**已有的经典心理学，而不是批判它们，或是建立一种与之对立的心理学说。本书试图探讨"高级"的人性，扩大我们对于人类人格的理解。[我最初打算将本书命名为《人性的更高境界》(*Higher Ceilings for Human Nature*)。] 如果我必须将本书的主题浓缩为一句话，我会说，除了当时的心理学对人性的看法以外，人类还有一种境界更高的本性—— 一种类本能 [②]，也就是说，这是人类本质的一部分。如果我能再补充一句话，我会强调人性深刻的整体性。这与行为主义和弗洛伊德的精神分析、解剖学、原子论、牛顿力学式的观点是冲突的。

或者换一种说法，我当然接受并依赖于实验心理学和精神分析的现有

---

① 此序言来自第 2 版，故章节编号可能与第 3 版不符。参考文献已省去。

② 马斯洛创造了"类本能"（instinctoid）一词，以表达两种含义：人性的高级层面是天生的、自然的、心理上固有的，如同"本能"一样；这些高级品质与本能相似，但不完全相同。为了提高可读性，我们在实际文本中，将"instinctoid"改为"instinctlike"。

理论。我也赞同实验心理学实证、求真的精神，赞赏精神分析对人性的揭露与深入探索，但我却拒绝接受它们所创造出来的人的**形象**。也就是说，本书呈现了一种不同的人性哲学，一种人类的新形象。

我曾将这种分歧视为心理学家族内部的争论。然而，事实上，这种争论其实是一种新时代精神的局部体现。这种新的"人本主义"世界观，似乎是在用一种全新、更有希望、更鼓舞人心的方式来看待人类的所有知识（如经济学、社会学、生物学等）、所有行业（如法律、政治、医药等），及所有社会机构（如家庭、教育机构、宗教组织等）。我根据这种个人信念修订了本书，并在本书所呈现的心理学中写入了这种信念：这是一种更宏大的世界观、更包容的生活哲学的一个侧面，并且在一定程度上已经行之有效——至少具备了合理性，因此必须予以重视。

我必须谈谈一个令人恼火的事实：知识界的许多人，尤其是那些掌控沟通渠道，能与有学识的大众和青年交流的人，仍然对这场真正的革命（对人、社会、自然、科学、终极价值、哲学等的新看法）视而不见（因此我将其称为"默默无闻的革命"）。

知识界的许多人提倡绝望、愤世嫉俗的观念，这种观念有时会自甘堕落，退化为有腐蚀性的恶意与残酷。实际上，这类观念否定了改善人性与社会的可能，否定了发现人类内在价值的可能，也否定了对生活的普遍热爱。

他们怀疑诚实、善良、慷慨、情感的真实性。在面对那些被他们嘲笑为傻瓜、"童子军"、死脑筋、天真、大好人、乐天派的人时，这些人的态度已经超越了合理的怀疑或暗自的评判，而是变成了赤裸裸的敌意。这种驳斥、敌视和攻击已经超越了轻蔑的限度；有时候，他们似乎在义愤填膺地反击，因为在他们看来，有人在试图愚弄、欺骗、糊弄他们，这实在是一种羞辱。我认为，精神分析师能在这种心态中看到一种由于对过去的失望与幻灭而产生的暴怒与报复性的动力。

这种绝望的亚文化，这种"比你更坏"的态度，这种相信弱肉强食与绝望、不相信善意的反道德，与人本主义心理学，与本书和许多著作中提供的初步信息都是完全矛盾的。虽然在肯定人性中"善良"的先决条件时仍有必要保持高度的谨慎（参见第 7 章、第 9 章、第 11 章、第 16 章），但我们已经有可能坚决驳斥人性在根本上是堕落且邪恶的那种绝望观念。这种信念体现的不仅仅是一种品位问题。它只能靠决绝的盲目与无知，靠罔顾事实的态度来维持。因此，我们必须把这种信念视为一种个人心理的投射，而不是理性的哲学、科学的立场。前两章和附录 B 中提出的人本主义、整体论科学概念，在过去几十年的科学进展中已经得到许多有力的证实。其中最有力的证明，莫过于迈克尔·波兰尼（Michael Polanyi）的伟大著作《个人知识》（*Personal Knowledge*）。本人的拙作《科学心理学》（*The Psychology of Science*）也提出了类似的论点。这些著作，与至今仍广为流行、经典、传统的科学哲学大相径庭，它们能很好地替代那些与人有关的科学研究。

本书始终持整体论观点，但更深刻，也许更难论述的内容则包含在附录 B 中。整体论显然是正确的——毕竟，宇宙是相互关联的统一体；任何社会都是相互关联的统一体；任何人也是相互关联的统一体，以此类推。然而，作为一种看待世界的方式，整体论观点却很难得到应有的实际应用。近来，我越来越倾向于认为，原子论的思维方式是一种轻微的心理病态，或者至少是认知不成熟的一种典型表现。整体论的思考与观察方式，似乎会自然、自动地被那些更健康、自我实现的人所接受；而那些不够开明、不够成熟、不够健康的人则断不能接受。当然，到目前为止，这只是一种看法，我不想过分强调它。然而，我觉得在此将其作为一个有待检验的假设是合理的，也应该是相对容易做到的。

第 3 章和第 7 章提出的动机理论，在一定程度上贯串全书。这个理论有一段有趣的历史。1942 年，我首次向精神分析学会提出该理论。我提出这个理论，是为了将我在弗洛伊德（Freud）、阿德勒（Adler）、荣格（Jung）、大卫·利维（David Levy）、弗洛姆（Fromm）、卡伦·霍妮（Karen Horney）和科特·戈尔德斯坦（Kurt Goldstein）等人的学说中看到的部分真理整合到一个单一的理论结构里。我从自己零星的心理治疗经验中了解到，这些心理学家的学说在不同时间，对不同的人来说，都是正确的。我的问题在本质上是临床问题：哪些早期需求的剥夺会导致神经症？哪些心理疗法能治疗神经症？哪种措施能预防神经症？心理疗法应该按照什么顺序使用？哪种方法最有效？哪种是最基本的？

公平地讲，动机理论在临床、社会与人格学方面是相当成功的，但在实验室与实验方面则不然。该理论非常符合大多数人的个人经历，往往能为他们提供结构化的解释，帮助他们更好地理解自己的内在生活。在多数人看来，这个理论似乎有一种直接、个人、主观的合理性。然而，它仍然缺乏实验的验证与支持。我还没能想出一个在实验室里检验该理论的好办法。

道格拉斯·麦格雷戈（Douglas McGregor）将这个动机理论应用于工业情境，在一定程度上解答了这个谜题。他发现，该理论对于整理数据和观察结果很有帮助，而且这些数据还能反过来验证该理论。现在看来，实证支持并没有来自实验室，反而来自这一领域。

我从这件事，以及后来从生活各方面得到的证据中学到的经验是：当我们谈及人类需求时，我们谈论的是他们生活的本质。我怎么能认为这种本质可以在动物实验或试管中研究呢？显然，这种研究需要一个"完整的人"，需要他在社会生活的情境中。只有在这里才能验证或否定该理论。

第 4 章的内容来自临床和心理治疗，这一点可以从它强调神经症的起因，而不强调那些不会给心理治疗师惹麻烦的动机上看出来。这类动机包括懈怠与懒惰、感官愉悦、对感官刺激与活动的需求、对生活的热爱（或缺乏热爱）、易于希望或绝望的倾向、退行的倾向（在恐惧、焦虑、匮乏等情况下更容易产生）；当然还有同样作为动机的、人类最高级的价值——美、真、卓越、圆满、正义、秩序、稳定、和谐等。

对于第 3 章和第 4 章的必要补充，在我的《存在心理学探索》（*Toward a Psychology of Being*）的第 3 章、第 4 章、第 5 章，《优心态管理》（*Eupsychian*

Management）讲"低级抱怨"（Lower Grumbles）、"高级抱怨"（Higher Grumbles）和"超越性抱怨"（Metagrumbles）的章节，以及《超越性动机理论：价值生命的生物学起源》（A Theory of Metamotivation: the Biological Rooting of the Value-Life）一文中都有讨论。

如果不考虑人类最远大的理想，我们就永远不会理解人类的生活。此时此刻，我们必须无条件地接受成长、自我实现、对健康的追求、对身份认同与自主的追寻、对卓越的渴望（以及其他描述"上进"的说法），将其视为普遍存在甚至人类所共有的倾向。

然而，也存在其他退行、可怕、自我贬低的倾向。在我们沉醉于"个人成长"时，很容易忘却这些倾向，少不更事的人更是如此。我认为，全面了解心理病理学和深度心理学，是预防这种错觉的必要举措。我们必须认识到，许多人做了更坏的选择，而不是更好的；成长往往是一个痛苦的过程，可能有人会因此避免成长。我们不但热爱自己最好的一面，还害怕自己的这一面；我们所有人都对真理、美好、美德深感矛盾，既爱它们，又怕它们。弗洛伊德的书仍是人本主义心理学家的必读书目（要读他关于事实的部分，而不是他形而上学的部分）。我还想推荐一本霍加特（Hoggart）所写的极其敏锐的著作。这本书无疑能帮助我们同情并理解他所说的那些受教育程度较低的人，理解他们为何如此迷恋庸俗、琐碎、低劣、虚伪的东西。

在我看来，第 4 章及第 6 章"基本需求的类本能性质"，共同构成了人类内在价值体系的基础。这种内在价值，也就是自我认可的人类价值，其在本质上是好的、令人向往的，无需更多的证实。这是一系列分层次的价值，就存在于人性的本质之中。这些价值不仅是所有人想要的、渴望的，而且在某种意义上也是所有人需要的，因为它们是避免疾病与心理病态所必需的。换言之，这些基本需求与超越性需求（metaneeds）也是内在的强化因素、无条件的刺激，是各种工具性学习与条件反射的基础。也就是说，为了获得这些内在的价值，动物和人几乎愿意学习任何东西，以获得终极的价值。

尽管我没有足够的篇幅来详细阐述这个想法，但我一定要在此提出，不仅要将类本能的基本需求与超越性需求视为需求，也要将其视为**权利**。这不仅是正确的，而且大有裨益。只要我们承认人有做人的权利（正如承认猫有做猫的权利一样），就必然认同这一观点。要做一个完整的人，就必须满足这些基本需求与超越性需求，因此它们可以说是人的自然权利。

用分层次的观点来看待基本需求与超越性需求，对我来说还有另一种帮助。我觉得这种观点就像自助餐，人们可以根据自己的口味和胃口做选择。也就是说，在判断一个人的行为动机前，必须考虑判断者的性格。他**选择**将行为归因于哪些动机与他本人的性格（如总体上的乐观或悲观程度）是一致的。我发现，悲观的选择在时下要普遍得多，以至于我觉得应该给这种现象命名为"动机的降级"。简单地说，这是一种解释人类行为的倾向：宁愿用低级需求来解释，也不愿用中级需求；宁愿用中级需求来解释，也不愿用高级需求；能用纯粹的物质动机来解释行为，就不会用社会动机、超越性动机或三种动机的结合来解释。这是一种近乎偏执的怀疑，一种对人性的贬低。我们常常见到这种情况，但据我所知，还没有人充分阐述过这种现象。我认为，任何完整的动机理论都必须将此额外变量包含在内。

当然，我敢肯定，研究思想的历史学家能轻易找到许多例子，表明在不同文化和不同时代，要么有动机降级，要么有动机升级的普遍趋势。在我写这篇序言时，我们文化中普遍存在非常明显的降级趋势。在解释人类行为时，低级需求被严重滥用了，而高级需求和超越性需求却很少有人提及。在我看来，这种倾向更多基于先入为主的观念，而非实证的事实。我发现，高级需求和超越性需求，比我的研究对象所怀疑的更具决定性，肯定也比当代知识分子敢于承认的更具决定性得多。显然，这是一个实证与科学的问题，很明显也是一个非常重要的问题，不能任由某些小圈子、小团体来解释。

在关于满足理论的第 5 章中，我添加了一个关于病态满足的部分。当然，这是我们在 15 或 20 年前没有料到的事情：一个人达成一直**想要**达成的目标后，可能会出现病态的后果，而这种满足本来应该带来幸福。我们从奥斯卡·王尔德（Oscar Wild）那里学到了要小心自己许下的愿望——因为我们的愿望一旦实现，就可能有悲剧发生。在**任何**动机层面，这种情况似乎都是可能发生的，无论是在物质层面、人际层面，还是在超越性的层面。

我们可以从这意想不到的发现中了解到，基本需求的满足不会自动带来一套人们所相信及践行的价值体系。相反，我们了解到，满足基本需求可能带来一种后果——无聊、漫无目的、迷茫等类似的现象。显然，在我们努力争取我们所缺乏的东西时，在我们希望得到我们所没有的东西时，在我们发挥自己的才干、为实现愿望而努力时，我们的身心功能才处于最佳状态。需求满足的状态，并不一定就是幸福或满意的状态。这是一种不确定的状态，一种既能解决问题也能产生问题的状态。

这一发现意味着，对于何谓"有意义的生活"，许多人能想到的**唯一**解释就是"缺乏某种基本的东西并为之奋斗的生活"。但我们知道，对于自我实现的人来说，即使他们的基本需求都已得到满足，他们也会觉得生活充满意义，因为他们生活在"存在"的境界中。因此，关于有意义的人生，普遍存在的观念是错误的，至少是不成熟的。

对我来说，同样重要的是，我越来越意识到我提出的"抱怨理论"（Grumble Theory）所描述的现象。简而言之，据我观察，需求的满足只会带来短暂的幸福，这种幸福往往会被另一种更高级（希望如此）的不满所取代。人类对于永恒幸福的希望似乎永远无法实现。当然，幸福会来的，是可以得到的，也是真实的。但我们似乎必须接受幸福内在的短暂性，尤其当我们关注的是那些更为强烈的幸福形式时。高峰体验不会持久，也**不可能**持久。强烈的幸福是短暂的，不是持续的。

然而，这相当于修正了统治我们思想 3000 年的幸福理论，而这种幸福理论决定了我们对于天堂、伊甸园、好生活、好社会和好人的所有观念。我们的爱情故事总是以"他们从此幸福地生活在一起"为结尾。我们关于社会进步和社会革命的理论也是如此相信一劳永逸。例如，关于社会切实但有限的进步，种种类似的过度宣传数不胜数，让我们信以为真，并因此备感失望。参议院直选、所得税分级及其他许多我们已写入法律法规的改进措施，其好处也被过度宣扬了。似乎每一项举措都应该带来永恒盛世，将所有问题一笔勾销，结果却往往事与愿违。这似乎能明确地说明，我们可以期待进步，这是合情合理的，但期待完美圆满、永恒的幸福，就不那么理智了。

我还必须提醒大家，有一件事尽管非常明显，但几乎被所有人忽视了。那就是我们将已经获得的幸福视为理所当然，并抛诸脑后、遗忘在意识之外，最终不再予以重视——至少在我们失去这些幸福之前。例如，我在1970 年 1 月写这篇序言时，美国文化就有一种显著的特点：我们在 150 年的斗争中取得了毋庸置疑的进步与改善，而如今许多行事轻率、智识短浅的人却将这些成果弃如敝履，视之为虚假、无用的东西，不再值得人们争取、保护和重视，仅仅因为这个社会还不够完美。

当下的妇女"解放"斗争就是一个这样的例子（我能举出几十个其他的例子），能够说明这个复杂但重要的观点，并表明有多少人倾向于用非此即彼和分裂的方式思考，而不是以分层级、整合的方式思考。比如，有一个年轻女孩的梦想是有一个男人能爱上她，给她一个家，给她一个孩子，而她却看不到这个梦想以外的东西。在她的幻想里，她会从此过上幸福的生活。但事实是，无论她多么渴望一个家、一个孩子或一个爱人，她迟早会如愿以偿，并将这些幸福视为理所当然，进而开始感到焦躁、不满，好像缺少了什么东西，好像需要获得更多的东西。因此，最常见的错误就是对家庭、孩子和丈夫心怀怨恨，将他们看作一种假象，甚至是陷阱或奴役，然后以非此即彼的态度，渴望更高级的需求和满足，如专业工作、旅行自由、个人自主，诸如此类。抱怨理论和需求层次整合理论的主要观点是，把需求看作互斥的选择是不成熟、不明智的。我们最好这样思考这个不满足的女人：她深切地希望保有她所拥有的一切，然后要求获得**更多东西!**也就是说，她通常希望保留她所拥有的幸福，并得到更多的好处。即使想到了这一层，我们似乎还没有学到那个永恒的教训：接下来，她无论渴求什么，事业或其他什么东西，当愿望实现时，这个过程还会重新上演。在这段幸福、兴奋和满足的时期过后，她又会把一切当作理所当然，再次变得焦躁不安、心怀不满，并要求**更多**！

我要提出一种真正的可能性，供大家思考。如果我们充分意识到这些人类的特性，如果我们放弃幻想，不再追求永恒、不间断的幸福，如果我们能接受我们只有短暂的狂喜，然后必然会陷入不满和抱怨，希望得到更多东西，那我们也许能教会普通人那些自我实现者自动就会做的事情了：珍惜他们的幸福，为此感到庆幸，避免落入陷阱，去做非此即彼的选择。一个女人可以获得特有的满足（被爱、有家、有孩子），**然后**，在不放弃任何已有满足的情况下，继续超越自身的局限，达到完整的人生境界，比如，她的智力、才能、独特的天资和个人成就都能得到充分的发展。

第 6 章"基本需求的类本能性质"的主旨发生了很大的变化。过去 10 年左右，遗传学取得了长足的进步，迫使我们比 15 年前更多地赋予了基因决定性力量。我认为，对心理学家来说，这些发现中最重要的是 X、Y 染色体可能发生的各种情况：二倍体、三倍体、缺失等。

受这些新发现的影响，第 9 章"破坏性是类本能吗"也做了大量的改写。

也许遗传学的这些进展，有助于让我的观点变得更清晰、更易于传达，显然这方面在过去有所不足。目前，遗传与环境作用之争几乎像 50 年前一样被简化。这场争论仍是两种观点之间的拉锯：一方支持被简化的本能理论，即动物本能主宰一切；另一方则完全排斥本能论，支持完全的环境决定论。这两种观点都很容易驳倒，而且在我看来，它们都站不住脚，甚至可以说是愚蠢的。与这两种极端立场相反，第 6 章提出的贯串全书的理论给出了第三种立场，即人类身上留有**非常微弱**的本能残余，但完全不能称之为动物性的纯粹本能。这些本能参与和类本能倾向非常微弱，以至于文化熏陶与学习就能轻易将其压倒，因此必须将文化与学习看作强大得多的因素。事实上，精神分析与其他揭示内心的疗法（更不用说"寻求身份认同"的行为），都可以被视为非常艰难且棘手的任务，即透过学习、习惯与文化的表层，去发现我们的本能残余与类本能倾向——我们若隐若现的本性可能是什么。总而言之，人具有生物本性，但这种本性的决定力量非常微弱、不易察觉，需要特殊的"狩猎"技巧才能发现；我们必须从个人、主观的角度，发现我们的动物性、我们的物种特性。

这就等于得出了这样的结论：人性具有极大的可塑性，也就是说，文化与环境很容易减弱或完全消灭遗传潜能，不过它们并不能创造甚至增加这种潜能。在我看来，就社会而言，这似乎是一个极其有力的论据，证明了世界上每一个出生的婴儿都应拥有平等的机会。这也是应当建设美好社会的有力论据，因为人类的潜能很容易因恶劣的环境而遭到破坏或泯灭。这与前面提出的论点截然不同，身为人类物种的一员，就必然拥有成为完整的人的权利，也就是实现所有人类潜能的权利。（从生而为人的角度讲）作为人类的意义，也必须从**成为**一个人的角度来界定。从这个意义上讲，婴儿只是一个潜在的人，必须在社会、文化和家庭中成长为人。

这一观点最终将迫使我们更加认真地看待我们的身份及个体差异这一事实。我们必须学会用这种新的方式来看待这些差异：①它们具有高度的可塑性，一目了然，易于改变，也容易被扼杀，但也会因此产生各种微妙的病态；②这也就催生了一项颇为棘手的任务——揭示每个人的气质、素质和隐藏的**倾向**，以使他们能够按照自己的风格，不受阻碍地成长。这种态度要求心理学家比过去更加关注否认个人真实倾向所带来的微妙的身心代价与痛苦，这些痛苦不一定是有意识的，也不容易从外界观察到。这进而意味着，我们要更加关注每个年龄段"良好成长"的操作性意义。

最后，我必须指出，没有了社会不公的借口，会带来令人不寒而栗的后果，而我们必须在原则上做好准备面对这一后果。我们越是减少社会的不公，就越会发现，这种不公会被"生物学上的不公"——婴儿降生时就具有不同的遗传潜能所取代。如果我们要为每个婴儿的好潜能提供充分的发展机会，那么意味着也要接纳他们的坏潜能。如果婴儿天生心脏不好、肾脏衰弱或是神经系统有缺陷，那我们又该怪谁呢？如果只能怪自然，那么这对受到自然"不公"对待的个体的自尊来说，又意味着什么呢？

在这一章和其他文章里，我谈到了"主观生物学"（subjective biology）这一概念。我发现它是一种非常有用的工具，能弥合主观与客观、现象与行为间的鸿沟。我希望这一发现，即一个人可以也必须内省、主观地研究自身的生物学特性，能够帮助其他人，特别是生物学家。

关于"破坏性"的第 9 章已经大量重写。我将本章归入了更具综合性的邪恶心理学范畴，希望通过谨慎地论述邪恶，证明这个问题在实证上和科学上是可以研究的。在我看来，将这个问题纳入实证科学的范畴，意味着我们可以满怀信心地期待对它的了解会稳步增长，也必定意味着我们能对它采取行动。

我们知道，攻击性是由遗传和文化共同决定的。另外，我认为区分健康与不健康的攻击性是非常重要的。

正如攻击性**既**不能完全归咎于社会，**也**不能完全归咎于人类的内在本性，一般的邪恶也是如此，既不只是社会的产物，也不只是心理的产物。这可能听起来太明显，不值一提，但今天仍有许多人不仅相信那些站不住脚的理论，还按照那些理论行事。

我在第 10 章"行为的表达性成分"中谈到了"阿波罗式控制"（Apollonian controls）的概念，这是一种不影响需求满足，反而增强满足感的理想的控制。我认为这个概念对理论心理学和应用心理学都非常重要。这一概念让我得以区分（病态的）冲动与（健康的）自发性，这种认识在今天是非常重要的，尤其是对年轻人，以及许多倾向于认为任何控制都必定压抑人性和邪恶的人来说。我希望这一见解能像帮助我一样帮助别人。

我还没有花时间把这个概念工具应用到自由、伦理、政治、幸福等古老的问题上，但我认为它的意义与作用，对这些领域内任何真正的思想家来说，都是显而易见的。精神分析师会注意到，这种解释在某种程度上与弗洛伊德对快乐原则和现实原则的整合是一致的。我认为，思考这些异同之处，对心理动力学的理论家来说是有益的练习。

第 11 章与自我实现有关。在本章中，我将这个概念明确地限定在年长者身上，从而消除了一个可能会造成困惑的地方。根据我所使用的标准，自我实现不会发生在年轻人身上。至少在我们的文化中，年轻人还没有获得身份认同或自主性；也没有足够的时间去体验一段持久、忠诚、褪去浪漫成分的爱情；他们一般也没有找到自己的使命，找到可以奉献自己力量的事业；他们没有形成**自己**的价值体系；他们没有足够的经历（对他人的责任、悲剧、失败、成就、成功），以摆脱完美主义的幻想，立足于现实；他们没有学会耐心；他们对自身和他人的邪恶的了解，不足以让他们学会慈悲；他们也没有足够的时间与父母和长辈、权力和权威和解；他们通常也缺乏渊博的知识，没有受过足够的教育，很难变得明智；他们往往也不够勇敢，难以面对不受欢迎的事实，难以公开表达善意而不感到羞耻；等等。

无论如何，从心理学上讲，最好的做法是把成熟、健全、自我实现的人（他们的各项人类潜能已经实现）这一概念，与**任意**年龄段的健康概念区分开来。我发现，这样一来，这个概念就变成了"走向自我实现的良好成长"，这是一个相当有意义且可以研究的概念。我对大学阶段的年轻人做了足够多的探索，使我确信区分"健康"与"不健康"是可能的。在我看来，健康的年轻男女往往还在成长，讨人喜欢，甚至很可爱，没有恶意，在私下里还很善良、无私（但对此感到很害羞），并且在私下里对那些值得尊敬的长辈怀有很深的感情。这些年轻人对自己的看法还不确定，他们还没有定型，并且为他们在同龄人中的劣势地位感到不安（他们的个人观点和品位比一般人更淳朴、更正直、更受超越性动机的影响，也就是说，比一般人更高尚）。他们暗自为年轻人身上常见的残忍、刻薄和无法无天的精神等特点感到不安。

当然，我不确定这些特点是否必然会发展成我所说的年长者的自我实现。只有纵向研究才能明确这一点。

我说过，我的那些自我实现的研究对象具备了超越民族主义的特征。我还可以补充一点，他们也超越了阶级与社会地位。从我的经验来看，事实确实如此，即便我曾先入为主地认为，家境富裕和地位尊贵往往使人更有可能达到自我实现。

我在第一份研究报告中没有想到的一个问题是：这些自我实现的人只能在一个美好的世界里，与"好"人生活在一起吗？现在回想起来，我认为自我实现的人在本质上是**懂变通**的，能够立足现实，适应任何人、任何环境（当然这一点还有待考证）。我认为，他们已经做好了准备，能以好人的面貌对待好人，以坏人的姿态对待坏人。

我研究过"抱怨"及低估、贬低和抛弃已经满足的需求的普遍倾向，并从中发现了自我实现者的另一个特点：相对而言，自我实现的人不容易怀有这种人类常有的、深刻的不满。简而言之，他们有"感恩"的能力。他们能意识到，拥有幸福是多么值得庆幸。即使奇迹一次又一次地发生，他们仍然能为之惊叹。他们能意识到，没有理所当然的好运，也没有受之无愧的恩惠，这使得生活对他们来说永远弥足珍贵、生气勃勃。

我对自我实现者的研究相当成功——必须承认，这让我松了一口气。毕竟，执着地追寻直觉里的信念是一场豪赌，而且我在途中还违背了一些科学方法和哲学批判的基本准则。毕竟这些都是我相信并接受的规则，我实在是如履薄冰，对此我心知肚明。因此，我一边摸索前行，一边深感焦虑、矛盾和自我怀疑。

过去的数十年，我积累了足够的证据和支持，因此不再需要为这些基本问题担惊受怕了。然而，我非常清楚，我们仍然面临这些基本的方法论和理论性问题。目前已经做完的工作，只是一个开端。我们现在已经准备好用更客观、公认、剔除个人因素的团队研究方案，来选择自我实现的（健康、健全、自主的）个体进行研究。跨文化研究显然是需要的，而从摇篮到坟墓的追踪研究，将会提供唯一真正令人满意的验证，至少在我看来是这样。除了像我一样在各领域的顶尖人才中选取研究对象，对人类总体进行抽样显然也是必要的。我研究过，那些人中翘楚身上也有"无可救药"的罪恶；我也认为，除非我们能更充分地探讨这些罪恶，否则我们不可能理解人类无穷无尽的邪恶。

我相信，这样的研究将改变我们对科学、伦理与价值观、宗教、工作、管理学与人际关系、社会及其他诸多领域的看法。此外，我还认为，如果我们能教导年轻人放弃他们不切实际的完美主义，放弃他们对完美人类、完美社会、完美教师、完美父母、完美政客、完美婚姻、完美朋友、完美组织等的苛求，那么几乎可以立即发生巨大的社会、教育变革。因为所有这些东西都不存在，也根本不可能存在——除了短暂的高峰体验、完美契合的瞬间等。即使我们知识有限，我们也知道，这样的期望只是幻想，因此必然会导致幻灭，并随之带来厌恶、暴怒、抑郁和怨恨。我发现，"现在就要人间天堂！"的要求本身就是滋生邪恶的主要来源。如果你要求有一个完美的领袖或完美的社会，那么你就放弃了在好与坏之间做出选择的权利。如果不完美就是恶，那么一切都是邪恶的，因为一切都不完美。

从积极的方面来看，我也相信，这个研究的伟大前景，最有可能成为我们了解人性内在价值的源泉。这里有所有人类似乎都需要、都渴望的价值体系、宗教替代物、能满足理想主义的东西、规范性的人生观——没有这些东西，人类就会变得丑恶、卑鄙、庸俗、浅薄。

心理健康不仅在主观上让人感觉良好，而且是正确、真实、真切的。从这个意义上说，它比疾病"好"，比疾病优越。它不仅正确、真实，而且会令人豁然开朗；不仅能让人看到更多的真相，还能让人看到更高级的真相。也就是说，不健康不仅会让人感觉糟糕，而且会让人盲目，这是一种认知上的病态，也是道德与情感的丧失。此外，不健康还是一种残疾、失能，是做事与实现目标的能力下降的表现。

健康的人尽管数量不多，但是真实存在。健康及其所有价值（真、善、美等）已被证明是可能的，因此，在原则上是可以实现的。对于那些愿意清醒而不愿盲目、愿意感觉良好而不愿感觉糟糕、愿意身心健全而不愿残废的人，我建议他们去寻求心理的健康。我想起了一个小女孩，当被问到为什么善比恶好时，她回答说："因为善良**更美好**。"我想我们能回答得更好：同样的思路也能证明，生活在一个"好社会"（亲如弟兄、协同合作、充满信任、人性本善），比生活在一个丛林社会（人性本恶、专制、敌对、弱肉强食）"更好"，这既符合生物学、医学和达尔文主义的生存价值观，也符合主客观成长的价值观。好的婚姻、友谊和父母也符合这个道理。这些东西不仅令人渴望（喜欢、选择），而且在特定的意义上，它们也是"可取的"。我知道，这会给哲学家带来相当大的麻烦，但我相信他们能处理好。

证明优秀的人**能够**存在且确实存在（即使少之又少，且各有缺陷），就足以给我们勇气、希望和继续奋斗的力量，并且让我们对自我和自我成长的可能性充满信心。同样，对人性怀有希望，无论这种希望多么冷静、现实，都应该能帮助我们培养友爱之情、恻隐之心。

我决定删去本书第一版的最后一章"走向积极心理学"。在1954年98%正确的东西，在今天只有2/3是正确的了。积极心理学在今天至少已经出现了，尽管影响还不是很广泛。人本主义心理学、新超越心理学（new transcendent psychologies）、存在主义心理学、罗杰斯心理学、体验心理学、整体心理学、追求价值的心理学都已出现，并且蓬勃发展，至少在美国是这样的。不过不幸的是，大多数心理学系还不教这些学说，所以感兴趣的学生必须自行查找，或者在偶然间发现它们。对于想要亲自品评这些学说的读者，我认为在穆斯塔卡斯（Moustakas）、塞弗林（Severin）、布根塔尔（Bugental），以及苏蒂奇（Sutich）和维赫（Vich）等人的作品中最容易找到这类人物、思想和信息。至于相关的学校、期刊、学会的地址，我推荐读者查看"优心态网络"（Eupsychian Network），它在我的《存在心理学探索》一书的附录中。

对于还不放心的学生，我仍然会推荐他们阅读第1版的最后1章，这本书应该在大多数大学图书馆都能找到。出于同样的原因，我也推荐他们阅读我的《科学心理学》。对于那些愿意认真对待这些问题，并下功夫研究的人来说，波兰尼的《个人知识》是这一领域的杰作。

这部修订版体现了我正在越来越坚定地拒绝传统、不掺杂价值观的科学；或者更确切地说，拒绝徒劳地试图建立一门不掺杂价值观的科学。本书比过去更坦率、更遵守规范，并且更自信地肯定了科学就是一群寻求价值的科学家所做的由价值驱动的探索。我敢说，这些科学家能够在人性本身的结构中，发现内在、终极、属于全人类的价值。

对有些人来说，这似乎是在攻击他们热爱和崇敬的科学——我也同样热爱和崇敬科学。我承认他们的恐惧有时是有道理的。在许多人看来，尤其是在社会科学领域，如果没有不掺杂价值观的科学，那唯一可能的另一种选择，就是完全倒向政治立场（这必然缺乏充分的信息），而且这两种科学是非此即彼的。对他们来说，接受一方就必然意味着排斥另一方。

有一个简单的事实能立即证明，这种二分法是一知半解的：即使你是一个公开表明身份的政客，你在与对手争论时，也最好能掌握正确的信息。

我们不仅要避免这种自我挫败的愚行，尽我们所能地处理这个极其严肃的问题，我还认为，对于价值观的规范性热情（致力于行善、助人、建设更好的世界）与科学的客观性毫不冲突，并且能创造出一种更优越、更强大、研究范围更广的科学，而不是像现在这样，试图保持价值中立（把价值留给不是科学家的人，在不以事实为依据的情况下，进行武断的评判）。要做到这一点，只需扩大我们对"客观"的认识，不仅将"旁观者知识"（不干涉、不参与观测对象的知识，有关外部世界、来自外部世界的知识）包含在内，还要包括体验性知识，以及我所说的爱的知识（love-knowledge）或道家的知识（Taoistic knowledge）。

"道家的客观性"这一简单的理念来自一种现象学：对他人的存在怀有一种不掺杂私欲的爱和欣赏［即存在之爱（B-love）］。例如，对孩子、朋友、职业，甚至对"问题"或科学领域的爱，都可以变得既完整又包容，使这种爱变成一种不干涉、不侵扰的爱。也就是说，爱它的本来面目，爱它未来的样子，没有去改变、改善它的冲动。只有心怀伟大的爱，才能选择放手，让事物如其所是，自然发展。我们可以给予孩子最真挚的爱，让他成为他想成为的人。我们也可以**用同样的方式**来热爱真理（这也是我想说的）。我们可以热爱真理，并相信它会**朝着应有的方向发展**。我们甚至可以在婴儿出生前就爱他，并且屏息以待，怀着极大的喜悦，看着他将会成为什么样的人，进而去爱那个未来的人。

为这个孩子事先订下计划，怀有一厢情愿的期望，规定他应当扮演什么角色，甚至希望他成为这样或那样的人——这些都不是道家的爱。这些代表了对孩子的要求，要求孩子成为父母眼中**应有的**样子。这个孩子在出生时就穿上了一件无形的拘束服。

同样，我们可以热爱还未显现的真理，信任它，并心怀喜悦，惊叹于它自然展现的样子。我们可以相信，免于污染、操纵、强迫、要求的真理，会比那种在我们的强迫之下，服从先验期望、希望、计划或当前政治需要的真理更美好、更纯洁、更真实。真理也有可能在降生时穿上"无形的拘束服"。

那种对价值的规范性热情，可能会通过先验的要求，误解并扭曲即将展现的真理，我担心有些科学家正是这样做的，这实际上是为了政治目的放弃科学追求。但是，对于更符合道家思想的科学家来说，根本不必如此。因为这些科学家能够热爱尚未诞生的真理，并假定它是最好的。正是出于他们对价值的热切追求，他们会顺其自然地追求真理。

我也相信这一点：真理越纯洁，越少受到先入为主的教条主义者的污染，对人类的未来就越有好处。我相信，比起我今天所持有的政治化的信念，未来的真理将更有利于这个世界。比起我现有的知识，我更相信未来的知识。

这就好比在用人本主义科学的话说"不要成就我的意愿，要成就你的意愿"。如果我对真理保持谦虚、开放的态度，用符合道家观念的态度保持客观、无私，拒绝预先评判真理，不去篡改真理，如果我继续相信我知道得越多，就能越好地帮助他人，那么我对人类的恐惧与希望，我对行善的渴望，我对和平与同胞情谊的期盼，我的规范性热情——所有这些感受会得到最好的抚慰。

在本书的许多地方，以及在此后发表的许多作品中，我一直持有这样的假设：一个人真实潜能的实现，取决于满足其基本需求的父母及他人的存在，取决于现在被称为"生态"的各项因素，取决于文化的"健康"（或不健康），取决于世界的状况，等等。向着自我实现、完整人性的成长，是通过各项"良好先决条件"所组成的复杂层次结构而实现的。这些物理、化学、生物、人际、文化的条件对人的影响，最终取决于它们能否为他提供基本的人类需求与"权利"，让他变得足够强大，拥有足够的人性，从而掌握自己的命运。

人们在研究这些先决条件时会感到悲哀，因为他们发现，人类潜能可以被如此轻易地压抑或摧毁，以至于成为完整的人就像一个奇迹，是一件极不容易发生的事情，令人肃然起敬。与此同时，自我实现的人确实存在，因此这样的人是可能出现的，危险的人生挑战也是可以克服的，人性的终点线也是可以越过的，这让人感到振奋不已。

在这个问题上，研究者几乎肯定会遭到自我和他人的指责。要么被指责为"乐观"，要么被指责为"悲观"，这取决于他此刻关注的是什么。一些人也会指责他为遗传论者，另一些人则会指责他是环境论者。政治团体肯定会试图给他贴上这样或那样的标签，这取决于当时的头条新闻是什么。

科学家当然会抵制这种非黑即白的二分法与标签化倾向，他们会继续从程度的角度思考问题，并从整体性的角度意识到，有许多因素同时在起作用。他们会尽可能地接纳这些数据，尽可能地把数据和自己的意愿、希望与恐惧区分开来。现在看来，这些问题（什么才是好人、好的社会）完全属于实证性科学的研究范畴，我们可以满怀信心地希望在这些领域不断地深化认识。

本书更关注第一个问题——何谓完整的人，而不是第二个问题——什么样的社会才能孕育这样的人。自 1954 年本书首次出版以来，我已经写了很多有关该主题的作品，但一直没有将那些发现纳入这个修订版。我将向读者推荐一些关于该主题的我的作品，并强烈敦促读者去阅读规范性的社会心理学（有多种名称，如组织发展、组织理论、管理理论等）的诸多研究文献，这是十分必要的。在我看来，这些理论、案例报告和研究的意义是相当深刻的，为我们提供了一种真正的替代方案，以代替现有的各种社会理论，如民主与专制理论，以及其他现有的社会哲学。一再令我感到惊讶的是，很少有心理学家听说过这些作品，如阿吉里斯（Argyris）、本尼斯（Bennis）、李克特（Likert）和麦格雷戈（McGregor）的作品，而他们还只是该领域的一些知名人士。无论如何，任何希望认真研究自我实现理论的人，也必须认真研究这种新兴的社会心理学。如果让我选择一本期刊，推荐给希望了解该领域最新进展的人，我会选择《应用行为科学杂志》（*Journal of Applied Behavioral Sciences*），尽管其标题具有很大的误导性。

最后，我想说，本书是向人本主义心理学，或被称为"第三势力"的心理学的过渡之作。虽然从科学的角度来看，人本主义心理学尚不成熟，但它打开了研究所有那些可以被称为超越心理学或超个人心理学的心理现象的大门。这些心理现象，在原则上被行为主义和弗洛伊德学说固有的哲学局限性所排斥。在这些现象里，我认为不仅存在高级、积极的意识状态与人格（超越了唯物主义、被皮肤束缚的自我，以及原子论、分裂、分化、对立的态度等），也存在这样一种理念：价值（永恒的真理）是更广义的自身的一部分。新兴的《超个人心理学杂志》（*Journal of Transpersonal Psychology*）已经发表了关于这些主题的文章。

现在我们已经可以**思考**超越人性（transhuman）的问题了，这是一种超越人类本身的心理学与哲学。这一学科尚未成形。

亚伯拉罕·H. 马斯洛的影响

罗伯特·弗雷格

> 除非敢于时刻倾听自己的声音，倾听自我，否则一个人就无法做出明智的人生选择。
>
> ——亚伯拉罕·H. 马斯洛
> 《人性能达到的境界》
> （ *The Farther Reaches of Human Nature* ，1971）

引言

亚伯拉罕·H. 马斯洛是一个敢于深入倾听自己心声的人，他坚信人类具有积极的潜能。大家称他为先驱者、梦想家、科学哲学家、乐观主义者。他是人本主义或"第三势力"心理学的一位主要代言人。最初出版于1954年的《动机与情绪》（ *Motivation and Emotion* ），包含了他关于人类心理的重要问题与早期探索。《动机与人格》一书中阐述的思想，是马斯洛毕生研究的基础。本书产生了巨大的影响，创造了一种积极而全面的人性观。正如心理学、教育、商业和文化的当前趋势所表明的，本书仍然是一种独特、深入、有影响力的资源。在许多领域中，人们越来越强调自我实现、价值、选择，以及从整体的视角看待个人。

马斯洛的影响

《时尚先生》（*Esquire*）杂志 50 周年纪念特刊刊登了一篇文章，细数了 20 世纪中叶美国最重要的人物。编辑选择了马斯洛作为最有影响力的心理学家和现代人性观的一位最重要的贡献者。乔治·伦纳德（George Leonard）写道：

他的文字既没有弗洛伊德的晦暗的庄严，也没有埃里克·埃里克森（Erik Erikson）的博学的风度，更没有 B. F. 斯金纳（B. F. Skinner）的优雅的精确。他不是一位出色的演说家；在早年，他十分羞怯，几乎不能走上讲台……他创立的心理学科，没能在高校中占据主导地位。他于 1970 年去世，但他的完整传记仍无人撰写。

然而，在改变我们对人性、对人类可能性的看法这方面，亚伯拉罕·马斯洛所做的贡献比过去 50 年里任何一位美国心理学家都要多。他的影响，无论是直接的还是间接的，都在不断扩大，尤其是在健康、教育和管理理论领域，以及在万千美国人的个人生活与社会生活中。（Leonard，1983，p.326）

在马斯洛的职业生涯伊始，心理学只有两股主要力量：实验的行为主义方法和临床的精神分析方法。这两种模式在马斯洛看来都是不够的。"总体而言……我认为，公平地讲，人类历史就是一部低估人性的历史。人性中最伟大的可能性，几乎总是受到了低估。"（1971，p. 7）。

在马斯洛的学术生涯中，他试图用开创性的研究，探索人类成长与发展的最高可能性，以此来扭转这种对于人性的低估。他对心理学中两股主要的新势力——人本主义与超个人心理学的出现，起到了重要的作用。两者都充分探索了人性丰富的复杂性，没有将人类行为限制在机械、病理的模型里。

马斯洛最大的长处是，他能提出重要的问题。他向心理学提出了与我们所有人的生活都息息相关的问题：怎样的人才能算是一个"好"人？人类具有什么能力？怎样的人才能算是快乐、有创造性、满足的人？如果不知道一个人具有哪些潜能，如何才能判断他是否充分利用了他的潜能？我们怎样才能真正克服童年的不成熟与不安全感，在什么情况下我们才能做到这一点？我们如何才能建立一个完整的理论模型，充分地考察人性，既尊重我们非凡的潜能，又不忽视我们非理性、不追求成就的一面？什么因素促成了心理健康的个体？

自我实现的人，是否真正代表了表象之下的真实人性？这个问题非常大，只有傻瓜和梦想家才敢于给出明确的答案。当其他人专注于性欲、权力、自我整合或刺激与反应时，马斯洛展望的则是诺斯替主义①式的真理与非宗教信仰式的快乐。（Lowry，1973，p.50）

马斯洛提出的创造性问题，不断地激发对人性的重要领悟，鼓励进一步的探索。

马斯洛一生都致力于研究他眼中的心理健康的人："诚然，那些自我实现的人，那些成熟、健康、自我满足程度都很高的人有许多东西可以教给我们，有时他们似乎不是凡人。"（Maslow，1968，p. 71）

他发现，积极、健康状态下的人与匮乏状态下的人在功能上是不同的。马斯洛将这种新学说称为"存在心理学"（Being-psychology）。他发现，自我实现者会受到"存在价值"（Being-values）的激励。这些价值是健康的人类自然发展出来的，而不是由宗教或文化强加的。他坚持认为："从生物学的进程上讲，我们已经到了要对自己的进化负责的地步。我们已经成了自我进化者。进化意味着选择，即挑选与决定，而这就意味着价值判断。"（1971，p. 11）自我实现者重视的价值包括真理、创造性、美、善、健全、活力、独特性、正义、质朴、自给自足。

马斯洛对人性的研究得出了许多结论，其中包括下列核心思想。

---

① 　又称为灵知派或灵智派，在希腊语中意为"知识"。诺斯替主义认为"灵知"可使人脱离无知。——译者注

1. 人类有一种天生的倾向，会追求更高水平的健康、创造性和自我满足。

2. 神经症可以被视为自我实现倾向的一种阻碍。

3. 协同性社会（synergistic society）的发展是一个自然而重要的过程。在这样的社会里，**所有**个体都可以达到高度的自我发展，而不会限制彼此的自由。

4. 企业的效率与个人成长并不矛盾。事实上，自我实现的过程会使每个人都达到最高的效率水平。

1968 年，马斯洛说，他引领的心理学内部变革，已经取得了实实在在的成果。"此外，这一理论已经开始得到**应用**，尤其是在教育、工业、宗教、组织与管理、心理治疗与自我提升等方面……"（p. ⅲ）确实，他的著作是 20 世纪主流知识不可或缺的组成部分。科林·威尔逊（Colin Wilson）在他关于马斯洛和现代心理学的书中写道：

20 世纪上半叶出现了反对浪漫主义时代的浪潮。生物学受到了严格的达尔文主义的支配，哲学则受各种形式的实证主义和理性主义的支配，而科学则受决定论的支配。这些可以概括为这样一个概念：如果我们能建造一台巨型计算机，将我们现有的所有科学知识输入其中，计算机就能负责未来的科学发现。

早期的心理学家自我设限，试图从大脑机制的角度来解释我们的感受和反应；也就是说，他们试图为心理绘制一幅机械图。弗洛伊德所描绘的图景则更加"丰富而古怪"，但画面非常悲观——阿尔多斯·赫胥黎（Aldous Huxley）称那种心理观为"带着地下室的地下室"……马斯洛是第一个创造真正全面的心理学图景的人。可以这么说，他的心理学从地下室延伸到了阁楼。他接受弗洛伊德的临床方法，但不接受他的哲学……那些"超越性"的冲动（审美、创造性、宗教的冲动），就像支配与性欲一样，是人性中基本而永恒的一部分。如果这些冲动不那么明显，不那么"普遍"，那只是因为很少有人能达到让这些冲动占据主导地位的地步。

马斯洛成就斐然。就像所有独树一帜的思想家一样，他开创了一种**看待宇宙的新方法**。（Wilson，1972，pp.181–184）

终其一生，马斯洛都是一位知识界的先行者。他不断开拓新领域，然后转向更新的领域。他给出了许多个人的猜想、直觉与肯定，还做了许多学术研究。他经常把仔细分析和验证其理论的工作留给别人。马斯洛提出的许多问题还没有答案，但又足够诱人，引人探索。

陈陈

南京师范大学心理学院教授

教育心理研究所所长

读者朋友们好！也许您已经发现，在这本书的每一章开头都有一个二维码，扫描后就能听到我为大家精心录制的音频导读。

为什么我会参与这项工作呢？大约是我的研究工作使然。

我与成就动机研究的缘分，始于在香港大学攻读博士学位期间。在阅读文献寻找博士学位论文选题的过程中，一篇关于成就目标 2 × 2 模型及其对大学生学业和健康影响的论文吸引了我的注意。随着阅读的深入，我发现成就目标是当前成就动机领域的核心概念，也是教育情境中有效促进学生学业成就和内在动机的重要因素。成就动机从此成了我的研究兴趣，我的论文选题也因此聚焦于气质、人格和家庭教养方式对中国学生成就动机和学业成就的影响，有机结合了我对于气质和家庭教养方式的兴趣。这些年的研究告诉我，成就动机不仅与学生的学业发展密切相关，还会对学生的心理健康和幸福感产生影响。适应性的成就动机不仅促进学生的内在动机和学业成就，而且能提升学生的积极情绪和幸福感。

2014 年至 2015 年，我应美国罗切斯特大学安德鲁·埃利奥特（Andrew Elliot）教授邀请，在他的动机实验室访问了一年多。在此期间，我还有幸与我关注的另一重要的成就动机理论——自我决定理论的创始人爱德华·德西（Edward Deci）教授进行了深入的交流。我看到了两位当代大师级学者对动机研究的热忱，对工作和生活的积极态度。一年多的合作与交流，不仅坚定了我对成就动机的选择，而且让我看到了马斯洛所说的自我实现者的品质和力量。而自我决定理论对人性所秉持的有机体假设，恰恰与马斯洛所倡导的人本主义心理学一脉相承。马斯洛自己，毫无疑问就是一位自我实现者。他和他的同道者被称为心理学的"第三势力"，主张以积极和乐观的视角看待人性，打破了同时代心理学家用病态和缺陷的视角解读人性的局限，对当今积极心理学思潮产生了重要影响。

我始终坚信，人类拥有与生俱来的成长倾向和心理整合能力，当环境能够满足个体的基本需求时，个体内在的动力能够得到充分发挥，不断追求卓越，积极而健康地成长，用马斯洛的话说，就是自我实现。我希望有更多人了解马斯洛的思想及其对健康和幸福的价值。当杜晓雅编辑和出版社慧眼识珠，打算重新翻译出版马斯洛这本晚年修订的著作时，我非常高兴。虽然因工作之故无法承接这本书的翻译，但音频导读的工作给予我另一种学习的机会。我深知导读的工作耗时耗力，即使认真阅读全书，也未必全然领会。在此，我要感谢本书的编辑杜晓雅老师以及出版社的领导，他们不仅认可和支持我的写作，而且在时间上给予我充分的包容，给了我极大的力量。

尽管马斯洛已经去世半个多世纪，但他的文字依然生动，富有可读性。他对人性积极一面的真诚关注，对基本需求满足和自我实现的关切，流淌在字里行间。马斯洛在书中旁征博引，从自然科学到哲学、人类学、社会学和心理学，他对各种观点既心怀欣赏，又进行真诚的批评。马斯洛很谦逊，既从个人有限的心理治疗经验中汲取养分，又看到自身临床经验的局限。他还很幽默，书中很多关于普通人的故事和内容让人忍俊不禁。在阅读马斯洛著作的这段时间里，我常常掩卷沉思，也奋笔疾书，迫不及待想把我的感悟告诉读者。

我的阅读体验是愉快的。虽然写作费思量，需要查阅资料、构思篇章、反复推敲和多番修改，但每一篇导读都秉持认真严谨的态度，每一篇导读都怀着与读者交流和分享的真诚之心。囿于能力和时间，文中难免会有疏漏之处，请读者朋友们多多谅解。

期待能与您在声音中相遇！

I

01

第一部分

动机理论

MOTIVATION AND
PERSONALITY
(Third Edition)

第 1 章

动机理论前言

本章提出了 17 个关于动机的命题，任何可靠的动机理论都必须考虑这些命题。其中，有些命题十分正确，以至于有些像陈词滥调；还有些命题可能不易为人接受，更有争议。

整体论方法

我们的第一个命题是：个体是一个综合、有机的整体。在有可能进行合理的实验并提出合理的动机理论前，我们必须认识到，这是一个实验性的现实，也是一个理论性的现实。在动机理论中，这个命题有许多具体的含义。例如，这个命题意味着整个个体都是由动机驱动的，而不是仅有一部分如此。在好的理论中，不存在胃、嘴或生殖器这些实体的需求，而只有个体的需求。想要吃饭的是约翰·史密斯，而不是约翰·史密斯的胃。此外，满足感来自整个人，而不仅仅来自他的一部分。食物满足的是约翰·史密斯的饥饿，而不是他胃部的饥饿。

如果实验者仅仅把饥饿当作胃肠道的一种功能，就会忽视这样一个事实：当个体感到饥饿时，他们不仅在胃肠道的功能方面有所改变，而且在许多方面，甚至在大多数其他功能方面都有所改变——只要他们能做到。知觉会改变（比起其他情况，食物更容易被感知）；记忆会改变（此时一顿美餐会比其他时候更容易被记住）；情绪会改变（此时会比其他时候更迫切、更紧张）；思维的内容会改变（人会更倾向于想得到食物，而不是去解决代数问题）。这些例子还可以延伸到几乎所有其他的机能、能力、功能方面，无论是生理的，还是心理的。换言之，当人们饥饿时，他们全身都在挨饿；他们与其他时候的自己相比，已经是不同的个体了。

动机状态的范例

以饥饿作为所有其他动机状态的范例，在理论和实践上都是不明智、不可靠的。通过更仔细的分析，可以看出，饥饿与其说是一般动机，不如说是一种特殊动机。饥饿比其他动机更孤立（按照格式塔与戈尔德斯坦学派 ① 心理学家的意思使用该词）；与其他动机相比，饥饿并不具备足够的普遍性；最后，饥饿与其他动机还有一个差别，那就是它有一个已知的躯体基础，这对动机状态而言是不常见的。更具普遍性的直接动机是什么？通过内省，我们可以很容易在日常生活中发现这些动机。在意识中出现的这些欲望，通常是对衣服、汽车、友谊、陪伴、赞美、声望等的欲望。我们通常把这些欲望称为继发性驱力（secondary drives）或文化驱力，并且认为这些驱力与真正"值得重视的"驱力或原发性驱力（primary drives，即生理需求）分别属于不同的层次。事实上，前面这些驱力对我们来说更加重要，也更有普遍性。因此最好在前者中找一个，而不是以饥饿作为范例。

我们通常假设，所有驱力都会像生理驱力一样运作。现在可以公正地断言，这种情况永远也不会发生。大多数驱力都不是孤立的，也不能在身体上找到其归属的位置，更不能被视为当时有机体所发生的唯一事件。典

---

① 指的是机体论心理学流派，戈尔德斯坦是其主要代表人物。——译者注

型的驱力、需求或欲望，与特定、孤立、具有局部躯体基础的驱力是无关的，也可能永远不会有关系。典型的驱力更明显是整个人的需求。比如，把对金钱的欲望，而非纯粹的饥饿，作为研究的模型会好得多；更好的是，选择更为基础的欲望，比如对爱的渴望，来代替任何阶段性目标。考虑到目前掌握的所有证据，无论我们对饥饿有多少了解，我们都可能永远无法完全理解人对爱的需求。事实上，可能有一种更有力的说法——与深入研究饥饿比起来，通过充分了解对爱的需求，我们可以更多地了解一般的人类动机（包括饥饿）。

说到这里，很容易想起格式塔心理学家对"简单"这个理念的批判性分析。与爱的驱力相比，饥饿显得很简单，但从长远来看，饥饿实际上并没有那么简单（Goldstein，1939）。选择孤立的研究对象——相对不依赖有机体整体的活动，就可能造成简单的表象。我们很容易证明，一种重要的活动几乎与人身上的所有其他重要方面都有动态的关系。那么，我们为什么要选择一种在这个意义上完全不具有代表性的活动呢？把这种活动选出来，给予特殊的关注，难道只是因为我们所惯用的（但不一定是正确的）实验技术（如孤立、还原，使其独立于其他活动）更容易研究这种活动？我们面临两个选择：①处理容易做实验，但微不足道、毫无意义的问题；②处理极难做实验，但至关重要的问题。我们当然应该毫不犹豫地选择后者。

手段与目的

如果我们仔细审视日常生活中的一般欲望，就会发现它们至少有一个重要的特征：它们通常是达成目的的手段，而不是目的本身。我们想要钱，这样我们才买得起汽车。而我们想要汽车，是因为我们的邻居有一辆汽车，我们不想觉得自己不如他们，这样我们才能保持自尊，才能得到别人的爱与尊重。当深入分析一个人有意识的欲望时，我们通常会发现，可以透过这种欲望发现其他更基本的目的。换言之，我们在此时发现了一种现象，这种现象非常类似于症状在心理病理学中的作用。症状本身并不重要，重要的是它们的终极意义，即它们的最终目的或最终影响。对症状本身的研究并不重要，但对症状的动力意义的研究很重要，因为这种研究富有成效。例如，让心理治疗成为可能。那些每天在我们意识中出现数十次的特殊欲望，本身并不重要，重要的是它们代表什么，指向什么，最终意味着什么。经过深入分析，这一切都将显现出来。

这种深入分析有一个特点，即总会揭示某些无法再深入挖掘其背后原因的最终目的或需求。也就是说，某些需求的满足，似乎本身就是目的，似乎不需要任何进一步的解释或论证。在普通人身上，这样的需求有一种特殊的品质，即不会经常被直接看到，而往往是从多种有意识的具体欲望中衍生出来的概念。换言之，在某种程度上，对动机的研究必然是对人类最终目的、欲望或需求的研究。

无意识动机

这些事实表明可靠的动机理论必须具备的另一个要素。由于人们通常不会直接意识到那些终极目的，所以我们不得不立即处理无意识动机这个大问题。仅仅仔细研究有意识的动机心理，往往会遗漏很多与意识中能看到的东西一样重要，甚至更加重要的东西。精神分析反复证明，有意识的欲望与其背后无意识的最终目的之间并不一定有直接的关系。事实上，这种关系可能是反向的，例如反向形成（reaction formation）的现象。因此，我们可以断言，可靠的动机理论不可能忽视无意识心理。

人类欲望的共性

现在有足够的人类学证据表明，所有人的基本或终极欲望，几乎都不像他们有意识的日常欲望那样，有如此大的差异。主要原因在于，不同的文化可能会提供不同的方式来满足特定的欲望，比如自尊。在一个社会中，一个人可以通过成为一个好猎手来获得自尊；在另一个社会中，则可以通过成为一个伟大的医师、勇敢的战士或非常冷静的人等来获得自尊。因此，如果我们考虑终极欲望，就会发现，一个人想成为好猎手，可能与另一个人想成为好医师，具有相同的心理动力，以及相同的基本目标。于是我们可以断言，将这两种看似不同的有意识欲望归为同一类别，要比纯粹依据外在行为而将它们归为不同类别更加有益。显然，目的本身比达成目的的手段更具普遍性，因为这些手段是由特定的文化决定的。人类的相似之处，比人们最初想象的要多。

多重动机

有意识的欲望或有动机的行为，可以作为让其他目的自动显现的渠道。有几个例子可以说明这一点。例如，众所周知，性行为和有意识的性欲背后，可能暗藏着极为复杂的无意识目的。对一个人来说，性欲实际上可能表明他渴望确信自己的男性气概。对另一个人来说，性欲则可能在根本上代表了他渴望给别人留下深刻印象，或者渴求亲密、友谊、安全和爱，或者渴望上述这些任意需求的组合。在意识的层面，所有这些人的性欲可能都包含相同的内容，可能他们都错误地以为，自己只是在寻求性满足而已。但我们现在知道这是不对的。在理解这些个体时，探究性欲和性行为在根本上代表什么，而不是探究个体在意识里认为它们代表什么，可能是更有益处的（无论是预备性行为还是完成性行为，都适用这个道理）。

支持这一观点的另一个证据是，一种心理病理症状可能同时代表几种不同的甚至相反的欲望。手臂因癔症而瘫痪，可能代表了复仇、怜悯、爱和尊重等同时存在的愿望的满足。无论是关于性欲的有意识愿望，还是癔症例子里的外显症状，如果我们只从纯粹的行为层面去看，都意味着我们武断地排除了充分理解该行为、理解该个体动机状态的可能性。我们应该强调，要是一种行为或一个有意识的愿望只有一种动机，那么这**不是**常态，而是不寻常的。

动员状态

从某种程度上来讲，几乎有机体的任意一种状态本身都是一种动员状态（motivating state）。当前的动机概念，似乎建立在这种假设的基础之上：动机状态是一种特殊、特有的状态，与有机体内发生的其他事件截然不同。然而，可靠的动机理论应该有这样的假设：动机是常在、永不停止、波动、复杂的，而且动机几乎是每一种有机体状态共有的特征。

例如，请思考一下，当我们说"一个人感到被排斥了"时，我们想表达什么意思。静态的心理学会满足于给这句话画上句号，而动态的心理学会通过充分的观察验证，从这句话中发现更多的东西。这种感受对整个有机体的身心层面都有影响。此外，这种状态必然会自动导致许多其他现象，例如赢回感情的强烈渴望、各种防御行为、敌意的累积等。很明显，只有更多地描述，由于遭到排斥此人身上会发生什么，我们才能解释清楚"一个人感到被排斥了"这句话中所暗含的身心状态。换言之，感到被排斥了，这本身就是一种动员状态。

满足感会产生新的动机

人是一种有欲望的动物，除了在很短的时间内，很少能达到完全满足的状态。当一种欲望得到满足时，另一种欲望就会取而代之。当这种欲望得到满足时，又一种欲望会浮出水面，往复循环，永无止境。这是人类终其一生都有的特点，人们基本上总是渴望得到某些东西。因此，我们必须研究所有动机之间的关系；同时，如果我们要全面地理解动机，就必须放弃那些孤立的动机单元。驱力或动机的出现、它激发的行为及实现目标带来的满足感，所有这些合在一起，只会给我们一个人造、孤立、单一的例子，已经脱离了该动机单元所处的复杂环境。这一动机的出现，实际上始终取决于整个有机体所有其他动机的满足或不满足；也就是说，取决于这样或那样更具优势的欲望达到相对满足的状态。想要某样东西本身就意味着其他欲望已经得到了满足。如果在大部分时间里，我们都饥肠辘辘，始终处于干渴而死的边缘，始终面临迫在眉睫的灾难，或者每个人都讨厌我们，那我们绝不会有作曲、建立数学系统的愿望，也不会有装饰房间、打扮自己的想法。这里有两个重要的事实：首先，人类永远不会满足，除非是相对地满足，或者步步递进地满足；其次，欲望似乎会按照某种优势等级，自动依次呈现出来。

人类的驱力不能罗列出来

我们应该放弃原子论式的思维方式，不要妄图一劳永逸地罗列出所有的驱力或需求。出于几个不同的原因，如此列出所有驱力在理论上是不可能的。

第一，这种做法表明，所列出的各种驱力是平等的，具有同等的强度和出现概率。这是不对的，因为任何一种欲望进入意识的概率，取决于其他更有优势的欲望处于满足或不满足的状态。各种特定驱力出现的概率有很大的差异。

第二，罗列各项驱力，意味着将这些驱力与其他驱力分割开来。当然，这些驱力并不是如此孤立的。

第三，这样罗列驱力，通常完全是基于行为的，而完全忽视了我们所知道的驱力的动态本质。例如，驱力的有意识和无意识方面可能是不同的；一种特定的欲望，实际上可能是其他几种欲望表达自身的渠道。

如此罗列各种驱力是愚蠢的，因为驱力不是独立、孤立的部分，不会像算术求和一样一列排开。它们是按照特定的层次排列的。这句话的意思是，一个人选择列出多少驱力，完全取决于他在分析驱力时有多具体。真实的情况是，驱力不会像计数小棒一样并排摆放，而更像一套盒子，其中 1 个盒子里装着另外 3 个盒子，而这 3 个盒子里又装着 10 个盒子，这 10 个盒子里又装着 50 个盒子，以此类推。或者，可以再作一个类比：不同放大倍率下的组织切片，显示的信息是不同的。因此，我们可以谈论对于满足或平衡的需求；或者再具体一些，就是对吃的需求；再具体一些，就是对填饱肚子的需求；再具体一些，就是对蛋白质的渴望；再具体一些，就是对某种特定蛋白质的渴望；以此类推。对当下我们拥有的诸多需求列表，都只是把各项具体程度不同的需求，不加区分地放在一起。在这种混乱的情况下，有些列表只包含了三四种需求，而有些列表则包含了数百种需求，这是可以理解的。如果我们愿意，可以让这样的需求列表包含一种驱力，也可以让它包含百万种驱力，这完全取决于分析的具体程度。此外，我们还应认识到，如果我们试图讨论基本欲望，那就应该将其清晰地视为一组欲望，作为基本的类别，或者欲望的**集合**。换言之，如此列举人类的基本欲望，得到的将是一个抽象的分类，而不是编目表（Angyal，1965）。

此外，所有已发表的"驱力列表"似乎都在暗示，其中的各项驱力是互斥的。但是并不存在这种互斥关系。各项驱力之间往往有很大的重叠，以至于几乎无法将一种驱力与另一种驱力明确地区分开来。还应指出的是，在批评驱力理论时，人们所说的"驱力"概念本身，大概只脱胎于对生理需求的关注。在考察这些需求时，将刺激（instigation）、动机行为和目标对象区分开来是很容易的。但是，当我们谈到对爱的渴望时，要把驱力与目标对象区分开来并不容易。对于这种渴望，"驱力""欲望""目标对象""活动"似乎都是一回事。

依据基本目标为动机分类

现有的大量证据似乎表明，对动机心理进行任何分类，唯一可靠和根本性的基础是基本目标或基本需求，而不是按照普通意义上的刺激（"吸引力"，而不是"推动力"）去罗列各项驱力。用心理学理论去阐明现象时，动态的方法必然会导致不断的变化，只有基本目标才能在这种动态中保持不变。

我们已经看到，动机行为可能有许多含义，因此最好不要以这种行为为基础来为动机分类。出于同样的原因，具体的目标对象也不是很好的分类基础。一个人渴望食物，通过适当的行为获得食物，然后咀嚼、吃掉食物，实际上他寻求的可能是安全，而不是食物。一个人经历了性欲萌生、求爱、完成性爱的整个过程，实际上他寻求的可能是自尊，而不是性满足。浮现在意识里的驱力、有动机的行为，甚至明确的目标对象，或者寻求的结果，都不是对人类动机心理进行动态分类的良好基础。若是只通过逻辑排除的过程进行分类，最终就会剩下近乎无意识的基本目标或需求作为动机理论中进行分类的唯一可靠的基础。

动物数据的不足之处

在动机领域的研究中，学院派的心理学家在很大程度上依赖动物实验。无须赘言，白鼠并不是人类，但不幸的是，这话还是有必要再说一遍，因为人们常常认为动物实验的结果是我们用于阐释人性的基础数据。动物数据当然大有用处，但必须审慎地使用。

我们还必须进一步考虑某些问题，这些问题都围绕这一观点：动机理论必须以人类为中心，而不是以动物为中心。首先，我们讨论一下"本能"的概念。我们可以将"本能"严格地定义为一种动机单元。在这种动机单元中，驱力、动机行为、目标对象或目标结果都很明显地由遗传所决定。随着我们观察的动物由低级到高级，这种本能也会呈现出逐渐消失的趋势。例如，根据我们的定义，可以这样说，在白鼠身上存在着饥饿本能、性本能和母性本能。在猴子身上，性本能肯定已经消失了，饥饿本能显然也发生了多种变化，只有母性本能无疑是存在的。在人类身上，根据我们的定义，这三种本能都消失了，取而代之的是遗传反射、遗传驱力、自发学习、有动机的行为与目标对象选择中的文化学习所共同组成的混合物（见第 4 章）。因此，如果我们考察人类的性生活，就会发现，纯粹的驱力本身是遗传的，但对象与行为的选择，则必须在生活经历中获得或习得。

随着我们观察的物种变得越来越高级，口味变得越来越重要，而饥饿则变得越来越不重要。也就是说，在食物的选择上，白鼠的多样性要比猴子小得多，猴子的多样性又比人类小得多（Maslow，1935）。

最后，随着我们观察的物种越来越高级，本能会逐渐消失，对文化这种适应性工具的依赖性也越来越强。那么，如果我们必须使用动物数据，那就让我们注意到这些事实。例如，让我们更多地使用猴子作为动机实验的对象，而不是使用白鼠，哪怕仅仅是因为我们人类更像猴子，而不像白鼠。哈洛（Harlow，1952）和其他灵长类动物学家已充分证明了这一点。依赖动物数据，会促使我们把目的或目标的概念武断地排除在动机理论之外（Young，1941）。虽说我们不能问老鼠有什么目的，但真的有必要指出，我们**可以**询问人类有什么目的吗？与其因为我们不能问老鼠有什么目的或目标就排斥目标的概念，还不如拒绝使用老鼠作为研究对象。

环境

到目前为止，我们只谈到了有机体自身的性质。现在至少有必要稍稍讨论一下有机体所处的情境或环境。我们必须立即承认，如果不与情境或他人产生关系，则人类的动机很少能在行为中实现。当然，任何动机理论都必须考虑这一事实，也就是说，要考虑文化对环境及有机体本身的决定作用。

一旦承认了这一点，就必须警惕另一种倾向，即过度关注外界、文化、环境或情境。毕竟，我们研究的核心对象是有机体或性格结构。情境理论很容易走极端，把有机体当作环境的附属物，大致将环境等同于一种障碍，或者有机体试图获取的对象。我们必须记住，个体在一定程度上**创造**了他们的障碍与价值对象；在一定程度上，这些障碍和对象必须根据特定有机体在情境中所设置的条件来界定。如果不考虑环境中特定的有机体，我们就无法对一种环境给出普遍性的定义或描述。当然，必须指出的是，如果一个孩子试图获取对他有价值的对象，但受到了某种障碍的限制，那么他不仅决定了那个对象是有价值的，也决定了那个障碍是一种障碍。在心理学上，并没有所谓"障碍"；只有对一个想要获得某种东西的人来说，才会有"障碍"。

一种理论，若强调不变的基本需求，就会认为这些基本需求是相对不变的，并且不依赖有机体所处的特定情境。因为，这种需求不仅决定了行动的可能性（可以说，就是以最有效的方式、以多样的形式去行动），也决定甚至创造了外部现实。换句话说，要理解一种物质环境如何变成心理环境，唯一令人满意的方式就是理解这一点：心理环境的组织原则就是该特定环境中的有机体的当前目标。

可靠的动机理论必须考虑情境，但绝不能变成纯粹的情境理论；也就是说，除非我们明确表示，愿意放弃理解有机体的恒定性质，转而去理解有机体所生活的世界。让我们强调一下，我们现在关心的不是行为理论，而是动机理论。行为是由几类决定因素决定的，动机是其中一类决定因素，而环境力量则是另一类。动机研究并不否定或否认对情境决定因素的研究，而是会补充这类研究。这两类研究都在一个更大的结构里占有一席之地。

整合的行动

任何动机理论都不仅要考虑到有机体通常会作为一个整体而行动，还要考虑到它有时并不会如此。有一些特定、孤立的条件反射与习惯需要考虑。我们也知道，还有多种碎片化的反应，以及许多解离、缺乏整合的现象。此外，在日常生活中，有机体甚至能以不一致的方式做出反应，比如在我们一心多用的时候。

显然，当有机体感受极大的快乐、体验创造性时，或者成功地面对重大的问题、威胁或紧急情况时，它是最整合、最统一的。但是，如果有机体面临不堪重负的威胁，或者有机体太脆弱、无助，难以面对威胁，它通常就会解体。总的来说，如果生活轻松且成功，有机体就能一心多用，朝多个方向发展。

我们相信，有相当一部分现象看似是特定、孤立的，但其实并非如此。只要深入分析，往往就可能发现，这些现象在整体结构中是有意义的（例如转换性癔症的症状）。这种表象看似缺乏整合，有时可能只是反映了我们自己的无知。但我们现在已经能够确定，在某些情况下，也可能存在孤立、碎片化、不整合的反应。此外，现在越来越清楚的一点是，这种现象不一定是脆弱的、坏的或病态的。更准确地说，这种现象往往证明了有机体最重要的一种能力，那就是以局部、专门化或碎片化的方式处理不重要、熟悉或容易处理的问题，这样有机体的主要机能仍然可以用于处理更重要、更有挑战性的问题（Goldstein，1939）。

无动机行为

并不是所有行为或反应都是有动机的，至少不都是一般意义上寻求满足需求的，即寻找缺乏、需要之物的。成熟、表达、成长或自我实现等现象，都是普遍动机规则之外的情况，最好将其视为表达，而非应对。后文将详细讨论这些现象，尤其是在第 6 章。

此外，诺曼·梅尔（Norman Maier）曾强烈呼吁我们注意弗洛伊德学派时常提及的一种区别。大多数神经症症状或趋势，原本都是出于满足基本需求的冲动，这些基本需求却不知何故受到了阻碍或误导，或者与其他需求混淆了，或者固着在了错误的手段上。然而，另一些症状，则不具有满足需求的性质，而只是单纯的保护或防御手段。这些症状只有一个目标，那就是防止进一步的伤害、威胁或挫败。这两类症状就像一位仍然希望获胜的拳击手，与一位不指望获胜的拳击手，后者只是尽量不让失败来得那么痛苦。

放弃和绝望与治疗的预后、学习的期望，甚至可能与寿命都有相当大的关系，因此任何完整的动机理论都必须讨论这种区别。

达成目标的可能性

约翰·杜威（John Dewey）和爱德华·桑代克（Edward Thorndike）强调了被大多数心理学家忽视的动机的一个方面，即可能性。总的来说，我们会有意识地渴望那些实际可能获得的东西。

随着收入的增加，人们发现自己开始主动希望获得并积极争取几年前从未梦想得到的东西。普通美国人渴望得到汽车、冰箱和电视，因为这些都是可能获得的东西；他们不渴望得到游艇或飞机，因为这些实际上不是普通美国人能负担得起的。很可能他们也不会在**无意识**中渴求这些东西。

关注达成目标的可能性这一因素，对于理解特定人群中的不同阶层、不同等级，以及不同国家、文化之间的动机差异至关重要。

现实与无意识

与这个问题相关的是，现实对无意识冲动的影响。在弗洛伊德看来，本我的冲动是一个独立的实体，与世界上的任何事物都没有内在的联系，甚至与其他本我冲动也没有联系。

我们可以用意象来更好地理解本我，可将本我称为混乱，即一口沸腾、装满兴奋的大锅……这些本能使本我充满能量，但本我缺乏组织，没有统一的意志，只有一种根据快乐原则满足本能需求的冲动。逻辑法则，尤其是矛盾法则，并不适用于本我的过程。矛盾的冲动并列存在，既不能相互抵消，也不会相互分离；它们最多在趋利的巨大压力下，以妥协的方式联合起来，释放它们的能量。本我中不存在"否定"这样的功能。而且，我们惊讶地发现，本我不符合哲学家的这一断言——空间与时间是我们心理行为的必要形式……

当然，本我不懂价值判断，没有善恶之分，更没有道德准则。与快乐原则紧密相连的利益因素，也可以被称为数量因素，支配着本我的所有过程。本能的投注在不断寻求释放——在我们看来，这就是本我的全部内容。（Freud，1933，pp. 103–105）

这些冲动在一定程度上受到了现实条件的控制、修正或抑制，这些被抑制的冲动成为自我的一部分，而不再是本我。

把自我看作本我的一部分是不会错的。这一部分靠近外部世界，受外部世界的影响，因此已经发生了变化；而且这部分起到了接受刺激、保护有机体免受刺激伤害的作用，就像一个有生命的物质微粒外周包裹的皮层一样。这种与外部世界的关系，对自我来说具有决定性作用。自我承担了在本我面前代表外部世界，并拯救本我的任务；因为本我会盲目地努力满足其本能，完全不顾外界的强大力量，若没有自我的拯救，则难逃被毁灭的命运。为了实现这一功能，自我必须观察外部世界，通过其知觉，在记忆痕迹中保留外部世界的真实画面，而且自我必须通过现实检验，从这幅外部世界的画面中剔除任何由内部兴奋产生的要素。自我代表本我控制着采取行动的决定权，但它在欲望与行动之间插入了一种延迟因素——思考。在思考过程中，自我会利用储存在记忆中的残留画面。这样一来，自我推翻了对本我具有绝对影响力的快乐原则，并代之以现实原则——后者能提供更多的安全保障和更大的成功。（Freud，1933，p. 106）

然而，约翰·杜威认为，成年人的所有冲动，或者至少是典型的冲动，都与现实结合在一起，受到现实的影响。简而言之，这等于认为不存在本我冲动，或者说，其言下之意是，如果有本我冲动，这种冲动在本质上也是病态的，而不是健康的。

尽管我无法给出实证的解决方法，但我在此仍要指出一个矛盾，因为这是一个关键、尖锐的矛盾。

在我们看来，问题不在于是否存在弗洛伊德所说的本我冲动。任何一位精神分析师都能证明，不顾现实、常识、逻辑甚至个人利益的幻想冲动是存在的。问题在于，这种冲动是疾病、退行的证据，还是健康人内在核心的体现？在生命的哪个阶段，婴儿的幻想才开始被现实的感知所修正？这个时间点对所有人是否都一样，无论是神经症患者还是健康人？一个功能健全的人能否保持某种内心隐秘的冲动，而不受现实感知的影响？如果我们每个人确实都有这种完全源自有机体内部的冲动，那我们就必须问：它们会何时出现？在什么条件下出现？它们一定会像弗洛伊德认定的那样制造麻烦吗？它们与现实**一定**是对立的吗？

人类最高级能力背后的动机

我们对人类动机的了解，大多不是来自心理学家，而是来自心理治疗师对患者的治疗。这些患者不仅提供了有用的数据，而且带来了很大的误差，因为他们显然不能代表整体人群。即便是在原则上，神经症患者的动机心理也不应该作为健康动机的范例。健康不仅是没有疾病，甚至不仅是疾病的反面。任何值得关注的动机理论，都不仅要考虑有缺陷者的防御行为，还必须考虑健康人、强者的最高级能力。人类历史上最伟大、最优秀的人关心的最重要的问题，也都必须加以解释。

我们仅从患者那里永远不可能得到这种理解。我们也必须关注健康的男女。动机理论学家必须在取向上变得更加积极。

扫码收听音频导读

CHAPTER 2

第 2 章

人类动机理论

本章要尝试建立一种积极的动机理论，这一理论将满足第 1 章所提出的各项理论要求，同时符合临床、观察和实验研究中的已知事实。然而该理论最直接的来源是临床经验。这个理论继承了威廉·詹姆斯（William James）和杜威的机能主义传统，融合了马克斯·韦特海默（Max Wertheimer）、戈尔德斯坦和格式塔心理学的整体论，也结合了弗洛伊德、弗洛姆、霍妮、威廉·赖希（William Reich）、荣格与阿德勒的动力学。这种整合或综合理论，可以说是一种整体–动力理论（holistic-dynamic theory）。

基本需求层级

生理需求

动机理论首先研究的需求，通常是所谓生理驱力。有两类研究让我们必须修正我们对这些需求的固有观念：第一，内稳态（homeostasis）概念的发展；第二，口味（对食物的选择偏好）能相当有效地表明，身体的实际需求或身体缺乏哪些物质。

内稳态指的是，身体会自动努力维持恒定、正常的血液流动状态。坎农[①]（Cannon，1932）认为，这一过程是为了维持：①血液中的水含量；②盐含量；③糖含量；④蛋白质含量；⑤脂肪含量；⑥钙含量；⑦氧含量；⑧恒定的氢离子水平（酸碱平衡）；⑨恒定的血液温度。显然，这个列表还可以扩展，将其他矿物质、激素、维生素等包含进去。

扬（Young，1941，1948）总结了口味与身体需求的关系。如果身体缺乏某种化学物质，个体将倾向于（以一种不完美的方式）对缺少的食物元素产生特定的偏好与一定程度的渴求。

因此，想要列出基本生理需求似乎是不可能的，也是无用的。因为人们想要列出多少需求，就能列出多少需求，这取决于描述的具体程度。我们不能确定所有生理需求都是维持体内平衡所必需的。维持体内平衡是否需要满足动物的性欲、睡意、纯粹的活动与运动需求，以及母性行为需求，这一点还没有研究定论。此外，这个需求列表也不包括各种感官愉悦（味道、气味、搔痒、抚摸），这些感觉可能是生理需求，可能成为动机行为的目标。我们也不知道应该如何理解这一事实：有机体既具有保守、懒惰和不努力的倾向，**同时**也需要活动、刺激和兴奋。

第 1 章指出，我们认为这些生理驱力或需求不具有普遍性，也不典型，既是因为这些需求是孤立的，也是因为它们有身体上的定位。也就是说，这些需求彼此相对独立，相对不依赖其他动机，也不依赖整个有机体。而且，在许多情况下，我们可以找到这种驱力背后的局部身体基础。这种说法并不像我们想象的那样适用于所有生理需求（如疲劳、困倦、母性反应等都是例外），但有些经典的例子（如饥饿、性欲和口渴）符合这种说法。

需要再次指出的是，任何生理需求和与之相关的完成性行为（consummatory

---

① 即沃尔特·坎农，美国生理心理学家。——译者注

behavior），也是满足其他各种需求的渠道。也就是说，认为自己饿了的人，实际上可能更多是在寻求安慰或依赖，而不是维生素或蛋白质。相反，人还可以通过其他活动，如喝水或吸烟，在一定程度上满足饥饿的需求。换言之，尽管这些生理需求是相对孤立的，但并非完全孤立。

毫无疑问，这些生理需求是最具优势的需求。具体来说，这意味着，如果一个人在生活中所有需求都没得到满足，那么很可能他的主要动机是满足生理需求，而不是其他任何需求。如果一个人缺乏食物、安全感、爱和自尊，那么他对食物的渴望很可能比对其他任何东西都强烈。

如果所有需求都没得到满足，有机体就会被生理需求支配，那么所有其他需求就会消失，或者退居二线。因此，我们可以说整个有机体是饥饿的，因为意识几乎完全被饥饿感占据了。此时有机体所有的能力都会为满足饥饿服务，而这些能力的组织形式，几乎完全是由满足饥饿感这一个目的决定的。那些感受器和效应器、智力、记忆、习惯，现在都可以被简单地视为满足饥饿的工具。对于这个目的没有用处的能力会处于休眠状态，或者退居二线。在极端情况下，写诗的冲动、买车的欲望、对美国历史的兴趣、对一双新鞋的渴望全都被遗忘了，或者变得次要了。对于一个极度饥饿的人来说，除了食物，别无兴趣。他会梦见食物，回忆起食物，想着食物，只会对食物表达情绪，只能感知到食物，只想要食物。还有一些更微妙的决定因素，常常驱使我们在进食、饮水、从事性行为时与生理驱力融合在一起，而这些因素现在可能已经被完全淹没了，以至于我们在此时（但也**仅仅**是此时）可以说，驱使我们的是纯粹的饥饿驱力、饥饿行为，我们只有一个绝对的目标——缓解饥饿。

当人类有机体受到某种需求的支配时，还会显现出另一个特点：关于未来的整个观念也会发生改变。对于一个长期极度饥饿的人来说，乌托邦就是一个食物充足的地方。他多半会认为，只要余生饮食无忧，他就会非常快乐，别无所求。此时生活本身往往就是进食。其他任何事物都不重要。自由、爱、集体情感、尊重、哲学，这些都可能被当作华而不实的东西，扔在一边，因为它们不能填饱肚子。可以说，这样的人只靠面包活着。

我们不可否认这种情况真实存在，但我们可以说这种情况并不**普遍**。显然，在正常的和平社会里，紧急情况是罕见的。我们之所以遗忘这一事实，主要有两个原因。第一，除了生理动机以外，大鼠几乎没有其他动机，而人们对这些动物的动机做了大量研究，因此很容易将大鼠的情况类推到人类身上。第二，人们往往没有意识到，文化本身是一种适应性工具，其主要功能之一就是尽可能减少生理上的紧急情况。在美国，长期极度饥饿的紧急情况是罕见的，而不是常见的。当普通美国人说"我饿了"时，他们感受到的是食欲，而不是饥饿。只有在意外情况下，人们才会体验到生死攸关的饥饿，而这在他们的一生中，也只会有寥寥数次。

显然，让有机体长期处于极度饥饿或口渴的状态，是掩盖高级动机、对人类能力与人类本性产生歪曲看法的好方法。如果一个人试图把紧急情况当作常态，并通过生理需求遭到极端剥夺时的行为，来考察人类所有的目标与欲望，那他当然会对许多事情视而不见。的确，在没有面包的时候，人类的生活只依赖于面包。但是，如果他们**有了**足够的面包，总是吃饱喝足，他们的欲望又会发生什么变化呢？

需求层次的动力

其他（更高级的）需求会立即出现，而这些需求（不是生理上的饥饿）会支配有机体。当这些需求得到满足时，又会出现新的（更高级的）需求，以此类推。这就是我们所说的，人类的基本需求会按照其相对优势组成一个层级。

这句话中的一个主要含义是，在动机理论中，需求的满足和剥夺是同等重要的概念，因为满足会把有机体从相对受生理需求支配的状态中解放出来，进而允许更具社会性的目标出现。如果得到长期的满足，那么生理需求连同它们的附属目标，就不会再是决定和组织行为的因素了。此时这些需求只会以潜在的方式存在，也就是说，如果这些需求的满足受阻，它们就可能再次出现，支配有机体。只有未满足的需求才能支配有机体，促使有机体做出行为。如果饥饿得到满足，那它在个人当前的动力中就变得不重要了。

这一说法在一定程度上受到了一个假设的限制，我们将在后面更充分地讨论。这个假设就是：正是那些某种需求一直得到满足的人，在未来最能忍受这种需求的匮乏；而且，在需求得到满足的情况下，那些在过去一直忍受匮乏的人，会做出与那些从未被剥夺需求的人不同的反应。

安全需求

如果生理需求得到了较好的满足，那么会出现一组新的需求，我们可以将其大致归类为安全需求（保障，稳定，依赖，保护，免于恐惧、焦虑与混乱，对制度、秩序、法律和界限的需要，对强大保护者的需要，等等）。上述关于生理需求的所有内容同样适用于这些欲望，但适用程度较低。有机体同样可能完全受这些需求支配。这些需求可能是促成行为的唯一动因，能调动有机体的所有能力来为之服务，此时，我们可以把整个有机体称为寻求安全的机器。同样，我们可以说感受器、效应器、智力和其他能力都主要是寻求安全的工具。同样，我们发现，就像在饥饿的人身上看到的一样，占主导地位的目标不仅能有力地决定人们当下的世界观和人生观，而且能决定他们对未来的观念与价值观。基本上，所有事物看上去都不如安全与保护重要（可能甚至连已经被满足的生理需求，现在也被低估了）。可以说，处在这种状态下的人（如果情况足够极端，持续时间足够长），是几乎只为安全而活的人。

然而，在我们的文化中，对于健康而幸运的成年人来说，其安全需求在很大程度上已经得到了满足。和平、平稳运行、稳定、良好的社会通常会让社会成员感到足够安全，免受野生动物、极端天气、犯罪袭击、谋杀、混乱、暴政等的伤害。因此，他们不再有真实意义上的安全需求，这种需求也不会作为有效的动机因素。就像一个吃饱的人不再感到饥饿，安全的人也不会再感到危险。如果我们希望直接而清晰地看到这些需求，我们就必须观察神经症患者，或近似神经症的患者，观察经济上和社会上的弱势群体，或者观察社会混乱、革命、权威崩溃等情况。除开这些特殊情况，我们只能在以下现象中观察到安全需求的表达：例如，人们偏好终身职位和有保障的工作，渴望有储蓄，以及渴望拥有各项社会保障（医疗、失业、残障、养老）。

在世界上，还存在寻求安全和稳定的更广泛的形式——人们普遍更偏好熟悉的事物，而非不熟悉的事物（Maslow，1937）；或者偏好已知的事物，而非未知的事物。人们倾向于用某种宗教或世界观，将宇宙和其中的人组织成某种令人满意、逻辑连贯、有意义的整体。这在一定程度上也是出于对安全的寻求。在这个问题上，我们也可以说，一般的科学与哲学在一定程度上都是由安全需求所推动的（我们在后文中会看到，科学、哲学或宗教行为也有其他动机）。

除开上述情况，只有在真正紧急的情况（如战争、疾病、自然灾害、犯罪浪潮、社会混乱、神经症、脑损伤、权威崩溃或者长期处于恶劣的情况）下，对安全的需求才会成为有机体主动、主要的行为动因。在我们的社会中，有些成年神经症患者在很多方面都像缺乏安全感的孩子一样，渴望安全。他们常常对未知的心理危险做出反应，就好像他们觉得自己身处于一个充满敌意、难以招架、危机四伏的世界里。这样的人表现得好像随时都会大难临头——他们总是好像在对危机事件做出反应。他们的安全需求通常会借由具体的行为表达出来，如寻找一个保护者，或者一个更强大的人或体制，好让他们有所依靠。就好像他们幼稚的恐惧心理、对危险世界的应激反应都已经转入地下，没有受到成长和学习过程的影响，尽管他们已长大成人，但是只要遇到任何可能让儿时的他们感到危险的刺激，这些反应依然会被唤醒。霍妮（1937）把"基本焦虑"[①]写得特别好。

---

① 霍妮所说的基本焦虑是指个体在面对一个潜在敌对世界时所感受到的不安全感和无助感。——译者注

在寻求安全方面表现得最明显的神经症，就是强迫性神经症。[1]强迫性神经症患者会疯狂地试图给世界带去秩序与稳定，以避免不可控制的、意想不到的或不熟悉的危险。他们会用各式各样的仪式、规则和固定模式来保护自己，以便为每一种可能发生的意外做好准备，避免出现新的意外事件。他们会用各种办法来保持心理平衡，如回避一切不熟悉、陌生的事物，把他们狭隘的世界安排得整洁有序、井井有条，好让世界上的一切都在意料之中。他们会按自己的想法安排世界，好让任何意外（危险）都不会发生。如果意外确实发生了（而这不是他们自己的过错），他们就会陷入惊恐，好像这种意外造成了严重的危险。健康的人身上的那种无伤大雅的偏好（例如，对熟悉事物的偏好），在不健康的人身上就成了一种生死攸关的需要。对新鲜与未知事物的健康喜好，在一般的神经症患者身上是缺失的，或者少得可怜。

在社会中，每当法律、秩序或社会权威受到真正的威胁时，对安全的需求就会变得非常迫切。混乱与虚无主义的威胁，会导致大多数人产生退行——从高级需求退行到更具优势的安全需求。一种常见的、几乎可以预料到的反应是，人们会更容易接受独裁或军事统治。所有人都是如此，包括健康的人，因为他们在面对危险时，会现实地退行至安全需求水平，并准备保护自己。而对于生活在危险边缘的人来说，这种情况是最容易发生的。尤其令他们不安的是对权威、法律规定、法律代表的威胁。

归属与爱的需求

如果生理需求与安全需求都得到了很好的满足，就会出现对爱、情感和归属的需求，而前面所述的整个循环会围绕这个新的中心重复。对爱的需求包括给予和接受爱。当一个人的这些需求得不到满足时，他会感到由于没有朋友、伴侣或孩子而产生的强烈孤独。这样的人渴望与他人建立关

---

[1]　并非所有神经症患者都感到不安全。对于一个安全感较为充足的人，其神经症的核心可能是情感与尊重的需求满足受阻。

系，渴望成为群体或家庭中的一员，并且会竭尽全力实现这一目标。此时，成为群体或家庭中的一员，比世界上的任何事情都重要，他甚至可能会忘记，饥饿曾经对他来说是最重要的，那时爱似乎是不真实、不必要、微不足道的。此时，孤独、放逐、排斥和无依无靠的痛苦是最难熬的。

尽管在小说、自传、诗歌、戏剧及较新的社会学文献中，对归属的需求是一个常见的主题，但我们在科学上对此还知之甚少。从上述来源中，我们大致了解了下面各种情况会对孩子造成破坏性影响：过于频繁地搬家，迷失方向，工业化造成的人口过度流动，不知道自己的出身，鄙视自己的出身、身世、群体，被迫离开自己的家、家人、朋友和邻居，成为流动人口、异乡人而不是本地人。我们仍然低估了邻里、家乡、族群、"同类"、同阶层、同伴、熟悉的同事的深刻重要性。我们已经在很大程度上忘记了抱团取暖、融入群体、有所归属的深刻的动物本能。①

我相信，训练小组、个人成长团体、意向性社群（intentional community）的快速增长，在一定程度上是由这种未被满足的对接触、亲密、归属的渴望所促成的。这种社会现象的出现，可能是为了克服由于流动人口增加、传统群体分裂、家人分散、代沟和稳步推进的城市化而愈演愈烈的疏远、陌生与孤独的普遍感受。我有一种类似的强烈感受，有一**部分**青年叛逆组织（我不知道有多少或在多大程度上）诞生的原因，是出于对群体情感、接触、面对共同敌人的真正团结的极度渴望。**任何**敌人，只要能造成外部的威胁，就能促成一个友爱的组织。同样的事情也会发生在士兵身上。他们都被共同的外部危险推入了一种不同寻常的兄弟情义和亲密友谊中，因此他们可能一生都会紧密相随。任何一个良好的社会如果要存续下来，维持健康，就必须以这样或那样的方式满足这种需求。

在我们的社会中，对于适应不良与更严重的病理现象来说，最常见

---

① 阿德里（Ardrey）的《领地本能》（*The Territorial Imperative*，1966）一书有助于让我们意识到这些本能。该书有些轻率的论述对我是有好处的，因为它强调了我从前未过多思考的事情，迫使我认真思考这个问题。也许该书会对其他读者产生同样的影响。

的核心问题就是这些需求的满足受阻。人们对于爱与情感，以及它们在性方面的表达形式，通常有矛盾的看法，并且在习惯上为它们设置了许多限制和禁忌。实际上，所有心理病理学的理论家都强调过，对爱的需求受阻就是适应不良的基础。因此，研究者对爱的需求做了许多临床研究，除了生理需求外，我们对这种需求的了解可能比其他任何需求都多。萨蒂（Suttie，1935）对我们的"温柔禁忌"给出了精彩的分析。

在这个问题上，必须强调的一点是，爱不是性的同义词。性可以作为一种纯粹的生理需求来研究。人类的性行为通常由多种因素决定，也就是说，性行为不仅由性欲决定，也由其他需求决定，其中主要是对爱与情感的需求。同样不可忽视的事实是，对爱的需求既包括给予爱，也包括接受爱。

尊重的需求

我们社会中的所有人（除了少数病态的例外）都需要或渴望对自己有一个稳定、坚实、通常较高的评价，都渴望自我尊重，并得到别人的尊重。因此，这种需求可以分为两类。第一类需求是对力量、成就、胜任、精通和能力的渴望，以及对于面对世界的信心、独立自由的渴望。①第二类需求，我们可以称为对名誉和威望（即他人的敬意或尊重）、地位、名气与荣耀、支配、认可、关注、重要性、尊严或欣赏的渴望。阿尔弗雷德·阿德勒与他的追随者在一定程度上强调了这些需求，而弗洛伊德相对忽视了这些需求。然而，当今的精神分析师和临床心理学家似乎越来越多地认识到了这些需求的核心地位。

---

① 我们不知道这种特定的渴望是否具有普遍性。最关键的问题是（在今天尤为重要）：被奴役、被压迫的人是否必然会感到不满，想要反抗？根据众所周知的临床数据，我们可以认定，真正拥有自由（不是通过放弃安全与保障来换取的，而是建立在足够的安全与保障基础上）的人，不会自愿或轻易地任由别人剥夺他们的自由。但是我们并不确定，对于生而为奴的人来说，情况是否如此。参见弗洛姆（Fromm，1941）对于这个问题的讨论。

自尊需求的满足，会让人觉得自信、有价值、有力量、有能力、能胜任、有用武之地且必不可少。然而，这些需求受阻，就会产生自卑、脆弱和无助的感受。这些感受会进而导致基本的受挫感，或者导致其他补偿性、神经症的倾向。

从神学家对骄傲、自大的讨论中，从弗洛姆关于违背自身本性的自我感知的理论中，从卡尔·罗杰斯（Carl Rogers）对自我的研究中，从安·兰德（Ayn Rand，1943）这类评论家的作品中，以及从其他来源那里，我们已经越来越多地了解到，把自尊建立在他人的观点上，而不是建立在真正的能力、本事与对工作的胜任力上是多么危险。最稳定，因而也是最健康的自尊，建立在我们**应得的**他人的尊重之上，而不是建立在外在的名望与毫无根据的奉承之上。在这个问题上，做出以下区分是有帮助的：基于纯粹的意志力、决心和责任的实际能力与成就，不同于自然地源于个人内在本性、先天素质、生物学命运或霍妮所说的真实自我而非理想化的伪自我（Horney，1950）的能力与成就。

自我实现的需求

即使上述所有需求都得到了满足，我们仍然可能会时常（即便不会总是）产生一种新的不满与不安——除非我们正在做适合自己的事情。音乐家必须创作音乐，画家必须作画，诗人必须写诗，这样他们才能与自己和平相处。人类**能**成为什么样的人，就**必须**成为什么样的人。他们必须忠于自己的本性。我们可以称这种需求为"自我实现"。（更详细的论述见第 11 章、第 12 章和第 13 章。）

自我实现这个术语最初是由戈尔德斯坦（1939）提出的，在本书中的含义更具体、更有限。自我实现指的是人们对自我圆满的渴望，即人们倾向于实现自身的潜能。可以说，这种倾向是指一个人想要越来越多地成就独特的自我，成为他所能成为的人。

当然，这些需求的具体形式因人而异。在一个人身上，这些需求可能表现为渴望成为一位优秀的父亲或母亲；在另一个人身上，可能表现为体育运动上的成就；而在第三个人身上，则可能表现为绘画或发明。[①] 在这个需求层次上，个体的差异是最大的。然而，自我实现需求的共同特点是，唯有生理、安全、爱和尊重的需求都在事先得到了一定程度的满足，这种需求才会出现。

满足基本需求的先决条件

要满足基本需求，就必须先具备某些条件。言论自由、在不伤及他人前提下的做事自由、表达自我的自由、调查与搜寻信息的自由、保护自己的自由、正义、公平、诚实、群体内部的秩序等，都是满足基本需求的先决条件。这些条件本身并不是目的，但它们与目的**相去无几**，因为它们与基本需求密切相关，而满足基本需求显然是唯一的目的。威胁到上述这些自由，会让人做出紧急反应，就好像其基本需求遭到了直接的威胁。我们会捍卫这些条件，因为如果没有它们，就根本不能满足基本需求，或者基本需求会受到严重的威胁。

如果我们还记得，认知能力（知觉、智力、学习）是一组调节工具，具有满足我们基本需求的功能，那么能很明显地看出，对认知能力的任何威胁、对自由使用认知能力的任何剥夺或阻碍，也必然间接地威胁到基本需求本身。这种说法在一定程度上回答了关于好奇心，寻求知识、真理和智慧，以及揭开宇宙奥秘的永恒渴望等的普遍问题。保密、审查、不诚实、阻碍交流会威胁所有基本需求。

---

① 显然，创造性行为就像其他行为一样，由多种因素决定。我们在天生富有创造力的人身上可以看到这种行为，无论他们是否满意、是否幸福、是饥饿还是满足。此外，很明显的是，创造性活动也可能是为了补偿、改善，或者是纯粹为了经济利益。无论是哪种情况，我们在此都必须以动力理论的分析方式将外在的行为与其各种动机或目的区分开来。

基本认知需求

求知与理解的渴望

我们对认知的冲动、动力或病理知之甚少，主要是因为它们在临床中并不重要，在以消除疾病为主要医疗传统的临床工作中就更不重要了。它们没有典型的神经症里的那些引人注目、令人兴奋的神秘症状。认知方面的病理现象是无趣的、不易察觉的，很容易被人忽视，也很容易被视为常态。它不会大呼"救命"。因此，在心理治疗和心理动力学的伟大奠基者——弗洛伊德、阿德勒、荣格等人的著作中，我们找不到任何有关这个主题的内容。

据我所知，希尔德（Schilder）是唯一在作品中以动力理论来论述好奇和理解的精神分析大师。[①] 到目前为止，我们只是顺带地提到了认知需求。获取知识、用系统化的方式理解宇宙，在一定程度上被视为在这世上获得基本安全感的手段；或者对于聪明人来说，是自我实现的表现形式。此外，我们还讨论了调查与言论的自由，并将其作为满足基本需求的先决条件。尽管这些讨论是有用的，但它们并不能为某些问题提供明确的答案，比如解释好奇、学习、哲学思考、实验等行为作为动机的作用。它们顶多只能给出部分解答。

获取知识存在一些消极的决定因素（如焦虑、恐惧），除此之外，我们有合理的理由假设存在某些满足好奇心、求知、解释、理解事物的积极冲动（Maslow，1968）。

---

① "然而，人类对世界、对行动、对实验有真正的兴趣。当他们在世间冒险时，他们会得到一种深深的满足感。他们不认为现实是对生存的威胁。有机体，尤其是人类有机体，对这个世界有一种真正的安全感。威胁仅仅来自特定的情境与匮乏。即便如此，人类也只会把不适感和危险视为短暂的经历，这种经历最终会带来一种新的保障感、安全感，让他们觉得接触世界是安全无虞的。"（Schilder，1942）

1. 在高等动物身上很容易观察到类似人类的好奇心。猴子会把东西拆开，把指头戳进窟窿里，会在不太可能涉及饥饿、恐惧、性和舒适状态的各种情境中探索。哈洛的实验（Harlow，1950）用一种可以接受的实验方法，充分证明了这一点。

2. 人类的历史为我们提供了许多这样的例子。在这些例子里，即使人们面临重大的危险，甚至生命危险，也要寻求事实与解释。还有无数默默无闻的"伽利略"。

3. 对心理健康者的研究表明，这些人有一个最显著的特征，那就是他们会被神秘、未知、混乱、无组织和无法解释的事物所吸引。这类事物似乎本身就有一种吸引力；这些领域本身就很有趣。与此形成鲜明对比的是，他们对众所周知的事物会产生无聊的反应。

4. 从心理病态者进行推论也许是可行的。强迫性神经症患者（在临床观察层面）会表现出一种对于熟悉事物的执念和焦虑，并且很害怕不熟悉、混乱、意外、不受控制的事物。然而，有些现象可能会否定这种推论。其中包括不自然的反常规心理、长期反抗任何权威、渴望惊吓他人等现象。所有这些现象可能出现在某种神经症患者身上，也可能出现在处于反文化适应（deacculturation）过程中的人身上。

5. 如果认知需求的满足受挫，就可能造成真正的心理病理影响（Maslow，1967，1968c）。以下临床观察也与这种情况有关：我见过一些案例，有一些从事愚蠢工作、过着愚蠢生活的聪明人身上产生了病态的表现（无聊、对生活失去热情、自我厌恶、身体机能普遍衰退、智力生活与品位不断退化等）[①]。我至少遇到过一个这样的案例：经过适当的认知治疗（在业余时间重新开始学习，找一份对智力要求更高的工作，洞察、内省），其症状就消失了。我见过**许多**聪明、富有、无所事事的女人，她们都慢慢地出现了这种智力刺激缺

[①] 这种综合征与里博（Ribot，1896）和后来的迈尔森（Myerson，1925）所说的**快感缺失**（anhedonia）非常相似，但他们认为这种现象是由其他原因导致的。

乏的症状。那些听从医嘱，让自己沉浸在值得做的事情中的人，往往得到了改善或治愈，这足以让我深刻地意识到认知需求的存在。在那些无法获取新闻、信息和事实的国家，在那些官方口径与明显事实大相径庭的国家，至少有一部分人会产生愤世嫉俗的普遍反应，他们会质疑**所有**价值观，甚至怀疑显而易见的事实，严重破坏普通的人际关系，丧失希望与信心，等等。其他人则会做出更被动的反应，表现为迟钝、顺从、无能、退缩、丧失主动性。

6. 求知与理解的需求在婴儿期晚期与童年早期就会显现出来，此时这种需求甚至可能比成年时期更为强烈。此外，无论你如何去定义它，这种需求似乎都是身心成熟的自然产物，而不是学习的结果。你无须教导孩子要有好奇心。但是，孩子可能会被教导**不要**有好奇心，比如他们在收容所里的生活就会有这种教导效果。

7. 最后，认知冲动的满足是主观上的满足，会产生目的性体验（end-experience）。虽然人们已经忽视了顿悟与理解，而是去研究认知成果与学习，但顿悟与理解在任何人的生活中依然常常是一种明快、愉悦的情绪，甚至在人们的一生中都是一个亮点。认知需求能促使人克服障碍；在满足受阻时会产生病理现象；它广泛存在（跨物种、跨文化）；会带来永不消失（尽管微弱）的持续压力；满足这种需求是人类潜能充分发展的必要先决条件；在个人的生命早期就会自发显现。所有这些现象都表明，认知需求是一种基本需求。

然而，这种假设是不够的。即使在我们知道某一事实后，我们也会情不自禁地去了解更多。一方面，要细致入微地钻研；另一方面，要研究得更广泛，朝着世界观、信仰的方向探索。有人将这一过程称为寻找意义。因此，我们能够假设，还存在一种理解、系统化认识、组织、分析、寻找关系与意义、构建价值体系的渴望。

一旦我们讨论这些渴望，我们就会看到，它们本身也有小的层级结构。在这个层级结构里，求知的渴望比理解的渴望更具优势。我们在前文谈论过的优势层级结构的所有特点，似乎也适用于这种小的层级结构。

我们必须警惕一种极易产生的倾向，即把这些渴望与我们在上文讨论过的基本需求分开的倾向，也就是以绝对化、二分法的观念区分认知需求与意动需求（conative needs）。求知与理解的渴望本身也具有意动的属性（也就是说，具有努力的特点）；这些渴望与我们讨论过的基本需求一样，也是人格的需求。此外，正如我们所见，这两种层级结构是相互关联的，而非相互割裂的；我们也将在下文看到，它们具有协同作用，而不是相互对立的。关于本节思想的进一步论述，请参见我的《存在心理学探索》一书（1968c）。

审美需求

我们对审美需求的了解，甚至比其他需求还要少，但历史、人文学科与美学的证据不容我们忽视这一领域。研究者在临床、人格学的基础上，尝试在少数人身上研究这一现象。他们的研究至少表明，在**一些**人身上，确实存在一种基本的审美需求。他们会因丑陋而（以特殊的方式）生病，也会因美好的环境而痊愈；他们有热切的**渴望**，这种渴望**只能**通过美来满足（Maslow，1967）。这种需求在健康儿童的身上普遍存在。我们可以在每种文化、每个时代发现这种冲动存在的证据，甚至可以追溯到穴居人的时代。

意动需求与认知需求有许多重叠之处，因此不可能将两者完全区分开来。对于秩序、对称、完结、行为完成、系统、结构的需求，也许可以统统归为认知、意动、审美需求，甚至可以归为神经症的需求。

基本需求的特点

需求层次的例外

到目前为止，我们所说的层级结构似乎是一种固定的顺序，但实际上，它并不像听上去那么严格。诚然，与我们一起工作过的大多数人，其基本需求似乎都会以上文所述的顺序排列，但也有许多例外。

1. 例如，对有些人来说，自尊似乎比爱更重要。在需求层次中，这种最为常见的逆转，通常是由一种观念的发展导致的。这种观念认为，最有可能被爱的人是强大或有权势的人，他们能让人尊重或害怕，他们充满自信或有攻击性。因此，缺乏爱、寻求爱的人，可能会努力装出一副咄咄逼人、自信满满的样子。但从本质上讲，他们追求高自尊的行为表现，更多的是作为达成目的的手段，而不是为了自尊本身；他们寻求自我肯定，是为了爱而不是自尊本身。

2. 还有一些天生极富创意的人，对他们来说，创造的驱力似乎比任何其他决定性因素都重要。他们的创造性，可能不是由于基本需求得到满足而出现的自我实现，而是哪怕基本需求得不到满足也会出现的自我实现。

3. 对某些人来说，其理想层面的需求可能会永久地减弱或降低。也就是说，不那么有优势的目标可能会丧失，并永久消失。所以，对于那些生活在极低水平上的人（如长期失业），只要能得到足够的食物，他们就可能在余生中感到满足。

4. 所谓的病态人格，是永久丧失爱的需求的另一个例子。对于这种人格功能障碍的一种理解是，有些人在生命最初的几个月里极度缺爱，进而永远失去了给予爱和接受爱的渴望与能力（就像动物出生后没有做出吮吸或啄食的动作，它们就会很快失去这种反射）。

5. 层级颠倒的另一个原因是，当一种需求在长时间里得到满足后，这种需求就可能被低估。从来没有经历过长期饥饿的人，往往会低估饥饿的影响，把食物看作极不重要的东西。如果这些人被某种高级需求支配，那这种高级需求似乎就是最重要的。这样一来，他们就可能（而且确有这种情况发生）为了这种高级的需求，把自己置于失去基本需求的境地。可想而知，在基本需求被长期剥夺后，此人将产生重新评估这两种需求的倾向，更具优势的需求将会在这个轻易抛弃基本需求的人的意识里占据更具优势的地位。因此，如果一个人宁可失去工作，也不愿放下自尊，等挨饿六个月左右后，他就可能愿意接受这份工作，即使会付出失去自尊的代价。

6. 另一个解释能在一定程度上说明某些**看似**逆转的现象。我们一直从有意识的切身欲求的角度，而非行为的角度讨论优势层级。观察行为本身可能会给我们错误的印象。我们声称，当高级与低级需求都被剥夺时，人们就会**想要**其中较为基本的需求。但这不一定意味着他会按照这些欲望行事。我们要再次强调，除了需求与欲望外，还有许多决定行为的因素。

7. 也许，比上述这些例外都更重要的是，那些涉及理想、高社会标准、高级价值观等的例外情况。有了这样的价值观，人们就会成为殉道者，会为了某种理想或价值观而放弃一切。也许我们可以通过一种基本概念（或假设）来（至少在一定程度上）理解这些人。这个概念可以称为"早期的满足增加了对挫败的耐受性"。那些在一生中（尤其是早年间）基本需求都得到了满足的人，似乎会发展出一种特殊的力量，能够抵御当下或未来这些需求受阻的情况。这仅仅是因为他们拥有坚强、健康的性格结构，而这种性格结构则是基本需求得到满足的结果。他们是坚强的人，能够自如地应对分歧与反对意见，可以抵抗舆论的浪潮，不惜付出巨大的个人代价以捍卫真理。只有那些爱过且被爱过，拥有许多深厚友谊的人，才能抵抗仇恨、排斥或迫害。

　　我们在上述讨论中排除了一个事实：要充分讨论对挫败的耐受性，就必然还会涉及一定程度的习惯。例如，那些长期习惯于相对饥饿状态的人，很可能因此能够忍受食物的匮乏。一种因素是习惯，另一种因素是过去的满足所带来的耐受性——在这两种倾向之间，如何做出公允的判断，还有待进一步的研究。与此同时，我们可以假定两者是协同作用的，因为它们并不矛盾。要使这种耐受度上升，似乎最重要的是，要在生命的最初几年里满足孩子的需求。也就是说，那些在早年间获得安全感、变得坚强的人，未来在面对任何威胁时，都倾向于保持有安全感和坚强的状态。

满足的程度

到目前为止，我们的理论讨论可能会给人一种印象，即这五组需求——生理需求、安全需求、归属需求、尊重需求与自我实现的需求在某种程度上是这样的：如果一种需求得到满足，另一种需求就会出现。这种说法可能会给人一种错误的印象，即下一种需求出现前，上一种需求必须得到 100% 的满足。事实上，对于我们社会中的大多数正常成员来说，其所有基本需求既得到了部分的满足，也在一定程度上没有得到满足。从更现实的角度来讲，需求的层次越高，其满足的百分比就越低。为了容易说明，我任意假定一些数字，比如一个普通公民也许在生理需求上得到了 85% 的满足，在安全需求上得到了 70% 的满足，在爱的需求上得到了 50% 的满足，在自尊需求上得到了 40% 的满足，在自我实现的需求上得到了 10% 的满足。

虽说有优势的需求在得到满足后，就会出现新的需求，但新的需求并不是突如其来的，而是从无到有、程度从低到高缓慢逐渐出现的。例如，如果有优势的 A 需求只得到了 10% 的满足，那么 B 需求可能根本不知所踪。然而，当 A 需求得到 25% 的满足时，B 需求就可能会显露出 5%；当 A 需求得到 75% 的满足时，B 需求就可能会显露出 50%；以此类推。

无意识需求

这些需求既不一定是有意识的，也不一定是无意识的。然而，总的来说，对于普通人来说，这些需求往往更多的是无意识的，而非有意识的。在这个问题上，没必要搬出一大堆证据来说明无意识动机的重要性。我们所说的基本需求，通常在很大程度上是无意识的，不过对于某些具备适当技能、经验足够老到的人来说，这些需求也会变成有意识的。

文化特异性

在不同文化中，具体欲望的表象各不相同。这种基本需求的分类法试图考虑这些表象背后的相对统一性。然而，在任何特定文化中，个体有意识的动机内容，通常会与另一社会中的个体截然不同。然而，人类学家有一个共识，那就是即便生活在不同的社会里，人们之间的相似之处，也比我们在第一次接触其他族群时所认为的要多得多。而且随着我们对其他族群的了解加深，我们似乎会发现越来越多的共同点。然后，我们会认识到，最惊人的差异只存在于表面（例如发型服饰的差异、饮食口味的差异），而非实质。我们对基本需求的分类，在某种程度上是为了解释不同文化间的外在差异背后的统一性。目前，我并没有声称这种分类对所有文化都具有终极、普遍的适用性。我只是声明，与肤浅的有意识欲望相比，该分类相对**更**终极、**更**普遍、**更**基本。对于人类来说，基本需求比肤浅的欲望或行为更具普遍性。

多重动机行为

我们一定**不能**认为，这些需求是某些行为独有的或单一的决定因素。任何看似由生理动机驱动的行为，都属于这种情况，比如进食、性游戏等。临床心理学家很早就发现，任何行为都可能是释放多种冲动的渠道。或者换句话说，大多数行为都是由多因素决定的，也就是有多种动机。在动机决定因素这个问题上，任何行为往往都是由几种或**所有**基本需求同时决定的，而不是仅由其中一种需求决定的。与前者相比，后者更像一个例外。进食可能在一定程度上是为了填饱肚子，也是为了舒服或满足其他需求。做爱可能不纯粹是为了释放性欲，也是为了确认自己的性取向，感到有力量，或者赢得爱。举例来说，分析个体的单一行为，并观察这种行为中所表达的生理需求、安全需求、爱的需求、自尊需求和自我实现的需求是可能的（在理论上是可能的，哪怕在现实中不可能）。这种分析方法，与幼稚的特质心理学形成了鲜明的对比。后者认为一种特质或动机可以解释某种特定的行为。例如，一种攻击行为只能追溯至一种攻击性特质。

无动机行为

表达性行为与应对性行为（功能性的努力、目的性的寻求）之间有一个基本区别。表达性行为并不会试图达成什么目的；它只是人格的反映。一个愚蠢的人做出愚蠢的行为，不是因为他想要、试图显得很蠢，或者有这种动机，而是因为他**就是**这样的人。我之所以用男低音讲话，而不用男高音或女高音，也是这个道理。一个健康儿童的随意动作，一个快乐女人脸上的微笑（即使她独自一人），一个健康女人走路时的轻快动作及她挺拔的姿态，也都是表达性、非功能性的行为。此外，几乎一个人的所有行为**风格，**无论有无动机，往往都是表达性的（Allport & Vernon，1933；Wolff，1943）。

我们可能会问，所有行为都是表达性的，或者说，都能反映出性格结构吗？答案是否定的。机械式、习惯性、自动化、循规蹈矩的行为可能是表达性的，也可能不是。大多数由刺激导致的行为也是如此。

最后需要强调的是，行为的表达性与目的性并不是互斥的。一般行为通常两者兼有。更详细的讨论参见第 6 章。

以动物为中心与以人类为中心

这个理论从一开始就建立在人类身上，而不是建立在任何低级、可能更简单的动物身上。有太多动物研究的结论被证明对动物是正确的，而对人类却不是。我们完全没有理由以动物为起点，来研究人类的动机。哲学家、逻辑学家及各个领域的科学家已经多次揭穿了这种简化的概括性谬误背后的逻辑（更确切地说，是错误逻辑）。没必要先研究动物，再研究人类，正如没必要先研究数学，再去研究地质学、心理学或生物学一样。

动机与病理学

根据前文，人们认为日常生活中有意识动机的内容相对重要与否，依据的是它与基本目标相关还是不太相关。对冰激凌的渴望，实际上可能是在间接地表达对爱的渴望。如果是这样的话，这种对冰激凌的渴望就成了极其重要的动机。然而，如果冰激凌只是冰凉爽口的东西，或者只是引发了偶然的食欲，那么这种欲望就相对不重要了。我们应该把寻常的有意识欲望视为症状，视为更**基本的需求的外在表现**。如果我们只看到肤浅欲望的表象，就会发现自己处于无解的困惑状态中，因为我们处理的是症状，而不是症状背后的东西。

对于不重要的欲望，满足的受阻不会产生心理病理结果；基本的重要需求满足受阻，确实会产生这样的结果。任何关于心理病理发病机制的理论，都必须建立在可靠的动机理论基础上。冲突或满足受挫不一定会致病。只有在基本需求受到威胁或阻碍时，或者与基本需求密切相关的阶段性需求受阻时，才会导致这样的结果。

满足的作用

前文已多次指出，只有在更具优势的需求得到满足的情况下，我们的高级需求才会出现。因此，需求的满足在动机理论中具有重要的地位。然而，除此之外，需求一旦得到满足，就不会再发挥积极的决定或组织作用。

这就是说，一个基本需求得到满足的人，就不会再需要尊重、爱、安全等。如果说这样的人还有这些需求，那么唯一的可能是在近乎形而上学的意义上讨论。这就好比在说一个吃饱了的人还饥饿，一个装满水的瓶子还空着。如果我们关心**当下**的动机，而不是过去、未来或可能的动机，那么已经满足的需求就不是动因了。从实际的角度考虑，我们必须认为这种需求已经不存在了，已经消失了。之所以要强调这一点，是因为我们所知的每一个动机理论，要么忽视了这一点，要么持有与此矛盾的看法。一个完全健康、正常、幸运的人，没有性的需求，没有饥饿的需求，没有安全的需求，没有爱的需求，没有名望的需求，也没有自尊的需求，除了在偶尔遭遇短暂威胁的时候。即使不认同这一点，我们也必须承认每个人都有病理性反射（如巴宾斯基反射），因为如果神经系统受损，这些反射就会出现。

正是出于这样的考虑，我才提出了一个大胆的假设：任何一种基本需求受阻的人，都可以被视为不健康的人，或者至少是不完整的人。这就像我们把缺乏维生素或矿物质的人称为不健康的人一样。谁会说缺爱没有缺乏维生素重要呢？既然我们知道缺爱会致病，谁又能说我们提出价值观问题的方式，不如医生诊断和治疗糙皮病、坏血病的方式科学、规范？

如果允许，那么我们应该干脆这么说：健康的人的主要动机，是发展和实现自身最大潜能与能力的需求。如果一个人长期拥有活跃的基本需求，那他显然是不健康的，就好像他突然对盐或钙产生了强烈的渴求，那他一定是生病了。如果我们可以在这个意义上使用"生病"一词，那么我们也应该正视人与社会的关系。我们对"生病"的定义有一个明确的推论：既然一个人基本需求受阻可以被称为"生病"，既然这种基本需求受阻最终只能由个体之外的力量所导致，那么个人的疾病归根结底必然来自社会的弊病。因此，良好或健康的社会应该是一个满足人们所有基本需求，进而允许人们的最高目标呈现的社会。

如果这些说法看起来不同寻常，或者有点儿像悖论，那么读者可以放心，这只是将要出现的诸多悖论之一。随着我们修正看待深层动机的方式，还有更多这样的悖论会浮现。当我们询问人类想要什么样的生活时，我们研究的就是人类的本质。

功能自主

在得到长期的满足之后，高级的**基本**需求可能会变得不依赖其更加强大的先决条件，也不依赖这种需求自身的适当满足。[①] 举例来说，一个成年人，如果他在早年间满足了爱的需求，那么他在安全、归属与爱等需求

---

① 戈登·奥尔波特（Gordon Allport，1960，1961）阐释并概括了一种心理学原则：达到目的的手段本身，可能成为最终的满足。此时，手段只与自身的起源有着历史性渊源，它们可能只会因为自身的价值而被人需要。我们都记得，学习与改变在有目标的生活中占据了十分重要的地位，这使得过去发生的一切都变得极其复杂。这两组心理学原则之间并不矛盾，它们相辅相成。根据目前的评判标准，如此习得的需求能否算是真正的**基本**需求，是一个有待进一步研究的问题。

的满足方面，就会变得比一般人**更加**自主。正是这种坚强、健康、独立的人，才能承受不被爱、不受欢迎的痛苦。但是，在我们的社会中，这种坚强与健康通常是在早年间安全、爱、归属和自尊等需求长期得到满足的结果。也就是说，此人在这些方面的功能是自主的，不依赖于这些需求的满足感。我们更倾向于认为，这种性格结构是心理学中功能自主的一个最重要的方面。

CHAPTER 3

第 3 章

基本需求的满足

扫码收听音频导读

在第 2 章中,我们提出了看待人类动机的新方法,在本章中,我们要探讨这种方法带来的理论结果。而且,本章应该能调和当下片面强调受挫与病理的倾向,提供积极或健康的补充。

我们已经看到,在人类动机心理中,动机的首要组织原则是,将基本需求按照优先级或相对优势排成等级。让这种组织结构运作起来的首要动力原则是,在健康人身上,一旦更具优势的需求得到满足,较为弱势的需求就会出现。若是生理需求得不到满足,这种需求就会支配有机体,迫使有机体的所有能力都为这种需求服务,并按照最有效的方式组织这些能力。一旦得到相对的满足,这些需求就会消退,允许层级结构中更高一级的需求出现,并支配与组织人格。例如,当有机体不再受困于饥饿时,它就会执着于安全。这一原则同样适用于此层级结构中的其他需求(如爱、尊重和自我实现)。

更高级的需求可能偶尔也会在其他情况下出现。比如,不是在低级需求得到满足之后出现,而是在被迫或自愿承受剥夺,或者在放弃、压制低级需求之后出现(如禁欲、思想升华,以及排斥、管教、迫害、孤立等的强化作用）。这种现象与本书的论点并不矛盾，因为本书没有声称满足是获得力量或其他心理需求的唯一来源。

满足理论显然是一种特殊、有限或不完整的理论，不能独立存在，不具有单独的合理性。只有搭配以下理论，组成框架，满足理论才能具有合理性：①受挫理论；②学习理论；③神经症理论；④心理健康理论；⑤价值观理论；⑥纪律、意志与责任等理论。在行为的心理决定因素、主观心理、性格结构组成的复杂网络中，本章只试图追踪其中的一条线索。我们并不是在做更为全面的论述，而是大方地承认：除了基本需求的满足以外，还有其他决定因素；基本需求的满足可能是必要条件，但肯定不是充分条件；需求的满足与剥夺各自都有好结果和坏结果；基本需求的满足与神经症需求的满足有着重要的差异。

基本需求满足的结果

任何需求得到满足的基本结果是，这种需求会消退，并且会出现一种新的、更高级的需求。[①] 其他结果只是这一基本事实的附带现象。这些继发性结果的例子包括：

1. 不再受到旧的满足物或目标的影响，并对它们产生某种程度的蔑视；同时对此前一直忽视、不想要或只是偶尔想要的满足物或目标产生新的依赖。这种满足物的新旧交替，涉及了许多第三层的结果。因此，关注点会发生变化。也就是说，某种现象会首次变得有趣，而旧现象会变得无聊甚至令人反感。这就等于说，人类的价值观会发生变化。一般而言，人们倾向于：①高估未满足的需求中最强大的满足物；②低估未满足的需求中较为弱势的满足物（并低估这些需求的强度）；③低估甚至贬低已满足需求的满足物（并低估和贬低这些需求的强度）。作为一种有关依赖的现象，这种价值观的转变意味

---

① 所有这些说法只适用于基本需求。

着人们重构了关于未来、乌托邦、天堂与地狱、美好生活、个体无意识的愿望实现状态的观念，而且这种重构的方向大致上是可以预测的。简而言之，我们倾向于把我们已有的幸福视为理所当然，尤其是在我们不需要为之努力或奋斗的情况下。食物、安全、爱、赞美和自由一直就在那里，我们从不缺这些，也不渴望这些，我们往往不仅不注意它们，甚至还会贬低、嘲笑或破坏它们。当然，这种不珍惜的现象并不务实，因此可以算作一种病态。在大多数情况下，这种病态很容易治愈，只需经历适当的剥夺或匮乏（如痛苦、饥饿、贫穷、孤独、排斥或不公）。相对而言，这种在满足后的遗忘与贬低现象被我们忽视了，而这种现象具有非常大的潜在重要性与力量。进一步的阐述可以在《优心态管理》（Maslow，1965b）一书中"论低级抱怨、高级抱怨与超越性抱怨"（On Low Grumbles, High Grumbles, and Metagrumbles）一章中找到。只有理解了这种现象，我们才能理解以下这一令人困惑的事实：（经济和心理上的）富足既可以让人性朝着更高的层次发展，也可以造成近年来报纸头条暗示、明示的各种价值观病态。很久以前，阿德勒（Adler，1939，1964；Ansbacher & Ansbacher，1956）就在他的许多著作中谈到了"娇生惯养的生活方式"，也许我们应该用这个说法来区分致病的满足与健康、必要的满足。

2. 随着价值观的改变，认知能力也会改变。注意、知觉、学习、记忆、遗忘、思维，所有这些能力都会发生大致可以预测的变化，因为有机体有了新的关注点和价值观。

3. 这些新的关注点、满足物和需求不仅仅是新的，而且在某种意义上也是更高级的（参见第5章）。当安全需求得到满足时，有机体就会放手去寻求爱、独立、尊重、自尊等。将有机体从更低级、更物质、更自私的需求中解放出来的最简单的方法，就是满足这些需求。（当然，还有其他方法。）

4. 任何需求的满足，只要是真正的满足（即基本需求的满足，而不是神经症需求或伪需求的满足），都有助于性格的形成（见下文）。此外，任何真正的需求满足，都有利于个体的改善、强化与健康发展。也就是说，任何基本需求的满足（只要我们能单独谈论这种满足），都能使人朝着健康、远离神经症的方向迈进一步。毫无疑问，正是在这个意义上，科特·戈尔德斯坦才会说，从长远来看，**任何**特定需求的满足，都是迈向自我实现的一步。

5. 除了一般的结果之外，特定需求的满足还会带来某些特殊的结果。例如，在其他因素相同的情况下，安全需求的满足会带来主观的安全感、更安稳的睡眠、没有危险的感觉，以及更大的胆量与勇气。

学习与满足

探索需求满足的作用带来的第一个结果必然是，我们会对有些人过度夸大纯粹的联想学习的作用感到越来越不满意。

一般而言，满足现象（例如，饱腹后食欲减退、安全需求满足后的防御数量与类型的变化等）会表现为：①需求因行为（重复、使用或练习）的增加而**消失**；②需求因奖赏（满意、表扬或强化）的增加而**消失**。此外，尽管在本章末尾列出的满足现象都是通过适应而获得的变化，但这些满足违背了联想的法则；而且研究也表明，这些需求的满足不涉及任意的联想，除了继发性的联想。因此，任何学习的定义，如果仅仅强调刺激与反应之间的联系的变化，那都是不够的。

需求满足与否，几乎完全受制于相应的满足物。从长远来看，除了非基本需求的满足之外，不可能有随意、任意的选择。对于渴求爱的人来说，只有一种真正的、长期的满足物：真正的、令人满意的情感。对于渴求性、食物和水的人来说，归根结底只有性、食物和水才能满足他们。对于这些需求，随机搭配、任意组合的事物都不可能带来满足。与满足物有关的信号、警告或任何相关之物都无能为力（G. Murphy，1947）；只有满足物本身能满足需求。

对于联想、行为主义的学习理论，我主要批判的是这种理论把有机体的目的（意图、目标）完全视为理所当然。这种理论只考虑对**手段**的操纵，却未阐明其目的。相比之下，这里提出的基本需求理论，是目的的理论，是有关有机体的最终价值观的理论。这些目的本身，对于有机体有着内在的价值。因此，有机体会做任何必要的事情来达成这些目的，甚至愿意学习实验者任意设置的、无关紧要、琐碎或愚蠢的实验程序，因为这是达成目的的唯一途径。这些把戏当然是可以随时抛弃的，当它们不能再换来内在满足（或内在强化）时，就会被毫不犹豫地抛弃（消退）。

很明显，第 5 章中列出的行为与主观变化，不可能仅仅用联想学习的法则来解释。实际上，这些法则更有可能只扮演继发性的角色。如果父母经常亲吻孩子，这种驱力本身就会消失，孩子就会学会**不渴望**亲吻（Levy，1944）。大多数探讨人格、特质、态度和品位的当代作家，都把这些东西称为习惯的集合，是根据联想学习的法则获得的，但现在看来，重新考虑并纠正这种看法似乎才是明智的。

即使从获得顿悟与理解（格式塔学习）这种更站得住脚的意义上讲，也不能认为性格特质是完全习得的。这种更广泛的格式塔学习理论仍然太过局限——它从理性主义的视角，强调对于外部世界的内在结构的认知。这在一定程度上是因为它对精神分析研究的发现持冷淡态度。我们需要与个人**内部**的意动过程、情感过程建立更强的联系，而不是像联想学习、格式塔学习理论那样漠视这些过程。[也请参阅库尔特·勒温（Kurt Lewin，1935）的著作，这无疑有助于解决这个问题。]

我们现在不打算详细探讨这个问题，而是暂时提出一种可以被称为"性格学习"（character learning）或"内在学习"（intrinsic learning）的概念。这一概念将性格结构的变化而不是行为的变化作为中心。这种学习的主要组成部分包括：①独特（非重复性）、深刻的个人经历的教育作用；②重复经历带来的**情感**变化；③由满足与受挫经历带来的意动变化；④由某些早期经历带来的广泛的态度、期待，甚至观念上的变化（Levy，1938）；⑤在有机体对任意经历的各种选择性同化过程中，个体素质所起到的决定性作用。

这些考虑表明，学习与性格形成的概念之间有着更加紧密的联系。笔者相信，如果心理学家**把个人发展、性格结构中的变化**（也就是向着自我实现与更高境界的发展）作为典型的学习范式，最终可能会取得丰硕的研究成果（Maslow，1969a，1969b，1969c）。

满足与性格形成

某些推论性观点力图将需求的满足与某些（甚至许多）性格特质的发展联系在一起。这种说法只是站在了人们早已公认的"受挫与心理病态之间存在联系"的逻辑对立面上。

如果我们很容易接受基本需求的满足受挫是产生敌意的一个决定因素，那么我们也应该很容易接受受挫的对立面（即基本需求的满足）是敌意的对立面（即友好）的推论性决定因素。后者与前者一样，都很明显属于精神分析的发现。尽管还缺乏明确的理论表述，但心理治疗**实践**已经接受了我们的假设，因为治疗强调内隐的安慰、支持、容许、认可、接纳，也就是说，强调在根本上满足患者对安全、爱、保护、尊重、价值感等的深层需求。对孩子的治疗尤其如此。对于那些缺乏爱、独立性和安全感的孩子，治疗师通常会立即运用替代疗法或满足疗法，分别给予他们爱、独立或安全。

遗憾的是，这样的实验资料太少了。然而，我们有一些令人叹为观止的例子，如利维的实验（Levy，1934a，1934b，1937，1938，1944，1951）。这些实验的一般模式是，找一群刚出生的动物（比如小狗），满足它们的一种需求（如哺乳），或者在一定程度上让其受挫。

这类实验是借助小鸡啄食、婴儿哺乳及各种动物的活动来进行的。在所有实验中，研究者都发现，充分满足的需求都会经历一个典型的过程，然后，根据其性质，这种需求要么会完全消失（如哺乳），要么在其存在的剩余时间内保持较低的最佳水平（如活动）。那些需求满足受挫的动物，会出现各种半病理现象。其中，与我们的讨论最有关系的现象是，在正常情况下，有些需求原本应该在一定时间之后消失，但这种需求却持续存在；而且其活跃程度大大增加了。

童年需求的满足与成年后的性格形成有关，这种关系在利维关于爱的研究中得到了充分的体现（1943，1944）。很明显，健康成年人的许多特质，似乎都是童年时爱的需求得到满足所带来的积极结果。例如，能够允许所爱的人独立、忍受爱的缺失、在不放弃自主权的情况下去爱等能力。

为了尽可能清楚地阐释，这种说法可以这样来理解：一个很爱孩子的母亲会（通过奖励、强化、重复、练习等）使孩子在以后的生活中，对爱的需求强度**降低**，比如减少亲吻、减少孩子对母亲的依赖等。最有可能让孩子学会到处寻求爱、不断渴求爱的做法，就是在一定程度上**不给孩子爱**（Levy，1944）。这是证明功能自主原则的另一个例证（见第 2 章最后一节），这使奥尔波特不得不怀疑当代的学习理论。

所有心理学教师在谈到满足孩子的基本需求，或者自由选择的实验时，都会说到这种性格特质的习得论。"如果孩子被噩梦惊醒了，你就把她抱起来，那她不就学会了只要想被人抱，就大哭起来吗（因为你奖励了她的哭泣）？""如果你让孩子想吃什么就吃什么，那他不会被宠坏吗？""如果你关注孩子哗众取宠的行为，那她不就学会了以此来引起你的注意吗？""如果你让孩子随心所欲，那他不会一直任性妄为吗？"所有这些问题都不能仅通过学习理论来回答；我们**还**必须借助满足理论与功能自主理论，才能做出完整的回答。

另一类支持需求满足与性格形成之间关系的数据，可以在直接观察到的需求满足的临床效果中获得。每一个直接与人打交道的人，都可以获得这些数据，而且几乎在每次治疗互动中都必然会得到这些数据。

要说服我们自己相信这一点，最简单的方式就是检验满足基本需求带来的直接、即时的影响，从最有优势的需求开始。就生理需求而言，在我们的文化中，我们不认为吃饱喝足是性格特质，尽管在其他文化条件下，我们也许会这样认为。然而，即使在这个生理层面，我们也能找到一些勉强符合我们论点的案例。当然，如果谈到休息和睡眠的需求，我们也会谈到它们的受挫（困倦、疲劳、缺乏精力、迟钝，也许甚至还有懒惰、无精打采等）与满足（机敏、精力充沛、热情等）的影响。这是一些简单的需求满足的直接结果，就算我们认为这些结果不属于性格特质，但它们至少对研究人格的人来说，肯定是颇为有趣的。虽然我们还不习惯考虑这些问题，但性需求也会带来这样的结果，即性痴迷之类的现象，以及与之相对的性满足。我们还没有合适的词汇来描述这些现象。

无论如何，当我们谈起安全需求时，我们就有底气得多了。忧虑、恐惧、恐慌与焦虑、紧张、不安、慌张，都是安全需求满足受挫的结果。有关安全需求的临床观察清晰地表明，安全需求得到满足会产生相应的效果（我们同样缺乏恰当的词汇），如不焦虑、不紧张、放松、对未来充满信心、有把握、有安全感等。无论我们用什么词汇来形容，感到安全的人与像生活在敌国的间谍似的人在性格上是不同的。

其他的基本情感需求也是如此，比如对归属、爱、尊重和自尊的需求。满足这些需求，就会使人产生诸如深情、自尊、自信或有安全感等特征。

在这些需求满足所带来的直接性格结果的基础上，会进一步出现仁慈、慷慨、无私、大度（与心胸狭隘相反）、镇定、平静、幸福、满足等一般特质。这些特质似乎是结果的结果，即一般需求满足的副产品，也就是总体心理状况改善的副产品，是内心充盈、富足的副产品。

显然，无论是狭义的学习还是广义的学习，都在这样和那样的性格特质的形成过程中起到了重要的作用。现有的数据还不允许我们断言学习是不是一种更有力的决定因素，它通常会被当作没有结果的问题而被搁置。然而，过于强调学习或需求满足的任意一方，都会造成截然不同的结果，所以我们至少必须意识到这个问题。性格教育能否在课堂上进行？书籍、讲座、问答、劝诫是不是最好的工具？布道与主日学校能否造就好人？或者从另一角度来说，美好的生活能否造就好人？爱、温情、友谊、尊重以及善待孩子，是否对其日后的性格结构更为重要？这些是由于我们坚持不同的性格形成理论与教育理论而提出的两类不同的问题。

满足与健康

假设 A 在危险的丛林里生活了几个星期，靠着偶尔找到的食物和水维持生存。B 不仅活了下来，而且还有一把步枪和一个可关闭入口的隐秘洞穴。C 不但拥有所有这些东西，还有另外两个人和他在一起。D 有食物，有枪，有盟友，有洞穴，还有一个亲密的朋友。E 也在这座丛林里，他不但拥有所有的这些，他还是那个小团队的领袖，受到同伴的尊敬。为了简单起见，我们姑且将这些人分别称为勉强求生的人、安全的人、有归属的人、被爱的人和受尊敬的人。

但这不仅仅是基本需求满足的递进，**也是心理健康程度不断上升的体现**。① 很明显，在其他条件相同的情况下，一个安全、有归属、被爱的人，会比一个安全、有归属，但遭到排斥、不被爱的人更健康（根据**任何**合理的定义都是如此）。此外，如果这个人赢得了尊敬与赞赏，并因此发展出了自尊，那么他就会更健康、更接近自我实现，或者说更接近一个完整的人。

基本需求的满足程度似乎与心理健康水平呈正相关。我们能否更进一步，确定这种相关性的极限，也就是说，能否弄清完全满足基本需求，是否就等同于理想的健康状态？满足理论至少**暗示**了这种可能性（参见 Maslow，1969b）。当然，尽管这个问题的答案还有待未来的研究，但即使

---

① 有人进一步指出，这种不断增长的需求满足程度，也可以作为人格分类的基础。在个体的一生中，这种需求的满足能作为成熟的步骤或水平，或者作为迈向自我实现的个人成长过程，为发展理论提供图式（schema）；这样的发展理论大致接近或类似于弗洛伊德与埃里克森的发展理论体系（Erikson，1959；Freud，1920）。

是这样一个简单的假设，也会让我们的目光转向被忽视的事实，并促使我们再次提出那些古老的、未被解答的问题。

例如，我们当然必须承认，还有其他通往健康的途径。然而，当我们为孩子选择人生道路时，问这个问题并不为过：满足带来的健康（gratification health）与受挫带来的健康（frustration health），哪一种更为普遍？也就是说，通过苦行、放弃基本需求、约束，以及受挫、悲剧和不幸的磨炼得到的健康到底有多少？

这个理论也向我们提出了有关自私的棘手问题：所有需求都必然是自私的、以自我为中心的吗？的确，根据戈尔德斯坦与本书的定义，终极的需求——自我实现是一条高度个人化的道路。然而，对非常健康的人的实证研究表明，他们非常独特，有着健康的自私，并且具有极大的同情心与利他精神。我们将在第 11 章看到这一点。

当我们提出"满足带来的健康"或者说"幸福的健康"（happiness health）这一概念时，我们就默默地认同了戈尔德斯坦、荣格、阿德勒、安德拉斯·安吉亚尔（Andras Angyal）、霍妮、弗洛姆、罗洛·梅（Rollo May）、夏洛特·布勒（Charlotte Buhler）、罗杰斯，以及越来越多的其他心理学家提出的观点——有机体内部存在某种积极成长的倾向，推动着个体朝着更全面的方向发展。

因为，如果我们假设，在典型的情况下，一个健康的有机体的基本需求得到了满足，就会摆脱束缚，得以追求自我实现，那么我们也会假设，这个有机体是按照内在的成长倾向，从内部开始发展的。这是亨利·柏格森（Henri Bergson）所说的那种发展，而不是行为主义、环境决定论、从外部开始的发展。患神经症的有机体，缺乏那些只能从他人那里获得的基本需求的满足。因此，这个有机体会更多依赖他人，缺乏自主和自我决定——更多受环境性质的影响，较少受其内在本性的影响。当然，健康的人对于环境的这种相对独立性，并不意味着他们与环境缺乏交流；这只意味着，在这些交流中，这个人的**目的**与他自身的本性是主要的决定因素，而环境主要是此人达成自我实现的手段。这就是真正的心理自由（Riesman，1950）。

满足与病态

近年来的生活，确实带来了一些有关物质（低级需求）富裕的病态之处，诸如无聊、自私、精英感、"应得的"优越感、对于低水平的不成熟的固着、对集体情感的破坏等。显然，物质的生活或低级需求的生活本身，在任何时期都不能令人满意。

但是，我们现在正面临着一种新的、由心理富足导致病态的可能。也就是说，这种病态的原因（看似）是全心全意的爱与照料、喜爱、仰慕、赞美、唯命是从、众星捧月、拥有忠心的仆从、每种愿望都能立即得到满足，甚至是得到了他人自我牺牲、自我抑制的奉献。

的确，我们对这些新现象了解不多，成熟的科学研究当然更少。我们的依据只有强烈的怀疑、广泛存在的临床印象、儿童心理学家和教育工作者逐渐坚信的观点——仅仅满足孩子的基本需求是不够的，他们还需要一些严格、坚韧、受挫、纪律和界限的体验。或者换一种说法，我们最好更加谨慎地界定基本需求的满足，因为很容易陷入无节制的自我放纵、自我放弃、自由放任、过度保护、过度表扬。对孩子的爱与尊重，至少必须与对父母和一般成年人的爱与尊重结合起来。孩子当然是人，但他们不是成熟的人。他们在许多事情上是不明智的，在某些事情上非常愚蠢。

由满足导致的病态，在某种程度上也可以被称为"元病态"（metapathology），即在生活中缺乏价值、意义和成就。许多人本主义和存在主义心理学家认为，满足所有的基本需求并不能**自动**解决身份认同、价值体系、人生目标、人生意义等问题（不过，还没有足够的数据证明）。至少对于一些人，尤其是年轻人来说，这些东西是满足基本需求之外的独立、额外的生活任务。

最后，我们要再次提到一个很少为人理解的事实，那就是人类似乎从来不会一直感到满足或满意。与此密切相关的一点是，人们倾向于习惯他们所拥有的幸福，倾向于忘记它们，把它们视为理所应当，甚至不再重视它们。对许多人来说（我们不知道有多少人），即便是最大的乐趣也会变得无聊，失去新鲜感（Wilson，1969）。为了能够再次重视自己拥有的幸福，可能**必须**失去这些东西。

满足理论的启示

以下是满足理论所提出的几个较为重要的假设。其他的假设将在本书第二部分列出。

心理治疗

我们也许可以认为，基本需求的满足在实际治愈或改善过程中是至关重要的。当然，我们必须承认，满足至少是一**个**治愈的因素，而且是一个特别重要的因素，因为迄今为止它都被忽视了。在第 9 章中，我会更详细地讨论这一点。

态度、兴趣、品位与价值观

我们已经举了几个例子，说明了需求的满足与受挫如何决定人的关注点（也见 Maier，1949）。这个讨论还能深入得多，且最终必然会涉及道德、价值观和伦理的讨论——只要不局限于礼仪、礼貌、风俗习惯和其他当地社会习惯的讨论。从当前的流行观点来看，除了当地文化中的联想学习之外，态度、品位、兴趣和其他**任何**类型的价值观似乎都没有其他的决定因素；也就是说，好像它们完全是由某种环境力量所决定的。但是我们已经看到，也必须承认，内在要求以及满足有机体的各项需求的作用。

人格的分类

如果我们把各级基本情感需求的满足看作一个直线连续体，那么我们就有了一个将人格分类的有用（但不完美）的工具。如果大多数人都有相似的有机体需求，那么每个人的这些需求的满足程度，就可以与其他人的比较。这是一个整体性或有机的原则，因为它把完整的人放在单一的连续体上进行分类，而不是将人的各个部分或方面放在多个不相关的连续体上。

无聊与兴趣

除了过度满足，无聊还能因为什么呢？然而，在无聊中，我们也可能会发现未解决、未觉察的问题。为什么反复接触一幅绘画、一位朋友、一段音乐会导致无聊，而同样多次地接触另一幅画、另一位朋友、另一段音乐却会产生更大的兴趣和乐趣？

幸福、快乐、满足、欣喜与狂喜

需求的满足在这些积极情绪的产生中起到了什么作用？长久以来，情绪的研究者一直局限于研究受挫的情感影响。

社会效应

本书第二部分会列出需求满足似乎能带来的多种良好社会效应。也就是说，我会提出一个有待未来研究的论点：满足一个人的基本需求（在所有条件相同的情况下，抛开某些令人困惑的例外，并暂时忽略剥夺与约束需求的益处），不仅可以改善个体的性格结构，也能让他在国内外成为更合格的公民，还能改善他人际交往的能力。需求的满足对于政治学、经济学、教育学、历史学和社会学理论可能有着巨大而显著的影响（Aronoff，1967；Davies，1963；Myerson，1925；Wootton，1967）。

受挫水平

从某种意义上说，需求满足是需求受挫的决定因素，尽管这看上去很矛盾。这是事实，因为只有低级的、更有优势的需求得到了满足，高级的需求才会出现在意识中。从某种意义上说，除非需求在意识中存在，否则不会产生受挫感。勉强度日的人不会为生活中较高层次的东西操心，比如学习几何、选举权、公民的尊严、尊重；他主要关心的是更基本的东西。一个人需要满足一定数量的低级需求，才能提升到足够文明的程度，从而对更大的个人、社会和智识问题感到挫败。

因此，我们也许可以承认，尽管大多数人注定要企盼他们所没有的东西，但为大众更大的满足而工作仍然是有益的。于是我们既学会了不要指望任何单一的社会改革（如妇女选举权、免费教育、无记名投票、工会、住房改善、直接选举）会带来奇迹，也学会了不要低估缓慢进步的现实。

如果一个人注定要受挫或担忧，那么他为如何结束战争而担忧，比为了寒冷或饥饿而担忧对社会更有益。显然，受挫水平的提高（如果受挫有高低一说）不仅对个人有影响，对社会也有影响。也许内疚与羞愧水平的提高也有大致相同的作用。

有趣、无目的与随机的行为

哲学家、艺术家和诗人早就对这一行为领域做了评论，但奇怪的是，科学心理学家却忽视了这一领域。这可能是因为心理学家普遍教条地认为，所有行为都是有动机的。现在我不想争论这个（我眼中的）错误，但我们毫无疑问可以观察到，在心满意足之后，有机体立即就会失去压力、紧张感、紧迫感、强制感，允许自己去游荡、消磨时间、放松、闲逛、变得被动、享受阳光、点缀、装饰、擦亮锅碗、游戏和娱乐、观察无关紧要的事情、随心所欲、漫无目的、偶然而无意地学习。总而言之，这些行为是（相对）没有动机的。需求的满足使得无动机行为出现（更全面的讨论见第6章）。

高级需求的自主性

虽然，一般来说，我们在满足了较低级的需求之后，会产生更高层次的需求，但仍然存在一种可以观察到的现象：一旦达到了高级需求的层次，产生了相应的价值观与品位，它们就可能会具有自主性，不再依赖于低级需求的满足。这些人甚至会鄙视、唾弃那些使他们的"高级生活"成为可能的低级需求的满足，就像第三代富人为第一代富人感到羞耻，或者受过教育的移民子女为他们粗鲁的父母感到羞耻一样。

满足的影响

下面是一些在很大程度上由基本需求的满足所带来的现象。

意动－情感现象

1. 对于食物、性、睡眠等需求的生理满足感与过剩感，以及随之而来的幸福感、健康、精力充沛、欣快感、身体上的满意感。

2. 安全、平和、有保障、受保护、没有危险和威胁的感觉。

3. 有归属感，感到是群体中的一员，认同群体的目标与胜利，有被接纳或有一席之地的感觉、有回家的感觉。

4. 爱与被爱、值得被爱的感觉，以及爱的认同感。

5. 自立、自重、自尊、自信、信任自己的感受；能力感、成就感、胜任感、成功感、自我力量感、值得尊敬感，以及有威信、有领导力和有独立性的感觉。

6. 自我实现、自我满足、自我发展的感觉，自己的能力、潜能更加全面发展、成熟的感觉，以及随之而来的成长、成熟、健康和自主感。

7. 好奇心的满足，越来越多的学习和了解的感觉。

8. 对理解的需求得到满足，在哲学层面上越来越满足；在哲学或宗教思想上变得越来越广阔、越来越包容、越来越统一；对联结和关系的感知越来越强；敬畏感；忠于自己的价值观。

9. 对美的需求得到满足、兴奋、感官震撼、愉悦、狂喜、对称感、恰到好处感、适合感或完美感。

10. 高级需求出现。

11. 暂时或长期地依赖或不依赖不同的满足物；越来越不依赖低级需求或低级满足物，越来越鄙视这些需求或满足物。

12. 厌恶感、有食物偏好。

13. 无聊与兴趣。

14. 价值观的提升；品位变得高雅；选择变得更好。

15. 更有可能产生更强烈的兴奋、幸福、喜悦、愉悦、满意、平静、安详、狂喜；情绪更丰富、更积极。

16. 更频繁地出现狂喜、高峰体验、极度兴奋、春风得意和神秘体验。

17. 抱负水平的变化。

18. 受挫水平的变化。

19. 向着超越性动机与存在价值的方向发展（Maslow，1964a）。

认知

1. 各类认知变得更敏锐、更高效、更现实；现实检验能力更好。

2. 直觉能力提高；预感更准确。

3. 产生具有启发性和顿悟的神秘体验。

4. 更多以现实、目标、问题为中心；投射减少，较少以自我为中心；超个人、超人类的认知更多。

5. 世界观与哲学上的进步（变得更真实、更现实，对自我和他人的破坏性更小，更全面、更整合、更具整体性，等等）。

6. 更具创造性，更多的关于艺术、诗歌、音乐、智慧、科学的体验。

7. 较少像机器人一样僵化、循规蹈矩；刻板印象、强迫性分类（见第17章）减少；能超越人为的分类与评判标准，更好地感知个体的独特性；较少采用二分法思维方式。

8. 具有更基本、更深刻的态度（民主，对所有人的基本尊重，对他人的感情，对不同年龄、性别和种族的人的爱与尊重）。

9. 对熟悉事物的偏好和需求减少，尤其是对重要事物的偏好和需求减少；对新奇、陌生事物的恐惧减少。

10. 更多的偶然学习或潜在学习。

11. 对简单事物的需求更少；在复杂事物中得到的乐趣更多。

性格特质

1. 更平静、更镇定、更安详、更心灵平和（与烦躁、紧张、不快乐、痛苦相反）。

2. 善良、仁慈、同情、无私（与残酷相反）。

3. 健康的慷慨。

4. 大度（与心胸狭隘、刻薄、小气相反）。

5. 自立、自重、自尊、有信心、相信自己。

6. 安全感、平和感、没有危险感。

7. 友好（与敌对相反）。

8. 对挫败有更强的耐受能力。

9. 能容忍个体差异，对个体差异感兴趣，能够认可个体差异，因此没有偏见和普遍的敌意（但没有丧失判断能力）；更强烈的同胞情谊、同志情谊、兄弟情谊和尊重他人的情感。

10. 勇气更多；恐惧更少。

11. 心理健康以及其所有产物；远离神经症、精神病性人格，也许还能远离精神障碍。

12. 更深刻地拥护民主（对那些值得尊敬的人怀有无畏和真切的尊敬）。

13. 松弛；紧张感较少。

14. 更诚实、更真诚、更坦率；假话较少，较不虚伪。

15. 意志更坚强；更享受责任。

人际

1. 成为更好的公民、邻居、父母、朋友、爱人。

2. 在政治主张、经济、宗教、教育上有所成长，更具开放性。

3. 尊重儿童、员工、少数民族和其他权力较少的群体。

4. 更民主，较少独裁。

5. 不必要的敌意较少，更友善，更关注他人，更容易认同他人。

6. 看人更准，更善于做选择，比如更善于选择朋友、爱人、领导。

7. 为人更好，更有吸引力，更美丽。

8. 成为更好的心理治疗师。

其他

1. 对天堂、地狱、乌托邦、美好生活、成功与失败的看法改变。

2. 更追求高级价值，更追求高级的"精神生活"。

3. 所有表达性行为（如微笑、大笑、面部表情、举止、步态、笔迹）发生变化；表达性行为更多，应对性行为更少。

4. 能量水平发生变化，比如，困倦，睡觉，安静，休息，清醒等。

5. 充满希望、关注未来（与情绪低落、冷漠、快感缺失相反）。

6. 梦境、幻想、早期记忆发生变化（Allport，1959）。

7. 以性格为基础的道德、伦理、价值观发生变化。

8. 远离争输赢、敌对、零和博弈的生活方式。

扫码收听音频导读

第 4 章

再议本能理论

再议本能理论的重要性

前几章概述的基本需求理论需要甚至呼吁我们重新考察本能理论，哪怕只是因为我们有必要区分基本和不太基本、健康和不太健康、自然和不太自然的需求。

也有相当多的其他理论、临床和实验上的考虑指出了这一点：我们有必要重新评估本能理论，甚至可以用某种形式复兴它。这使得我们对心理学家、社会学家和人类学家的观点产生了一定的怀疑，因为他们几乎只强调人类的可塑性、灵活性、适应性和学习能力。人类似乎比目前心理学理论所认定的更加自主，对自己有更多的控制。

当代研究者强烈地认为，有机体比我们通常认为的更值得信赖，更善于自我保护、自我指引、自我管理（Cannon，1932；Goldstein，1939；Levy，1951；Rogers，1954；等等）。此外，我们还可以做些补充。各项研究进展已经表明，我们有必要在理论上假设，有机体内部存在某种积极成长、自我实现的倾向。这种趋势不同于有机体的保存、平衡或内稳态倾向，也不同于对外界刺激做出反应的倾向。亚里士多德、柏格森等各式各样的思想家，以及许多其他的哲学家都曾以这样或那样的模糊方式，假设过这种成长或自我实现的倾向。在精神病学家、精神分析师和心理学家之中，戈尔德斯坦、布勒、荣格、霍妮、弗洛姆、罗杰斯和许多其他人也都认为有必要提出这种假设。

然而，支持重新审视本能理论的最重要的力量，也许是心理治疗师（尤其是精神分析师）的经验。在这个领域里，事实的逻辑无论多么含糊不清，都是毋庸置疑的；治疗师不得不区分更基本的愿望与不那么基本的愿望（或者说需求、冲动）。道理很简单，有些需求的受挫会导致病态，而其他需求的受挫则不会。这些需求的满足会使人健康，而其他需求则不然。这些需求顽固和固执得难以想象。这些需求不容哄骗、更换、收买、替代；只有适当的、本质上的满足才能让它们满意。无论有无意识，这些需求都是人们永远渴望、永远追寻的东西。它们看上去总像是顽固的、不可简化的、不容改变的、不可分析的事实，必须被视为既定真理或不容置疑的原点。无论在其他观点上有多大的分歧，几乎每一个精神病学、精神分析、临床心理学、社会工作、儿童治疗学派都**不得不**提出某种类本能需求的理论假说，这可真是令人印象深刻。

这些经验让我们不得不想起物种的特征、先天素质与遗传，而不是肤浅的、容易操纵的习惯。每当我们必须在这一困境中做出选择时，治疗师几乎总会选择本能作为工作的基本出发点，而不是选择条件反射或习惯。这当然是不幸的，因为我们将会看到，还有许多介于两者之间的、更有效的选项，我们可以做出更令人满意的选择；解决这一困境的方法不是非黑即白的。

但很明显，从一般的动力理论的要求来看，本能理论，尤其是麦独孤（McDougall）和弗洛伊德提出的本能理论具有某些优点，而这些优点在当时没有得到充分的重视，也许是因为这个理论的错误之处更引人注目。本能理论承认人类是自决者；人类自身的天性和环境都会参与决定其行为；他们的本性提供了现成的目的、目标或价值框架；在良好的条件下，他们想要的大多就是他们需要的东西（对他们有好处的），以避免生病；所有人组成了单一的生物学物种；如果不能理解行为的动机与目标，这种行为就是无意义的；总体而言，能自主行动的有机体往往会表现出一种生物学上的效率或智慧，这一点有待解释。

对传统本能理论的批判

我们在此的观点是，本能理论家犯了许多错误，尽管这些错误极其深刻，应当予以驳斥，但绝不是自身固有、不可避免的。而且，有相当一部分本能论者和他们的批评者都犯了同样的错误。

还原主义

大多数反本能论者，如伯纳德（Bernard）、华生（Watson）、郭任远等人在 20 世纪二三十年代批判本能理论，都是因为本能不能用特定的刺激 – 反应原理来描述。归结起来，他们是在指责本能不符合简单的行为主义理论。这倒是事实，本能确实不符合行为主义理论。然而，今天的动力论与人本主义心理学家并没有把这种批评当一回事，他们一致认为，不可能仅仅从刺激 – 反应的角度来定义任何人类重要的、整体性的品质或整体性活动。

这种做法只会带来困惑。一个典型的例子就是，把反射与传统上的低级动物本能混为一谈。前者是纯粹的动作行为；后者远不仅是动作行为，还是先天决定的冲动、表达性行为、应对性行为、目标行为与情感。

"全或无"的方法

我们没必要在完全、完整的本能与非本能之间做出选择。为什么不能有本能的残余，不能有冲动或行为本身的类本能，不能有程度不同的部分本能呢？

　　有太多作家不加区分地使用"本能"这个词，来代表需求、目标、能力、行为、知觉、表达、价值观与随之而来的情绪现象——有时代表其中一项，有时则代表几项的组合。这就导致"本能"一词被用得极不严谨、一塌糊涂，几乎所有已知的人类反应，都能被某位作家称为"本能"。马默（Marmor，1942）与伯纳德（Bernard，1924）就指出了这种现象。

　　我们的主要假设是，人类的**欲望**或**基本需求**本身，可能至少在某种程度上是与生俱来的。与之相关的行为或能力、认知或情感则不一定是天生的，而（根据我们的假设）可能是习得的或表达性的。（当然，人类的许多能力或功能，在极大程度上都是由遗传决定的，或者是因为遗传才成为可能，比如色觉，但我们在这里不关注这种能力。）这就是说，我们可以将基本需求的遗传成分视为简单的、缺乏意动的部分，这个部分与先天的、追求目标的行为无关，而是一种盲目的、没有方向的要求，就像弗洛伊德所说的本我冲动一样。（我们将在下文中看到，这些基本需求的满足物似乎也是由具体的先天因素决定的。）由目标决定的（应对）行为才是必须习得的。

　　本能论者和反对他们的人都犯了同一个错误：他们用非黑即白的二分法去思考，而不是从程度去思考。怎么能说一组复杂的反应要么**完全**由遗传决定，要么**完全不**由遗传决定呢？没有任何结构（无论这个结构多么简单），更不用说整个反应，完全是由基因所决定的；另一种情况也很明显，没有任何东西完全不受遗传的影响，因为人类毕竟是一个生物学物种。

　　这种二分法所导致的一种令人困惑的结果是，如果能证明行为中存在**任何**学习的成分，人们就倾向于将这种行为定义为非本能的；反之，如果能证明行为中存在**任何**遗传的影响，人们就倾向于将这种行为定义为本能。由于我们都很容易证明，在绝大多数（也许所有的）欲望、能力或情绪之中，都存在着这两种决定因素，所以这样的争论是永远无法解决的。

不可抗拒的力量

本能理论家的研究范例是动物本能。这就导致了各种各样的错误，比如没有寻找人类特有的本能。然而，我们从低等动物那里学到的最容易误导人的一课就是这样一个公理：本能是强大的、有力的、不可改变的、无法控制的、不可抑制的。尽管对于鲑鱼、青蛙或旅鼠来说可能确实如此，但人类不是这样的。

如果正如我们所想，基本需求有明显的遗传基础，那么我们很可能犯了一个错误，因为我们仅仅用肉眼来寻找本能。只有当一个实体明确无误地不依赖所有环境力量，并且比所有环境力量更强大时，我们才认为它是本能。但是为什么不能存在这样的需求：尽管它是类本能的，但很容易被压抑、抑制，或者以其他方式被控制，又很容易被习惯、暗示、文化压力、内疚等因素所掩盖、修改，甚至抑制（比如对爱的需求似乎就是如此）？也就是说，为什么不能有**弱**本能呢？

文化论者抨击本能理论的原因，很大程度上可能在于，他们把本能误认为不可抗拒的力量。每位人类文化学家的经验都与这种假设相抵触，因此这种抨击是可以理解的。但是，如果我们适当地尊重文化与生物学因素，如果我们把文化看作比本能需求更强大的力量，那么这种现象就不会看起来像是悖论了：我们应该保护脆弱、微妙、柔弱的本能需求，这样它们才不会被更强硬、更强大的文化所压垮（而不是反过来，文化被本能压垮）。即使这些本能需求从另一个角度看来是强大的（它们一直存在，要求得到满足，一旦受挫就会导致高度病态的后果，等等），事实也的确如此。

有一个悖论也许有助于说明这一点。我们认为，从某种角度来看，揭示真相、顿悟、深层的心理治疗（实际上包括了除催眠和行为疗法之外的所有疗法）是在揭示、恢复和增强我们已被削弱、遗失的本能倾向，本能残余，被掩盖的动物性自我，主观生物学状态。在所谓个人成长工作坊里，这个终极目标甚至会更加赤裸裸地被表达出来。这些治疗和工作坊都是昂贵的、让人痛苦的，人们需要长期的努力，基本上需要一生的奋斗、耐心和毅力；即便如此，最终也有可能失败。有多少猫、狗、鸟需要帮助才能懂得如何做猫、做狗、做鸟？它们的本能冲动发出的声音很响亮、清晰、准确无误，而我们的本能冲动则微弱、混乱、容易被忽视，所以我们需要帮助才能听到本能的声音。

这就解释了为什么动物的自然属性在自我实现的人身上表现得最为明显，而在患神经症或"正常病态"的人身上表现得最不明显。我们甚至可以这样说，患病往往**正是**因为一个人丧失了动物本性。因此，在**最**具灵性、**最**圣洁、**最**睿智、**最**理智的人身上，我们却能最清晰地看到我们的物种特性与动物性。

原始冲动

另一个错误来自对动物本能的关注。出于难以理解的原因（也许只有睿智的历史学家才能解开谜团），西方文明普遍认为我们心中的动物是坏的动物，我们最原始的冲动是邪恶、贪婪、自私、充满敌意的。[①]

神学家称这种动物本能为原罪或魔鬼。弗洛伊德学派称之为本我，哲学家、经济学家和教育家则各自用不同的名字来称呼它。达尔文十分认同这种观点，以至于他只看到了动物界的竞争，却完全忽视了同样普遍存在的合作，而克鲁泡特金（Kropotkin）轻易就看到了这一点。

这种世界观的一种表达方式是，将我们内在的动物与狼、虎、猪、秃鹫、蛇等同起来，而不是与鹿、象、狗或黑猩猩等更好或者至少更温和的动物等同起来。我们可以将这种对我们内在本性的看法称为"恶兽论"，而且，如果我们**必须**根据动物来推断人类，那么倒不如选择与我们最接近的动物——类人猿。

[①] "人类本性中原始和无意识的一面难道不能被更有效地驯服，甚至从根本上改变吗？如果不能，文明就注定灭亡。"（Harding，1947，p.5）"在意识的体面外表之下，在受约束、有道德的秩序和良好的意愿背后，潜藏着生命的原始本能力量，就像深渊里的怪物——无休止地吞噬、繁衍、争斗。"（Harding，1947，p.1）

本能与理性的二分法

我们已经看到，从物种的尺度来看，本能与那种对新异事物的灵活认知适应往往是互斥的。我们越是看到其中一个，就越不容易看到另一个。因此，我们自古以来就犯了一个重大甚至可悲（考虑到其历史后果）的错误，即把人的本能冲动与理性割裂开。很少有人想到，这两者可能**都是人**类的类本能；更重要的是，它们带来的结果和隐含的目标可能是相同的，或者是相辅相成的，而不是对立的。

我们的论点是，求知与理解的冲动，可能与归属或爱的需求一样是意动的。

在常见的本能与理性的对立或对比中，只有定义错误的本能和理性才是相互对立的。如果根据当下的知识给出正确的定义，本能和理性就不会被视为对立或相反的，甚至它们彼此之间也没有太大的不同。按照今天的定义，健康的理性和健康的类本能冲动的目的是相同的，在健康的人身上并**不**对立（不过在不健康的人身上**可能**是对立的）。举一个例子，现有的所有科研数据表明，从精神病学的角度来看，儿童应该得到保护、接纳、爱和尊重。而这些正是孩子（本能）所渴望的。正是从这种实实在在的、可以用科学检验的意义上，我们断言类本能需求与理性可能是相辅相成的，而不是对立的。它们在表面上的对立是人为造成的，因为研究者只关注病人。如果事实证明这是正确的，那么我们就解决了这个由来已久的问题：本能与理性，应该由哪一个来主宰我们？这个问题已经过时了，这就像是在问：在美满的婚姻中，应该由谁说了算，丈夫还是妻子？

本能与社会的对抗

微弱的类本能冲动需要在一种仁慈的文化中，才能得到表现、表达和满足；这种冲动很容易受到恶劣文化环境的冲击。例如，我们的社会必须进行相当大的改良，才有可能让微弱的遗传需求得到满足。认为本能与社会、个人利益与社会利益之间存在固有的对立，其实是一种高明的假定结论。可能这种观点的主要借口是，在病态的社会与病态的个人身上，它实际上往往是正确的。但并非**只能**如此。^① 在一个良好的社会里，事实**不可能**如此。在健康的社会条件下，个人与社会的利益是协同发展的，而**不是**对立的。这种错误的二分法之所以存在，只是因为在恶劣的个人境遇与社会条件下，自然会产生这种个人利益与社会利益的错误观念。

分离的本能

与大多数其他动机理论一样，本能理论的一个不足之处是，未能认识到强度层次不同的冲动之间有着动态的关联。如果孤立地看待各种冲动，许多问题就必然得不到解决，进而造成很多伪问题。例如，这种理论掩盖了动机心理本质上的整体性或统一性，进而造成了难以尽数罗列动机的无解的问题。此外，这种理论也抛弃了价值原则或选择原则；而正是这种原则使我们能够说，一种需求比另一种更高级、更重要甚至更基本。如果孤立地看待一种需求，那这种需求唯一能做的事情就是催促我们去满足它；也就是说，催促我们去消灭它。这就打开了一扇理论上的大门，认为本能是朝着死亡、静止、内稳态、自我满足与平衡的方向发展的。

这就忽视了一个显而易见的事实：任何需求的满足，不但会使这种需求退居二线，还会允许其他被搁置的、较弱的需求出现，并要求得到满足。需求永无止境。一种需求的满足会带来另一种需求。

本能的抑制

由于常用"恶兽论"来解读人的本能，于是人们相应地认为，这些本能在精神病患者、神经症患者、罪犯、智力缺陷的人或绝望的人身上体现得最为明显。这样的看法是从下面这种教条中自然得来的：良心、理性与伦理不过是一种后天习得的掩饰，与表面之下的东西截然不同；前者之于

---

① 参见鲁思·本尼迪克特（Ruth Benedict，1970）与马斯洛（Maslow，1964b，1965b）对于协同性社会的描述。

后者，就像镣铐之于囚徒。从这种误解之中，就诞生了这样的说法：文明及其各种机构（如学校、教堂、法院、立法机构）的存在，都是为了抑制"恶兽"的力量。

这个错误十分严重，酿成了诸多悲剧，以至于对历史的进程都造成了重大的影响，可以与君权神授、任何宗教的唯一合理性、对进化论的否认、认为地球是平的等错误信念相提并论。任何使人过度怀疑自己、怀疑彼此，对人类的可能性持有不切实际的悲观态度的信念，都必然在一定程度上造成了曾经发生的每一场战争、每一次种族对抗、每一场宗教屠杀。

只要我们认识到，类本能需求不是坏的，而是中性的或好的，那么千千万万个伪问题就会自行解决并消失。

比如，对孩子的训练将发生翻天覆地的变化，以至于我们不必再用"训练"这种带有丑陋暗示性的词。接纳合理的动物性需求，将使我们去满足这些需求，而不是让这些需求受挫。

在我们的文化中，一个动物性需求遭到一定程度剥夺，还没有完全被文化所同化的孩子（也就是说，还没有被剥夺所有健康而有益的动物性），会不断地用他所能想出的任何幼稚的方式，要求别人欣赏他、保护他、给他自主权、给他爱等。世故老成的成年人通常只会说"哦，他只是在炫耀"，或者"他只是想引起注意"，随即把孩子从成年人的身边赶走。也就是说，这种"诊断"通常会被解释成一种禁令：**不要**给予孩子他所寻求的东西，**不要**关注他，**不要**欣赏他，**不要**赞美他。

然而，如果我们认为这种对于接纳、爱和欣赏的合理诉求或**权利**，就像是对饥饿、口渴、寒冷或疼痛的抱怨一样自然，我们就会自然而然地满足孩子的需求，而不是让他的需求受挫。这种做法带来的一种结果是，孩子和父母都会有更多的乐趣，会更享受彼此的陪伴，因而会更爱对方。

本能理论中的基本需求

所有上述的考虑使我们做出这样的假设：从某种意义上讲，基本需求在相当大的程度上是由先天素质或遗传因素所决定的。由于直接支持该假设的遗传学、神经学技术尚不存在，所以这种假设在今天还无法得到直接的验证。

在接下来的内容里，以及在我的其他作品中（Maslow，1965a），我提出了一些现有的数据和理论思考，这些数据和思考可以用来支持"人类的基本需求是类本能的"这一假设。

人类独有的本能

要充分理解本能理论，就必须认识到人类与动物界的连续性，以及人类与其他所有物种之间的深刻差异。人类和其他所有动物有一些**共有**的冲动或需求（如进食或呼吸），因此可以证明这些需求都是本能的，但这并不能否定某些本能冲动可能仅存在于人类身上。黑猩猩、信鸽、鲑鱼和猫都有独特的本能，为什么人类不能也有独属于自己的特点呢？

受挫能够致病

我们认为基本需求在本质上是类本能的另一个原因是，所有临床工作者都同意，这些需求的受挫会导致心理疾病。这个说法并不适用于神经症需求、习惯、成瘾或偏好。

如果是社会创造并为人们灌输了所有的价值观，那么为什么当**有些**需求受阻会导致心理疾病，而另一些需求受阻却不会？我们能学会一天吃三顿饭，说"谢谢"，使用叉子、勺子和桌椅；我们必须穿上衣服和鞋子，晚上要睡在床上，还要说英语；我们吃牛羊，而不吃猫狗；我们要讲卫生，为成绩而竞争，渴望金钱。然而，所有这些强大的习惯都可以受挫，而不至于带来伤害，有时这些习惯的受挫甚至还会带来益处。在某些情况下，比如在独木舟上，或是在露营的时候，我们会放下这些习惯，感到松了一口气，并承认这些习惯具有外在的属性。但我们决不会这样谈论爱、安全或尊重。

因此，基本需求显然具有某种特殊的心理和生物学地位。这些需求有些不同之处。它们**必须**得到满足，否则我们就会生病。

满足带来健康

可以说，基本需求的满足会带来多种有益、良好、健康或自我实现的结果。这里的"有益"和"良好"的含义是生物学意义上的，而不是推论，我们很容易给出它们的操作性定义。那些健康的有机体在条件允许的情况下，会倾向于选择和努力追求这些好的结果。

这些身心结果已经在关于基本需求满足的那一章中进行了概述，这里无须进一步探讨，只是需要指出，这种"好"的评判标准没有什么深奥或不科学的地方。只要我们记住，这个问题与选择合适的汽油并没有太大的不同，就很容易用实验甚至工程的方法来验证这一标准。如果用了某种汽油，汽车能更好地工作，那这种汽油就比另一种汽油好。临床上的普遍发现是，如果得到安全、爱和尊重，有机体就能更好地运作（即更有效地感知，更充分地运用智力，更多地思考出正确结论，更高效地消化食物，较少受各种疾病的影响，等等）。

必要性

基本需求的满足物具有必要性，这是它们有别于其他满足物的地方。出于自身的本性，有机体会天生需要一定的满足物，这些满足物是不能由其他东西替代的，比如，不能用习惯性需求甚至许多神经症需求来替代。

心理治疗

心理治疗的效果是我们非常关注的目标。似乎对于所有主要的心理治疗方法来说，只要它们认为自己是成功的，它们就会培养、鼓励和增强我们所说的本能需求，并削弱或完全消除所谓神经症需求。

尤其是对于那些明确声称只会保留人内心深处的本质的治疗方法（如罗杰斯、荣格或霍妮的疗法），这更是一个非常重要的事实。因为这意味着人格中有其内在的本质，这种本质不是由治疗师重新制造出来的，而是由治疗师**释放**出来的，只能按照其自身的方式成长和发展。如果顿悟和消除压抑能够让某种反应消失，那么我们就可以合理地推测，这种反应是外来的，而不是内在的。如果顿悟让这种反应变得更强，那我们就可以认为它是内在的。此外，如霍妮（Horney，1939）所推断的那样，如果焦虑的释放使患者情感丰富，敌意减少，这是否就表明了情感是人性的基础，而敌意不是？

从原则上讲，这里有许多宝贵的数据可供动机、自我实现、价值、学习、一般认知、人际关系、文化适应与反文化适应等方面的理论开发利用。

对本能的鼓励

基本需求的类本能性质要求我们重新思考文化与人格之间的关系，以便更加重视有机体内在力量的决定作用。在一个人的成长过程中，忽视内在力量的建构作用，的确不会带来伤筋动骨式的影响，也不会产生明显或立竿见影的病理后果。然而，治疗师完全认同，在这种情况下**一定会**产生疾病，如果不是明显的疾病，那就是微妙的疾病，并且迟早会来。把成年人常有的神经症视为早年间有机体内在的要求（尽管很弱）遭受侵犯的例子，也并不为过。

一个人为了他自身的完整和他自身的内在本性而抵制对文化的适应，是（或应该是）心理学、社会科学中一个值得尊重的研究领域。如果一个人很容易屈服于文化中的扭曲力量（也就是说，他是一个适应良好的人），那么他可能并不如离经叛道或患神经症的人健康，也许后者通过他们的反应表明，他们有足够的勇气来抵抗那些打断他们心理骨骼的力量。

此外，这一思考还会产生一种看似矛盾的悖论。在多数人看来，教育、文明、理性、宗教、法律、政府主要是约束本能、压制本性的力量。但是，如果我们的论点是正确的，即本能更害怕文明，而不是文明更害怕本能，那也许我们应该反其道而行之（如果我们希望培养出更好的人，建设更好的社会）：也许教育、法律、宗教等至少应该还有一个功能，那就是保护、培养和鼓励人们去表达和满足对于安全、爱、自尊和自我实现的本能需求。

解除二分对立的矛盾

基本需求的类本能性质，有助于解决与超越许多哲学矛盾，比如生物学与文化、先天与后天、主观与客观、特殊与普遍的矛盾。这是因为，那些揭示内心、自我探索的心理治疗与个人成长，以及"探索灵魂"的技术，也是发现一个人客观的生物学本性、动物性和物种特性的途径，即发现一个人存在的途径。

无论属于哪个学派，大多数心理治疗师都认为，他们是在揭示或释放一种更基本、更真实、更符合实际的人格。他们会深入解析神经症，直至病症的核心或内核。不知何故，这个核心或内核一直存在，但被病态的外层覆盖、隐藏、抑制了。当霍妮（Horney，1950）谈到透过虚假自我直达真实自我时，清晰地阐明了这一点。"自我实现"这一说法也强调了一个人成为真实的自己，或者实现真实的自己，尽管这个真实的自己处于一种潜在的形态。寻找身份认同也是这个意思，而"成为真实的自己""充分发挥自己的能力""成为完整的人""自性化"或"真正的自我"也表达了相同的意思（Grof，1975）。

显然，这里所说的核心任务是，意识到自己作为特定物种的一员，在生物学、气质、先天素质上到底是谁。这当然是各种精神分析试图做到的事——帮助一个人意识到自己的需求、冲动、情绪、快乐与痛苦。但是，这是一种关于人的内在生物学的现象学，一种关于人的动物性与物种特性的现象学，一种通过体验去发现其生物学特性的过程，我们可以称之为主观生物学、内省生物学、体验生物学或类似的名称。

　　然而这也相当于从主观的视角发现客观，发现人类的物种特异性。也相当于发现共性与普遍性，发现非个人或超个人（甚至超人类）现象的个人之旅。简而言之，我们既可以通过"探索灵魂"，也可以通过更常见的、科学家的外部观察手段，从主观和客观的角度来研究类本能。生物学不仅是一门客观的科学，也可能是一门主观的科学。

　　套用一下阿齐博尔德·麦克利什（Archibald MacLeish）的诗，我们可以说：

> 人没有什么存在的意义：
> 人只会存在。

扫码收听音频导读

第 5 章

需求的层级

　　高级需求与低级需求的性质不同，但也有相同之处，即都必然属于基本、既定的人性。这两种需求与人性并无不同或对立之处，它们是人性的一部分。这种观念对于心理学和哲学理论会产生革命性的影响。大多数文明，以及它们的政治、教育、宗教等方面的理论，都建立在这种信念的对立面之上。总的来说，这些文明及其理论都认为，人性中的生物性、动物性、类本能方面严格地对应食物、性等生理需求；追求真理、爱和美的高级冲动，则与这些动物性需求有着本质上的不同。此外，它们还认为，这些需求是对立的、互斥的，为了争夺掌控地位而相互冲突。我们也是从这样的观点出发，来看待所有的文化，以及所有文化活动的，即站在高级需求这边，反对低级需求。因此，文化必然起到了抑制与挫败的作用，充其量只是一种令人遗憾的必需品。

高级需求与低级需求的差异

　　基本需求会根据相对优势原则，按照相当明确的层级自行排序。也就是说，安全需求比爱的需求更加强烈，因为当这两种需求都受挫时，前者会以各种明显的方式支配有机体。从这个意义上说，生理需求（它本身也会按照一种层级排序）比安全需求强大，安全需求比爱的需求强大，爱的需求比尊重的需求强大，尊重的需求又比那些我们称为"自我实现"的特殊需求更强大。

下面是关于选择或偏好的排序。但是，从各种意义上讲，我们在这里所列举的也是一个由低级到高级的排序。

1. **高级需求是较晚的物种发展或进化发展的产物。**我们和所有生物一样需要食物，（也许）和高级猿类一样需要爱，但自我实现的需求则是我们独有的。需求越高级，就越专属于人类。

2. **高级需求是较晚的个体发育的产物。**任何一个人在出生时都只会表现出生理需求，大概也会表现出一种非常早期的安全需求（例如，婴儿可能会受到惊吓，如果世界呈现出足够的规律性与秩序，让他可以信赖，那他多半就能茁壮成长）。只有在出生几个月后，婴儿才会表现出人际联系、选择性情感的最初迹象。再后来，除了对安全和父母之爱的渴望，我们可能还会相当清楚地看到孩子对自主、独立、成就、尊重与赞美的渴望。至于自我实现的需求，就连莫扎特也必须等到三四岁时才会出现。

3. **需求越高级，对于纯粹的生存而言就越不迫切，其满足就可以推迟得越久，也越容易永久消失。**高级需求在支配、组织、强迫有机体做出自发反应来为其服务的能力较弱（例如，与对尊重的需求相比，人们更容易固执、偏执、不顾一切地追求安全）。剥夺高级需求并不会像剥夺低级需求那样，产生那么绝望的防御和紧急反应。与食物和安全相比，尊重是可有可无的奢侈品。

4. **生活在高级需求的层次，意味着生物学效率更高，寿命更长，疾病更少，睡眠、食欲等更好。**心身研究者一次又一次地证明，焦虑、恐惧、缺爱、被支配等情况，往往会诱发不良的生理、心理后果。满足高级需求不但具有生存价值，也具有成长价值。

5. **高级需求在主观上不那么迫切。** 这些需求较为不易察觉，较为模糊，更容易因暗示、模仿、错误信念或习惯而与其他需求混淆。能够认清自己的需求（即知道自己真正想要什么），是一项了不起的心理成就。对于更高级的需求而言更是如此。

6. **高级需求的满足会产生更有益处的主观结果，即更深刻的幸福、祥和，内心世界更加丰富。** 安全需求的满足最多产生一种解脱和放松的感觉。在任何情况下，满足这种需求都不会产生满足爱的需求所带来的狂喜、高峰体验和幸福的沉醉，也不会产生祥和、理解和高尚等结果。

7. **追求和满足高级需求，代表了一种普遍的健康发展趋势，一种远离心理病态的趋势。** 第 3 章给出了这一说法的证据。

8. **高级需求有更多的先决条件。** 这只是因为，在高级需求出现之前，必须先满足具有优势的需求。因此，使爱的需求出现在意识里，要比使安全需求出现所需要得到的满足更多。从更一般的意义上说，在高级需求层次上的生活更加复杂。与追求爱相比，追求尊重与地位会涉及更多的人，更大的活动空间，更长的过程，更多的手段，更多的阶段性目标，以及更多的次要步骤与预备步骤。与追求安全的需求相比，追求爱的需求同样有这种差别。

9. **高级需求需要更好的外部条件才可能出现。** 要让人们相亲相爱，而不仅仅是防止他们互相残杀，就需要提供更好的环境条件（家庭、经济、政治、教育等）。要有**非常**好的条件，才能让自我实现的需求出现。

10. **高级和低级需求都得到满足的人，往往更重视高级需求，而不是低级需求。** 这样的人会为了高级需求的满足做出更多牺牲，而且更能够忍受低级需求的剥夺。例如，他们更容易忍受清苦的生活，为了原则甘冒危险，为了自我实现而放弃金钱和声望。那些了解这两类需求的人，普遍认为自尊是一种比填饱肚子更高级、更有价值的主观体验。

11. **需求水平越高，爱的认同（love identification）的范围就越广，爱**

的认同的对象就越多，爱的认同的平均程度也就越深。在原则上，我们可以将爱的认同定义为，将两个人或更多人的需求融合为一个单一的、以优势排序的层级。两个彼此相爱的人会对对方与自身的需求做出完全一致的反应。对方的需求实际上成了自己的需求。

12. **追求和满足高级需求会带来有益公众与社会的结果。** 在某种程度上，需求越高级，就越不自私。饥饿是高度以自我为中心的：满足这种需求的唯一方法就是满足自己。但是对爱和尊重的追求必然会涉及他人。不但如此，还涉及满足这些他人。那些基本需求得到了足够的满足、去寻求爱与尊重（而不是仅仅寻求食物与安全）的人，往往会发展出忠诚、友善、公民意识等品质，并且会成为更好的父母、丈夫、教师、公务员等。

13. **高级需求的满足，比低级需求的满足更接近自我实现。** 如果我们接受自我实现理论，这就是一个重要的区别。这句话有很多含义，其中之一就是，在需求层次较高的人身上，我们可能会找到更多存在于自我实现者身上的品质。

14. **追求和满足高级需求，会带来更伟大、更坚强、更真实的个性。** 这似乎与前面的说法有矛盾，即生活在高级需求层次意味着爱的认同更多，也就是说，更加社会化。无论这种说法在逻辑上听起来如何，它仍然是一个经验性的事实。实际上，我们发现，生活在自我实现层次上的人是最爱人类的，也是最具个性的。这就完全支持了弗洛姆的观点，即自爱（或者更好的说法是自我尊重）与爱他人是相辅相成的，而不是对立的。他关于个性（individuality）、自发性（spontaneity）、机械化（robotization）的讨论（Fromm，1941）也与这里的观点有关。

15. **需求层次越高，心理治疗就越容易、越有效：** 在最低的需求层次上，心理治疗几乎没有任何作用。心理治疗无法消除饥饿。

16. **低级需求远比高级需求更有局部性，更有形，更有限。** 饥饿和口渴与身体的关系显然比爱更多，而爱与身体的关系又比尊重更多。不但如此，低级需求的满足物远比高级需求的满足物更有形，或者更可观察。此外，从某种意义上说，低级需求更有限，因为只需要少量的满足物就能满足这种需求。人能吃下的食物是有限的，但爱、尊重和认知上的满足几乎是无限的。

需求层次理论带来的结果

认识到高级需求是类本能的，是生物性的，就像对食物的需求一样是生物性的，会产生许多影响，我们只能列举其中的一部分。

1. 也许最重要的是，认识到以二分法的思维看待认知需求与意动需求是错误的，必须予以纠正。对知识、理解、人生观、理论参考框架、价值体系的需求，本身就是我们的原始动物本性（我们是非常特殊的动物）中的一种意动的、冲动性的部分。既然我们也知道，我们的需求不完全是盲目的，会受到文化、现实与可能性的影响，那么认知会在需求的发展过程中起到相当大的作用。约翰·杜威认为，需求的存在与定义，取决于对现实的认知，取决于满足的可能与否。

2. 许多古老的哲学问题必须用新的视角来看待。其中有些问题甚至可以算是伪问题，因为它们建立在对人类动机心理的误解之上。例如，这种问题可能包括，认为自私与无私之间是泾渭分明的。如果我们的类本能冲动（比如爱的冲动）使我们在旁观孩子吃美味时产生更多个人的、"自私的"喜悦——比我们自己吃还快乐，那我们该如何定义"自私"，如何将其与"无私"区分开来？如果对真理的需求就像对食物的需求一样是动物性的，那么为真理而冒生命危险的人，比那些为食物而冒生命危险的人更无私吗？显然，如果对食物、性、真理、美、爱或尊重等需求的满足，都可以带来动物性的快乐、自私的快乐、个人的快乐，那么享乐主义理论就必须重新修正。这就意味着，在低级需求的享乐之后，很可能会出现高级需求的享乐。浪漫主义与古典主义的对立，狄俄尼索斯精神与阿波罗精神的对立，都必须予以修正。至少在某些形式上，这些对立也是建立在这种不合理的二分法思维之上的，即把低级需求视为动物性需求，把高级需求视为非动物性、反动物性的需求。与此同时，还必须对理性与非理性的概念、理性与冲动的对立、理性生活与本能生活的一般概念进行相当大的修正。

3. 仔细研究人类的动机心理，可以让伦理哲学家受益匪浅。如果我们不将最高尚的冲动视为缰绳，而是视为马匹本身；如果我们能认识到我们的动物性需求与最高级的需求具有相同的性质，那么它们之间的尖锐对立还会维持下去吗？我们怎么会相信它们有着不同的来源？此外，如果我们能清晰而充分地认识到，这些高尚、善良的冲动之所以能够产生、壮大，主要是因为那些先前更为迫切的动物性需求得到了满足，那么我们肯定不应该只谈论自我控制、抑制、约束等，而应该更多地谈论自发性、满足和自我选择。责任的严厉之声与乐趣的欢快呼唤，似乎没有我们想象中那么明显地对立。在最高层次的生活中（即存在），责任**就是**乐趣，人是热爱"工作"的，工作与度假没有区别。

4. 正如鲁思·本尼迪克特（1970）所说，我们对于文化，对于人与文化的关系的看法，必须朝着"协同性"的方向改变。文化可以满足基本需求（Maslow，1967，1969b），而不是抑制需求。不但如此，文化不仅是为了人类的需求而创造出来的，也是由人类的需求创造的。文化与个体的对立观点也需要重新审视。不应一味强调这两者之间的对立，而应更多地强调它们之间可能有的协作与协同作用。

5. 人类最美好的冲动显然是内在固有的，而不是偶然的、相对的。认识到这一点，会对价值观理论产生巨大的影响。这就意味着，通过逻辑推理，或者从权威、宗教启示那里获得价值观，都是既不必要，也没有益处的。显然，我们需要做的只是观察与研究。人性本身就包含了这些问题的答案：我如何才能成为好人，我如何才能变得快乐，我如何才能取得成就？当这些价值被剥夺时，有机体就会生病，告诉我们它需要什么（也就是它重视什么）；当这些需求得到满足时，有机体就会成长。

6. 对这些基本需求的研究表明，尽管它们在很大程度上是类本能的，但在许多方面，这些需求却与我们熟知的低级动物的本能不同。其中最重要的区别，就是这一令人意外的发现：尽管古老的假设认为，本能是强大的，不受欢迎、不可改变的，尽管我们的基本需求类似于本能，但它们很弱小。能够意识到自己的冲动，知道我们真正想要、需要的是爱、尊重、知识、哲理、自我实现等，这其实是一种非常难得的心理成就。不但如此，需求越高级，就越弱小，越容易被改变、被压制。最后要说的是，基本需求不是坏的，而是中性的或好的。我们面临着一个矛盾：我们人类的本能——剩下的那一点本能十分弱小，需要保护，并免受文化、教育、学习的压制——总而言之，要免受环境的压制。

7. 我们对于心理治疗目标（以及教育、育儿、培养良好性格的目标）的理解，必须做出相应的改变。对于许多人来说，心理治疗仍然意味着学会一系列抑制和控制内在冲动的方法。约束、控制和压制是这种方法的关键词。但是，如果治疗要打破控制与压抑，那么新的关键词必须是自发、释放、自然、自我接纳、觉察冲动、满足、自主选择。如果我们认为内在冲动值得欣赏，而不是令人厌恶的，那我们肯定希望解放这些冲动，让它们得以充分地表达，而不是给它们穿上拘束服，将其束缚起来。

8. 如果本能是脆弱的，如果高级需求具有类本能的性质，如果文化比类本能冲动更强大（而不是更弱小），如果基本需求原来是好的而不是坏的，那我们就能通过培养类本能倾向，促进社会改良，以改善人性。事实上，我们将会看到，改善文化将会更有利于我们内在的生物学倾向的实现。

9. 生活在高级需求的层次，有时可以使人相对不依赖于低级需求的满足（甚至能在必要的情况下，不依赖于高级需求的满足）。发现了这一点，我们就有可能解决一直困扰神学家的古老问题。他们一向认为，我们必须设法调和肉体与灵魂、天使与魔鬼（人类有机体中的高贵与低劣）之间的矛盾，但从没有人找到一种令人满意的解决之道。高级需求的功能自主，似乎在一定程度上能解答这个问题。高级需求只能在低级需求的基础上发展而来，但只要稳定成形，高级需求就可能相对不依赖低级需求（Allport，1955）。

10. 除了达尔文所说的求生价值以外，我们现在还可以提出"成长价值"。对于个人来说，不仅生存是好事，向着完整的人性、潜能的实现、更大的幸福、祥和、高峰体验、超然、更丰富和更准确地认识现实等方向的成长也是好的（理想的、可取的、对有机体有益的）。我们不再需要把单纯的生存权或求生能力受到损害作为唯一的、最终的证据，来证明贫困、战争、压迫或暴政是坏的，而不是好的。我们还可以因为它们会降低生活的质量，有损于人格、意识与智慧，而认为它们是坏的。

扫码收听音频导读

第 6 章

无动机行为

在本章中，我们将进一步探索，尝试用科学可行的方法来阐释努力（做事、应对、获取成就、尝试、目的性）与存在 – 成为（存续、表达、成长、自我实现）之间的区别。当然，在东方文化与宗教（如道教）中，以及对于西方文化中的一些哲学家、神学家、美学家、神秘主义研究者和越来越多的"人本主义心理学家"、存在主义心理学家来说，这种区别是很常见的。

西方文化通常建立在犹太教和基督教神学的基础之上。美国尤其受清教徒思想和实用主义精神的主导，强调工作、奋斗、努力、冷静、认真，特别注重目的性。[①] 就像其他社会活动一样，一般的科学，尤其是心理学，

---

① "我们无法用任何有利可图的原则，或任何直接、有用的期待，从源头上证明随意的联想、多余的意象、难解的梦境、漫无目的的探索对发展起到了什么作用。在我们机械化的文化中，这些重要活动要么被低估，要么被忽视……

"一旦我们摆脱了机械化的无意识偏见，我们就必然会意识到，这些'多余'的东西与那些有利可图的东西一样，对人类发展至关重要。例如，美对于进化的作用与它本身的实用性不相上下，并不能像达尔文所试图解释的那样，仅仅将美视为求偶或繁殖过程中的实用手段。简而言之，把自然设想为一位借助比喻和韵律来创作的诗人，就如同把自然视作一个节省材料、量入为出、高效节约地完成工作的能工巧匠一样合理。机械化的解释就像诗意的解释一样主观；在一定程度上，这两种解释都是有用的。"（Mumford，1951，p. 35）

难免会受到这种文化氛围和环境的影响。身处这样的文化，美国心理学也是过于务实、过于像清教徒、过于有目的性的。这种特点不仅体现在美国心理学的影响和公开宣称的目标上，还体现在它的疏漏之处上。没有一本教科书中有关于愉悦与乐趣，休闲与冥想，游荡与闲逛，无目标、无用处、无目的的活动，审美创作或审美体验，或者无动机活动的章节。换句话说，美国心理学只忙于研究一半的生活，而忽略了另一半——也许这一半更为重要！

从价值观的角度来说，我们可以称这一问题为过度关注手段，而忽略了目的。几乎所有的美国心理学（包括正统和改良的精神分析）中都隐含了这一理念，统统忽视了活动本身与目的性体验（这些东西不会取得什么结果），而是重视应对、改变，以及有效能、有目的的活动，因为这些东西能带来有用的结果。这种观念在约翰·杜威的《评价理论》（*Theory of Valuation*，1939）中体现得淋漓尽致。这本书基本上否定了目的存在的可能性；目的本身不过是其他手段的手段，而后者又是其他手段的手段……（不过在他的其他著作里，他确实承认了目的的存在。）

由于当代心理学过度注重实用，所以它放弃了一些本应高度关注的领域。由于热衷于实际结果、技术、手段，心理学对许多东西的论述都寥寥无几，例如美、艺术、乐趣、游戏、好奇、敬畏、喜悦、爱、幸福，以及其他"无用"的反应和目的性体验。因此，对于艺术家、音乐家、诗人、小说家、人文学者、鉴赏家、价值论学者、神学家或其他追求目的或享受的个体来说，心理学提供的帮助几近于无。这就相当于在指责心理学未能为现代人最迫切的需求——追求自然、人本的目的或价值体系提供多少帮助。

行为的表达性（非工具性）成分与应对性（工具性、适应性、功能性、目的性）成分之间的区别，还未作为价值心理学的基础被恰当地应用。[①] 通过探讨和利用表达与应对之间的区别（同时也是"无用"与"有用"行为之间的区别），我们也许能帮助心理学扩展它在这些方向上的研究范畴。

本章的第一部分讨论了应对与表达的区别；第二部分探讨了几个表达性而非应对性行为的例子。这些行为可以算作**无动机行为**。

应对与表达

这里总结了应对性行为和表达性行为的一些区别。

有目的或无目的

根据定义，应对是有目的、有动机的；表达往往是没有动机的。

努力做到不努力的悖论

应对是要努力的；表达在大多数情况下是无须努力的。然而，艺术表达是一种特殊的中间情况，因为在艺术方面，人需要学习才能具有自发性，并且善于表达（如果成功的话）。人可以努力放松。

外部与内部决定因素

应对更多取决于外部环境与文化因素；表达在很大程度上取决于有机体的状态。有一个推论认为，表达与深层性格结构的相关性要高得多。所谓投射测验也许应该叫表达性测验。

---

① 　在此我们必须小心避免落入泾渭分明、非此即彼的二分法思维。大多数行为既有表达性成分，也有应对性成分，例如走路就既有目的，也有风格。然而，我们并不希望像奥尔波特和弗农（Allport & Vernon，1933）那样，在理论上排除纯粹的表达性行为存在的可能，比如闲逛（而不是走路）、脸红、风度翩翩、体态糟糕、吹口哨、孩子欢快的笑声、私下里非交流用的艺术活动、纯粹的自我实现等。

习得或非习得

应对往往是习得的；表达往往是不学自会、释放出来的，或者是在解除抑制之后出现的。

控制的可能性

应对更容易控制（压抑、制约、禁止或受文化适应的影响）；表达往往不受控制，有时甚至无法控制。

影响环境

应对的目的通常是引发环境的变化，而且往往能够使环境发生变化；表达不是为了做任何事情。如果表达引起环境的变化，那也是在无意中造成的。

手段与目的

应对是典型的手段性行为，其目的是减少威胁以满足需求。表达往往本身就是目的。

有意识与无意识

通常情况下，应对是有意识的（不过它有可能变成无意识的）；表达往往是无意识的。

有目的或无目的行为

应对性行为的决定因素始终包括驱力、需求、目标、目的、功能或意图。它的出现是为了做成某事，比如走到某个目的地、买食物、寄信、制作书架，或者为了报酬而工作。"应对"一词本身（Maslow & Mittelman，1951）意味着试图解决问题，或者至少是处理问题。因此，这个词参照了某种超越自身的东西；它不是独立存在的。这种参照物可能是迫切或基本的需求，既可能是手段也可能是目的，既可能是导致需求受挫的行为，也可能是追求目标的行为。

　　到目前为止，心理学家讨论的那种表达性行为通常是无动机的。不过，这种行为当然是由其他因素决定的。（也就是说，尽管表达性行为有许多决定因素，但满足需求不一定是其中之一。）这种行为只是体现、反映、象征或表达了有机体的某种状态。事实上，表达性行为通常是有机体状态的一**部分**：白痴的愚蠢，健康人的微笑与轻快的步伐，有情有义者的仁善之举，美人的美感，抑郁者的颓废姿态、低沉音调、绝望神情，以及写字、走路、手势、笑容、舞蹈的风格，等等。这些都是没有目的的。它们没有意图或目标。它们不是为了满足需求而精心设计出来的。[①] 它们是附带现象。

努力与不努力的悖论

　　虽然上面的说法本身是正确的，但会带来一个特殊问题，即"有动机的自我表达"这一概念乍一看似乎是个悖论。世故老成的人可以**努力**做到诚实、优雅、善良甚至天真质朴。接受过精神分析的人，以及动机水平最高的人都很清楚这是怎么一回事。

　　事实上，有动机的自我表达是他们最基本的问题。自我接纳和自发性既是最容易取得的成就（比如健康的儿童就能毫不费力地做到），也是最困难的成就（例如自我质疑、自我改善的成年人，尤其是曾经或仍然患有神经症的成年人就很难做到）。事实上，对有些人来说，这是一项不可能做到的成就。例如，某类神经症的患者就像演员，他们没有通常意义上的自我，只有一系列可供选择的角色。

　　我们可以举两个例子——一个简单的，一个复杂的，来说明有动机、有目的的自发性，以及道家所说的顺应与无为等概念中所涉及的（表面上

---

① 　这种说法不依赖于动机理论的任何表述。例如，这个说法也适用于简单的享乐主义。因此，我们可以这样换个说法：应对性行为是对表扬或责备、奖励或惩罚所做出的反应；表达性行为则通常不是，只要它还是表达性的。

的）矛盾。这种矛盾就像紧绷的肌肉或括约肌一样。最理想的舞蹈方式（至少对业余爱好者来说）是自发的、流畅的，对音乐的节奏和舞伴的无意识愿望做出自动的反应。优秀的舞者会释放自己，成为被动的乐器，听凭音乐的塑造与演奏。他们不需要愿望、评判、指引和意志。他们可能会变得很被动（这种被动非常真实而且有用），即使跳到筋疲力尽也是如此。这种被动的自发性，或心甘情愿的放任，可以带来某些生命中最大的乐趣，就像任由海浪拍打自己，允许自己被别人悉心照料、按摩、修剪头发，允许自己接受性爱的抚慰，或者就像母亲任由孩子吮吸自己的乳房、咬自己、在自己身上爬来爬去。大多数舞者会努力，会跟随指引，会自我控制，会按照目的行事，会仔细倾听音乐的节奏，并通过有意识的选择跟上音乐。无论是从旁观者的角度，还是从他们的主观角度来看，他们都是糟糕的舞者，因为他们永远不能把舞蹈作为一种深刻的忘情的体验，并自愿放弃控制，从而享受舞蹈的乐趣，除非他们能最终放弃努力，达到自发的境界。

许多舞者不经训练就能跳得很好。教育也能对他们有所帮助，但这必须是一种不同寻常的教育，一种关于自发与主动放弃的教育，一种道家的顺其自然、无为而治、不加批判、被动的教育，这种教育会教人不去努力。为此，一个人必须"学习"放下抑制、自我意识、意志、控制、文化适应与尊严。（老子说："为学日益，为道日损。损之又损，以至于无为，无为而无不为。"）

仔细审视自我实现的本质，就会提出更为困难的问题。对于处在这种动机发展层次的人来说，他们的行为与创造是高度自发、真诚、开放、自我表露、未经修饰的，因此具有高度的表达性［我们可以根据阿斯拉尼（Asrani）的说法，称之为"自在状态"（Easy State）］。此外，这些行为的动机发生了巨大的变化，与安全、爱或尊重等寻常需求大相径庭，以至于不应该用"需求"之名来称呼这些动机。（我曾提议用"超越性需求"来描述自我实现者的动机。）

如果对爱的渴望可以称为需求，那么自我实现的动力就不应该被称为需求，因为它有许多不同的特征。与我们目前的主题最相关的一个主要区别是，爱和尊重之类的东西，可以说是有机体因为缺乏而需要的外在属性。自我实现则不是这种意义上的匮乏或不足。它不是外在的东西，有机体并不需要它来维持健康，就像树木需要水一样。自我实现是有机体内部已有之物的固有的成长过程，或者更准确地说，是有机体**自身**的成长。就像树木需要从环境中获取养分、阳光和水，人也需要从社会环境中获得安全、爱和尊重。但是，前者与后者一样，都只是真正发展（即个性发展）的起点。所有树都需要阳光，所有人都需要爱。然而，一旦这些基本的必需品得到了满足，每棵树、每个人就会按照自己独特的方式发展，利用这些具有普遍性的必需品，实现其各自的目标。简而言之，此后的发展是从内部开始的，而不是从外部开始的；矛盾的是，最高级的动机是无动机、无努力的，也就是说，完全是表达性的。或者，换句话说，自我实现是由成长驱动的，而不是由匮乏驱动的。这是一种"返璞归真"、一种明智的天真、一种"自在状态"。

一个人可以通过解决较低级的、前置的动机问题，走向自我实现。因此，一个人可以有意识、有目的地寻求自发性。这样一来，在人类发展的最高阶段，这种应对与表达的区分，就如同许多其他心理上的二分对立一样，得到了解决与超越，而努力则成了一条通往无须努力的途径。①

外部与内部决定因素

与表达性行为相比，应对性行为通常更多由外部因素决定。应对性行为通常是对紧急情况、问题或需求的功能性反应；而这些情况、问题的解决，需求的满足则取决于物质的、文化的世界。归根结底，正如我们所见，这种行为试图通过外部的满足物来弥补内部的匮乏。

---

① 戈登·奥尔波特强烈而正确地指出，"存在"与努力一样，是需要下功夫的，是积极主动的。他的提议将引导我们去对比"努力以弥补缺陷"与"努力以达成自我实现"，而不是去对比"努力"与"存在"。这种思想纠正也有助于消除一种容易形成的印象，即"存在"、无动机反应和无目的活动，比应对外在问题的活动更容易、活力更少，也更不费力。把自我实现解读为"轻松愉快"是有误导性的，这一点很容易通过贝多芬等人奋斗不止的自我发展的案例来证明。

与应对性行为相比，表达性行为更多由单一的性格因素决定（见下文）。我们可以说，应对性行为在本质上是性格与非心理世界的相互作用——这两个世界通过相互影响，适应彼此；表达性行为在本质上则是性格结构属性的附带现象或副产品。因此，我们可以在前一种行为中发现，物质世界和内在性格的规律都在起作用；而在后一种行为中，我们发现主要是心理、性格规律在起作用。具象艺术与抽象艺术的区别就是一个这样的例子。

因此，可以得出几个推论。①可以肯定的是，如果一个人希望了解性格结构，最好去研究表达性行为，而不是应对性行为。现在得到广泛应用的投射（表达性）测验就支持了这一点。②关于什么是心理学，什么是研究心理学的最佳方法，人们长期以来争论不休。很明显，适应性的、目的性的、有动机的应对性行为并不是唯一存在的行为。③我们所做的这种区分，可能会对心理学与其他科学之间的连续性（或非连续性）问题产生一定的影响。原则上，对自然世界的研究应该有助于我们理解应对性行为，但可能无助于理解表达性行为。后者更像是纯粹的心理上的问题，可能有着自身的规则和规律，因此最好直接加以研究，而不是借助物理学和自然科学。

习得与非习得行为

理想的应对性行为通常是习得的，而理想的表达性行为通常是非习得的。我们不需要学习如何感到无助、看上去健康、做个蠢人、表达愤怒，但要制作书架、骑自行车或打扮自己，则一般必须经过学习。我们可以在被试对于成就测验和罗夏墨迹测验的反应的决定因素中清晰地看到这种差别。此外，除非能得到奖励，否则应对性行为往往会消失；而表达性行为通常能在没有奖励或强化的情况下持续存在。前者以满足为导向，后者则不是。

控制的可能性

内外部因素对于行为的不同决定作用，也会体现为行为受有意识或无意识控制（禁止、压抑、制约）的程度不同。自发的表达是很难以任何方式去管理、改变、隐藏、控制或影响的。事实上，控制与表达在本质上是对立的。即使对于前文提到过的有动机的自我表达也是如此，因为这种表达是人付出了一系列努力，学习如何不去控制才能获得的最终产物。

控制笔迹、舞蹈、唱歌、讲话或情绪反应的风格，最多只能坚持很短的时间。人不可能长时间地监督和评估自身的反应。人迟早会因为疲劳、分心、注意力转移或注意控制失误，而使得更深层、较无意识、更自动化、更具性格特征的决定因素占据主导地位（Allport，1961）。表达并不是完全意义上的有意行为。表达与应对的差别还体现为表达是不费力的，而应对在原则上是要付出努力的（同样，艺术家是个特例）。

这里需要发出一些警告。有一个很容易犯的错误是，认为自发性与表达性总是好的，而任何形式的控制都是坏的、有害的。事实并非如此。当然，在很多时候，表达比自我控制感觉更好、更有趣、更真诚、更轻松。所以在这个意义上，表达对个人、对他的人际关系都是好的，正如朱拉德（Jourard，1968）所证明的那样。然而，自我控制或抑制有几种意义，其中有些意义是非常有益且健康的，甚至姑且不论这种控制是与外部世界打交道所必需的，它也是有益处的。控制并不意味着基本需求的受挫，或者放弃基本需求的满足。我所说的"阿波罗式控制"根本**不会**质疑需求的满足；这种控制会通过适当的延迟（比如在性活动中）、优雅（比如在舞蹈或游泳时）、审美化（比如在饮食中）、风格化（比如在十四行诗中）、仪式化、神圣化、尊严化，以及通过把事情做好而不是草草了事，使人们在活动中得到**更大**而非更小的满足。

还有一点需要反复强调，那就是健康的人并不只是善于表达。当他们想要表达时，他们一定能够表达，一定能够释放自己。当他们认为需要时，他们一定能放弃控制、抑制和防御。但同样，他们也有能力控制自己、延迟享乐、有礼貌、避免伤人、闭上嘴巴、控制自己的冲动。他们既能像狄俄尼索斯一样狂欢，也能像阿波罗一样自律；既能像斯多葛学派一样克制，也能像伊壁鸠鲁学派一样纵情享乐；既能表达，也能应对；既能控制，也能放纵；既能自我表露，也能自我隐藏；既能享受乐趣，也能放弃乐趣；既能设想未来，也能思考当下。健康或自我实现的人在本质上是多才多艺的，他们丧失的人类能力比普通人少。他们的反应更加完整丰富，趋向于完整人性的极限，也就是说，他们拥有全部的人类能力。

影响环境

应对性行为的出现，通常是为了改变世界，并且会或多或少地起到这样的效果。表达性行为却往往对环境没有影响。如果有影响，那也不是有预谋、有意或有目的的，而是在无意间做到的。

我们以一个谈话中的人作为例子。谈话是有目的的，例如，这个人可能是一个试图签下订单的推销员，这番对话也是基于这个目的而有意识地公开发生的。但是，推销员的说话风格可能在无意间传达出敌意、势利或傲慢的态度，这可能导致他失去这单生意。因此，行为的表达性方面可能对环境产生影响，但需要注意的是，这个说话的人并不想要这些影响，也没有试图表现出傲慢或敌意，甚至没有意识到他会给人以这种印象。即使表达会对环境产生影响，这种影响也是无动机、无目的、附带性的。

手段与目的

应对性行为必然是工具性的，必然是达成动机目的的手段。反过来，任何以手段达成目的的行为（除了前文中的主动放弃应对的情况）都必然是应对性行为。

从另一角度来看，各种形式的表达性行为要么与手段、目的无关（例如笔迹风格），要么这种行为本身就是目的（如唱歌、漫步、绘画或即兴弹奏钢琴）。[1]

有意识或无意识行为

最纯粹的表达是无意识的，或者至少不是完全有意识的。我们通常不会意识到我们走路、站立、微笑或大笑的风格。的确，我们可以通过影像、录音、漫画或他人的模仿意识到这些风格，但这通常只是特殊情况，至少并不典型。我们认为有意识的表达性行为（选择衣着、家具、发型）是特殊的、不同寻常的或介于中间的情况。但应对可能完全是有意识的，并且通常如此。如果应对是无意识的，那我们就认为这是特例或不同寻常的情况。

表达性行为

表达肯定是相对无动机、无目的的行为，与有动机、有目的的应对相反。相对无动机行为的例子有很多，我们现在简要地讨论其中的一些。值得注意的是，这些都是心理学中相对被忽视的领域——对于科学的研究者来说，这些例子很好地说明了，有限的人生观会塑造有限的世界。对于**只**知道做木工活的木匠来说，世界就是用木头做的。

存在

当人们处于这些状态——做自己、发展、成长和成熟、不急于求成

---

[1] 在我们这种过于务实的文化中，工具性的精神甚至可以超越目的性的体验：爱（"这是通常都要做的事情"）、运动（"有助于消化"）、爱好（"放松有助于睡眠"）、美好的天气（"有利于生意"）、阅读（"我确实应该跟上时代"）、感情（"你想让孩子患上神经症吗？"）、善良（"做好事不求回报……"）、科学（"国防！"）、艺术（"肯定改善了美国的广告业"）、慷慨（"否则他们会偷"）。

（比如攀附权贵），不去努力（即不像通常所说的那样费尽心机、试图改变事物现状）时，往往就会出现表达性行为。[①] 作为思考"存在"的起点，"**等待**"是一个有用的概念。阳光下的猫**不会**等待，就像树木不会等待一样。等待意味着时间被浪费、被挥霍了，这段时间对于有机体而言毫无意义；等待是过度以手段为导向的生活态度所带来的副产品。等待通常是一种愚蠢、低效、浪费的反应，因为：①即使从效率的角度来看，急躁通常也没有什么好处；②即便是手段性体验和手段性行为本身，也值得享受、品味和欣赏，可以说，无须我们付出任何代价。旅行是一个很好的例子，能够说明一段时间既可以作为目的性体验来享受，也可以被当作完完全全的浪费。教育是另一个例子。一般性的人际关系也是如此。

这里还涉及了有关浪费时间的一个概念转变。对于那些以用途为导向、目的性强、简化需求的人来说，如果没有取得任何成就，没有达成任何目的，那么时间就被浪费掉了。虽然这是一种完全合理的想法，但我们可以提出另一个同样合理的想法：被浪费掉的时间没有带来目的性体验，也就是说，最终没有给人带来享受。"如果浪费掉的时间给你带来了享受，那就不算浪费。""有些东西不是必需的，但可能是至关重要的。"

从散步、划独木舟、打高尔夫球等活动中可以清晰地看出，我们的文化无法正确地看待目的性体验。一般而言，这些活动受人欢迎，是因为它们能让人来到野外贴近自然、沐浴阳光，或者置身于优美的环境中。从本质上讲，这些本应该是无动机的目的性活动、目的性体验，却被塞进了一个有目的、争成就、求务实的框架里，以便符合西方的道德准则。

艺术

相对而言，艺术创作可能是有动机的（寻求交流、唤起情绪、展示、

---

① 第11章"自我实现的人：心理健康研究"中记录了这一观察结果，并做了详细阐述。

影响他人），也可能是无动机的（是表达而不是交流，源于个人内心而不起到人际上的作用）。尽管表达可能会起到不可预见的人际影响（继发性收获），但这一点与我们的话题无关。

　　然而，更重要的问题是："人有表达的**需求**吗？"如果有，那么艺术表现，以及宣泄和释放现象，就像寻找食物和爱一样具有动机。在前面的章节中，我们已经在不同地方指出，证据很快就会迫使我们承认存在这样一种需求：用行动来表达有机体中被唤起的任何冲动。这样会造成悖论。显然，因为**任何**需求或能力都是一种冲动，所以都会寻求表达。那么，这种表达的需求应该算是一种单独的需求或冲动，还是应该被视为一种**所有**冲动都具有的普遍特征？

　　在这个问题上，我们没必要赞同这样或那样的观点，因为我们的唯一目的是说明，这些观点**都**被忽视了。无论哪种观点最后产生了最多的成果，都将迫使人们承认：①无动机的范畴是存在的；②所有动机理论都需要进行大量的改造。

　　对于成熟而有见识的人来说，审美体验也是一个同样重要的问题。对许多人来说，这是一种十分丰富且宝贵的体验，以至于他们会蔑视或嘲笑任何否认或忽视审美体验的心理学理论，无论这种理论有什么科学根据。科学必须解释**全部**的现实，而不只是枯燥贫乏、毫无生机的那部分现实。审美的反应是无用途的、无目的的，我们对于审美的动机一无所知（如果确有这样的动机）。这些事实只能说明正统心理学的贫乏。

　　从认知的角度来讲，与普通的认知相比，审美的知觉也可能是相对没有动机的。[1] 道家思想会无差别地感知一种现象的诸多方面（不特意关注有

---

[1] 在第 17 章"刻板印象与真实认知"中，我们将看到分类化的知觉充其量只可能是片面的。与其说这种知觉能审视一个物体的所有属性，不如说它是在根据这个物体对我们是否有用，我们是否关心，以及它能满足需求还是威胁需求等少数属性而对物体进行分类。

用性，而是关注能否产生目的性体验），这就是审美知觉的一个特点。[①]

欣赏

除了审美体验，有机体还会被动地接受并欣赏许多其他体验。很难说这种享受本身是有动机的；如果非要说这种享受是什么，那它就是有动机活动的目的或目标，是需求满足的附带现象。

神秘、敬畏、喜悦、惊奇、不可思议、赞赏等体验，都是内涵丰富的主观体验，也是被动的、审美的体验。这些体验拍打着有机体的心门，就像音乐一样淹没了有机体。这些都是目的性体验，是终极体验，而非工具性体验，也完全不会改变外部世界。如果定义正确的话，休闲也具有所有这些特点（Pieper，1964）。

也许，在这里可以谈论两种这样的终极快乐：①功能带来的乐趣；②生活的纯粹乐趣（生理的快乐、生机勃勃的体验）。我们尤其可以在有些孩子身上看到这两种快乐。由于良好的功能、娴熟的技能可以带来纯粹的乐趣，所以他们会不断地使用自己刚刚完善的技能。舞蹈也是一个很好的例子。至于基本的生活乐趣，任何生病、消化不良、恶心呕吐的人都可以证明，终极的生理性乐趣（生机勃勃的体验）是健康生活所带来的一种自

---

① "大脑促使我们做出了这种选择：它按照有用的记忆行事，将无用的记忆保存在意识的底层。知觉也是如此。作为行动的辅助力量，知觉挑出了**我们感兴趣的那一部分现实，将其作为一个整体；它向我们展示的不是事物本身，而是事物对我们可能有什么用处**。知觉会分类、会事先给事物贴上标签；我们几乎不会去看事物，只要知道它属于哪一类就够了。但偶尔，出于幸运的偶然，会出现一些这样的人，他们的感官或意识不那么紧密地依附于生活。大自然忘记了**把这些人的知觉能力与他们的行动能力联系在一起**。当他们看待一个事物时，**他们看到的是事物本身，而不是他们自己。他们不仅仅是为了行动而知觉；他们为了感知而感知——不为别的目的，只为了从中获得乐趣**。就他们本性中的某一方面而言（无论是他们的意识还是某种感官），他们生来就是**超然**的；取决于这种超然是某种特定感官的超然，还是意识的超然，这些人会成为画家、雕塑家、音乐家或诗人。因此，我们在不同的艺术领域里会看到一种更为直观的现实，**这是因为艺术家不那么热衷于让他们的知觉发挥用途，这使他们能感知到的东西比一般人更多**。"（Bergson，1944，pp. 162–163.）

动产生、无须寻求、没有动机的副产品。

游戏

从目前关于游戏疗法、游戏诊断的文献来看，游戏既可能是应对性的，也可能是表达性的，或者两者兼有。这种一般性的结论很可能会取代过去各种关于游戏的功能、目的和动机的理论。既然没有什么能阻止我们用应对 – 表达这种二分对立的思维方式来研究动物，那我们也可以合理地展望，未来人们会用更关注用途、更结合现实的方式来解释动物的游戏。要开辟这一新的研究领域，我们所要做的只是承认游戏可能是无用途的、无动机的，是一种存在的现象，而不是努力的现象，是目的而不是手段。欢笑、欢闹、快乐、玩耍、喜悦、狂喜、欣喜等体验也是如此。

智力表达

智力表达，如意识形态、哲学、神学、认知等，是另一个正统心理学工具难以施展的领域。我们认为部分原因在于，自达尔文和杜威以来，思考一般都被人自动视为解决问题的过程。也就是说，思考是功能性的、有目的的。在健康的人的美好生活中，思考就像知觉一样，可能是自发地、被动地接受或生产的过程，是没有动机、无须努力、快乐的表达方式，表达了有机体的性质与存在，是一种**让**事情发生，而不是使事情发生的过程，就像花的香味或树上的苹果一样，是一种存在的例子。

02
第二部分

心理病态与正常

MOTIVATION AND
PERSONALITY
(Third Edition)

CHAPTER 7

第 7 章

病态的起源

扫码收听音频导读

到目前为止，我们概述的动机概念包含了一些重要的线索，有助于理解心理病态的起源，以及受挫、冲突与威胁的本质。

实际上，试图解释心理病态的起源以及延续的所有理论，都在很大程度上依赖于我们现在要讨论的受挫与冲突这两个概念。有些受挫确实会导致病态，有些则不然；有些冲突也会导致病态，有些则不会。我们似乎有必要求助于基本需求理论来解开这个谜团。

剥夺与威胁

在讨论受挫时，很容易陷入把人的整体分割开来讨论的错误。现在仍有一种倾向，说嘴巴或胃受挫了，或者某种需求受挫了。我们必须始终记住，只有人的整体会受挫，而绝不是人的某个部分受挫。

考虑到这一点，有一个重要的区别就变得尤为明显，那就是剥夺与对人格的威胁之间的区别。通常对受挫的定义只是指一个人没有得到他想要

98

的东西，愿望破灭了，或者没有得到满足。这样的定义没有区分对有机体不重要的剥夺（容易替代，几乎没有严重后果）和对人格构成威胁的剥夺，也就是对个体生活目标、防御系统、自尊、自我实现的剥夺——对基本需求的剥夺。我们认为，只有具有**威胁性**的剥夺才会产生诸多影响（通常是不良影响），而这些影响才是一般所说的受挫引发的后果。

一个目标对象对于个体来说可能具有两种意义。它首先有其内在的固有意义，也可能有一种继发性的、象征性的价值。因此，一个孩子被剥夺了他想要的冰激凌甜筒，可能他只会失去一个甜筒；然而，另一个被剥夺了冰激凌甜筒的孩子，不仅失去了感官上的满足，而且可能感到被剥夺了母亲的爱，因为她拒绝给他买冰激凌。对于第二个孩子来说，冰激凌不仅具有固有的价值，还可能是心理价值的载体。对一个健康的人来说，仅仅被剥夺了冰激凌本身可能没有多大的影响，而这种剥夺是否应该像其他更有威胁性的剥夺一样被称为受挫，是值得怀疑的。只有当目标对象代表了爱、声望、尊重或其他基本需求时，剥夺这一对象才会产生通常被归咎于受挫的不良影响。

在特定的动物群体中和特定的情况下，我们可以非常清楚地证明一个对象所具有的双重意义。例如，研究表明，当两只猴子处于支配–从属关系时，一块食物既可以缓解饥饿，也可以象征支配地位。因此，如果处于从属地位的猴子试图捡起食物，处于支配地位的猴子就会立即攻击它。然而，如果从属者能剥离食物象征性的支配价值，那么支配者就会允许它吃食物。从属者可以很容易做到这一点，比如借助服从的姿态，也就是在接近食物时做出具有性意味的表现。这就仿佛在说："我只想要食物来缓解饥饿，不想挑战你的支配地位。我愿意承认你的地位。"同样，我们也可以用两种不同的方式面对朋友的批评。通常情况下，一般人会感觉受到了攻击和威胁（这很正常，因为批评经常是一种攻击）。因此，他会怒发冲冠，做出愤怒的反应。但如果他相信这种批评不是对自己的攻击或排斥，那么他不仅会倾听批评，甚至可能会心存感激。因此，如果他已经有无数证据表明，他的朋友爱他、尊重他，那么批评就只是批评，不代表攻击或威胁（Maslow，1936，1940b）。

对这种区别的忽视，在精神病学界造成了许多不必要的混乱。有一个反复出现的问题是：性剥夺是否必然会导致受挫的所有或任意后果，比如攻击性或升华？现在大家都知道，在许多情况下，独身并不会导致心理病态。然而，在许多其他情况下，独身确实有许多不良影响。是什么因素决定了结果的不同？对非神经症患者的临床工作给出了明确的答案：只有当个体感到性剥夺代表了异性的排斥、自卑、缺乏价值、缺乏尊重、孤立或其他基本需求受阻时，性剥夺才会成为严重的致病因素。不这样想的个体可以相对轻松地忍受性剥夺。

童年期不可避免的剥夺，通常也会被认为是受挫的。断奶、排泄控制、学习走路……事实上，每个新的适应阶段都是通过强迫孩子来实现的。在这个问题上，考虑到单纯的剥夺与对人格的威胁之间的区别，我们也必须谨慎行事。观察那些完全相信父母爱他们、尊重他们的孩子，我们会发现，这些孩子能够很容易地忍受剥夺、管教与惩罚——轻松至极，令人惊讶。如果孩子认为这种剥夺不会威胁基本人格、主要生活目标或需求，那么就很少会造成受挫的后果。

由此可见，有威胁性的受挫现象与其他威胁性情境的关系，比与单纯的剥夺密切得多。人们也发现，受挫的典型后果经常是其他威胁的结果——创伤、冲突、大脑皮层损伤、严重疾病、真实的人身威胁、死亡的临近、羞辱或巨大的痛苦。

这就引出了我们最后一个假设，单一的受挫概念可能不如两个与之交叉的概念有用：①对非基本需求的剥夺；②对人格的威胁，也就是对基本需求或与之相关的各种应对系统的威胁。剥夺的含义要比受挫的概念通常所具有的含义少得多；威胁的含义更多。剥夺不会导致心理疾病，威胁才会。

冲突与威胁

单一的冲突概念可以用威胁的概念加以剖析，就像我们剖析受挫一样。我们来看看下面几类冲突。

单纯的选择就是最简单的冲突。每个人的日常生活都充满了无数这样的选择。我们可以设想一下，这种选择与我们要讨论的下一种选择之间的区别。第一类冲突涉及在朝向同一目标的两条路径之间做出选择，这个目标对有机体来说相对不重要。对于这种选择情境的心理反应，几乎从来都不是病态的。事实上，在这种情况下，往往根本没有主观的冲突感。

另一种冲突是，目标本身很重要，实现目标的方式有多种，但这个目标本身并没有受到威胁。当然，目标重要与否，取决于每个个体。对一个人重要的东西，对另一个人可能并不重要。在做出决定时，明显的冲突感通常会消失。然而，如果目标非常重要，在两条或多条途径之间进行选择的冲突可能会变得非常激烈。

有威胁性的冲突与上述两种冲突在本质上是不同的。这仍然是一个要做选择的情况，但现在是在两个不同的目标之间选择，而这两个目标都是至关重要的。在这种情况下，做出选择通常不能解决冲突，因为做出决定就意味着放弃某些几乎同等重要的东西。放弃必要的目标或需求是有威胁性的，甚至在做出选择之后，有威胁性的后果依然存在。简而言之，这种选择只会导致基本需求的长期受阻。这是会致病的。

灾难性的冲突可能更应该叫纯粹的威胁——没有其他的选项，或者没有选择的可能性。就其后果而言，所有的选项都具有同样的灾难性或威胁性，或者只有一种可能性，而这种可能性是一种灾难性的威胁。这种情况只能勉强称为冲突情境。如果以一个几分钟后就要遭到处决的人为例，或者以一只被迫做出决定的动物为例，我们就很容易看出这一点。这只动物被迫要做出一个决定，它知道这个决定会给它带来惩罚，而且在这个过程中，任何逃跑、攻击或替代行为都是不可能的，就像在许多研究动物神经症的实验中的情况一样（Maier，1939）。

从心理病理学的角度来看，我们必须得出我们在分析受挫之后得出的相同结论。一般而言，有两种类型的冲突情境或冲突反应——无威胁性的与有威胁性的。无威胁性的冲突是无足轻重的，因为它们通常不致病；有威胁性冲突很重要，因为它们往往是致病的。[①]同样，当我们把冲突的感受当作症状的起因时，我们似乎应该指的是威胁或有威胁性的冲突，因为有些类型的冲突不会产生症状。有些冲突甚至能强化有机体。

然后，我们可以对有关心理病态形成的一般领域内的概念进行重新分类。我们可以先讨论剥夺，然后讨论选择，并且把它们都归为不致病的类别——因此对于研究心理病态的人来说，这些都是不重要的概念。重要的概念既不是冲突，也不是受挫，而是这两者的基本致病特性，也就是基本需求与自我实现面临受阻的威胁，或者实际的受阻。

个体对于威胁的定义

一般的动力理论以及各种具体的实证结果，都表明我们有必要从个体的角度对威胁下定义。也就是说，归根结底，我们在给一种情境或威胁下定义时，不仅必须考虑人类整体的基本需求，也要考虑个体所面临的特定问题。我们经常会仅根据外部情境来界定受挫与冲突，而不考虑有机体对外部情境的内在反应或感知。必须再次指出，创伤情境与创伤感受是不同的；创伤情境可能造成心理威胁，但不**一定**会如此。如果处理得当，创伤情境可能反而会有教育意义和增强作用。

我们如何才能知道，有机体什么时候会把某种情境视为威胁？对于人

---

① 威胁并不一定会致病；处理威胁，有健康的方法，也有神经症、精神病性的解决方法。此外，对于任何一个特定的个体来说，一种明显具有威胁性的情况也不一定就会让他产生心理威胁的感觉。轰炸或者对生命本身的威胁，可能不如一次嘲笑、冷落、朋友背叛、孩子生病，或几英里（编者注：1英里=1.61千米）外的陌生人所受的不公更具有威胁性。此外，威胁还可能会起到让人坚强起来的作用。

类来说，我们可以很容易通过能够描述整体人格的技术来弄清这个问题，例如精神分析技术。这种技术能让我们知道这个人需要什么，缺少什么，以及什么会威胁到他。一般而言，健康的成年人比一般人或神经症患者更少受到外部情境的威胁。我们必须再次明确，虽然这种成年人的健康是由于童年期没有受到威胁，或者成功克服威胁而产生的，但随着年龄的增长，这种健康会变得越来越不受威胁的影响。例如，要威胁一个**非常**自信的男人的男子气概，几乎是不可能的。对于一个一生都被人爱着，并且觉得自己值得被爱、讨人喜爱的人来说，失去爱并不是什么很大的威胁。我们必须再次借助功能自主原则来解释这一点。

从动力理论可以得出的最后一点是，我们必须始终将威胁感本身视为一种会造成其他反应的动力性刺激。除非我们知道威胁感会导致什么结果，会让个体做出什么行为，有机体会对威胁做出何种反应，否则我们不可能完全弄清任何有机体所面临的威胁。当然，在神经症理论中，理解威胁感的性质，以及有机体对这种感受的反应都是绝对必要的。

创伤与疾病会造成威胁

有必要指出，威胁的概念包含了一些既不属于冲突，也不属于受挫的现象，因为这些词汇现在已经用得很广泛了。某些类型的严重疾病可能真的会引起心理疾病。一个经历过严重心脏病发作的人，经常会表现出受到威胁的样子。幼儿的疾病或住院经历，往往具有直接的威胁性——还没算上由此造成的剥夺。

我们还可以将非常基本而严重的创伤算作威胁（既不是冲突也不是受挫）。经历过严重事故的人可能会得出这样的结论：他不能主宰自己的命运，死亡始终只有一步之遥。面对这种不可抗拒、危机四伏的世界，有些人似乎对自己的能力丧失了信心，甚至连对最简单的能力也不能信任。其他较为轻微的创伤当然不会具有如此大的威胁性。我们要补充的是，这样的反应在具有某种性格结构的人身上更为常见，这种性格结构让他们更容易受到威胁。

无论出于什么原因，死亡的临近也可能（但不一定）会让我们处于一种受威胁的状态，因为我们可能会失去基本的自信。当我们不能再处理外部情况时，当世界变得让我们不堪重负时，当我们不再是自身命运的主宰时，当我们不再能控制世界、控制自己时，我们当然会说自己有了受威胁的感觉。在"无能为力"的其他情境下，我们有时也会感到威胁。也许剧烈疼痛应该属于这个类别，这肯定是我们无能为力的事情。

也许我们可以扩展威胁的概念，将通常属于不同类别的现象包括在内。比如，我们可以说，突发的强烈刺激、在没有预料的情况下突然被扔下、没站稳、任何无法解释或不熟悉的事情、生活常规或习惯被打破等现象，都会给孩子造成威胁，而不仅仅会使孩子产生情绪。

当然，我们还必须谈一谈威胁的核心方面，也就是基本需求遭受直接剥夺、受阻或面临危险的情况（羞辱、排斥、孤立、失去声望、丧失力量）——所有这些都是直接的威胁。此外，误用或不使用个人的能力，会直接威胁自我实现。最后，对于超越性需求或存在价值的威胁可能会使最成熟的人受到威胁。

抑制自我实现是一种威胁

我们与戈尔德斯坦（Goldstein，1939，1940）的观点一致，可以说大多数个人体验到的威胁，都是抑制或可能抑制发展，并最终妨碍我们走向自我实现的情况。这种对于未来和当前损害的强调，会产生许多重要的影响。例如，我们可以借用弗洛姆的"人本主义良知"（humanistic conscience）这一开创性概念，来表示感知到自己偏离了成长或自我实现的道路。这个概念大大弥补了相对主义的不足，也弥补了弗洛伊德"超我"概念的不足。

我们还应该注意到，将**威胁**与**抑制成长**等同起来，会造成这样一种可能性：某种情况在当下不具有主观的威胁性，但会在将来造成威胁，或者抑制成长。孩子现在可能会希望得到满足，这种满足会让他们感到快乐、安静下来或心怀感激，但是会抑制他们的成长。例如，父母对孩子的顺从制造了被宠坏的精神病态者。

病态的来源

将心理病态的起源等同于最终的不良发展，会造成另外一个问题。之所以会产生这个问题，是因为这种思路具有一元论的性质。其言下之意是，所有或大多数疾病都是由于这种单一因素引起的；心理病态的起源似乎是单一的，而不是多重的。既然如此，疾病的不同综合征是从哪里来的呢？也许不仅是病态的起源，甚至连心理病理现象也可能具有单一的性质。也许，在我们的医学模型里，我们现在所说的独立的疾病实体，实际上是对某种深层、一般性的疾病做出的表面性、特殊化的反应，正如霍妮（Horney，1937）所声称的那样。测量安全感与不安全感的 S–I 测验（Maslow，1952）就建立在这样的基本假设上。到目前为止，该测验似乎已经能相当成功地挑选出患有一般性心理疾病的患者，而不是癔症、疑病症或焦虑性神经症的患者。

由于我们在此的唯一目的是指出，这些重要的问题和假设是由这种心理病态起源理论所导致的，所以就不再进一步探讨这些假设了。只要强调这种理论具有一元化、简化问题的可能性即可。

总结

总而言之，我们可以说，下面的情况一般来说具有我们所说的威胁性：基本需求、超越性需求（包括自我实现）或者这些需求赖以存在的条件面临受阻的危险或实际受阻；生命本身遭受威胁；有机体一般完整性遭受威胁；有机体的整合过程遭受威胁；有机体对世界的基本掌控感遭受威胁；终极的价值观遭受威胁。

　　无论我们如何界定威胁，肯定有一个方面是我们不能忽视的。不管可能包括什么，最终的定义都肯定必须与有机体的基本目标、价值观或需求有关；反过来，这意味着任何心理病态起源理论都必须直接建立在动机理论之上。

扫码收听音频导读

CHAPTER 8
第 8 章

破坏性是本能吗

从表面来看，基本需求（动机、冲动、驱力）并不是邪恶或有罪的。想要和需要食物、安全、归属和爱、社会认可和自我认可，以及自我实现，都不一定是坏事。相反，大多数文化中的大多数人都会认为这些愿望（各地的表现形式不同）是有益的、值得称道的。在最谨慎的科学研究中，我们仍然不得不说这些愿望是中性的，而不是邪恶的。我们所知道的大多数或所有人类特有的能力（抽象思维、说符合语法的语言、创立哲学的能力等），以及先天素质的差异（主动或被动、强健或瘦削、高能量或低能量等），也可以说是中性的。至于追求卓越、真理、美好、合法性、简洁等的超越性需求，在我们的文化中，以及在我们所知的大部分文化中，几乎都不可能说它们在本质上是坏的、邪恶的或有罪的。

因此，人性或人类的原始特性本身并不能解释，我们的世界、人类历史和我们个人的性格中为什么明显存在许多邪恶之处。诚然，我们已经有足够的知识，能够把许多所谓的邪恶归因于身体与人格的疾病、无知与愚蠢、不成熟以及不良的社会与制度安排。但不能说我们知道得足够多，足以说明有多少邪恶能够如此归因。我们知道，健康、治疗、知识与智慧、

107

身心成熟、良好的政治与经济，以及其他社会机构与系统能够减少邪恶。但是能减少多少呢？这样的措施能将邪恶消灭殆尽吗？当然，到目前为止，我们所知的事实足以让我们驳斥这一观念：人性的本质**在生物学上、在基本的层面上，主要是**邪恶、有罪、恶毒、暴虐、残忍或凶残的。但我们不敢说人类根本**没有**做出不良行为的类本能倾向。很明显，我们所知道的还不够，无法做出这样的断言，而且至少还有一些证据与之相左。无论如何，同样很清楚的是，这样的知识是可以获得的，这些问题可以纳入适当扩展的人文科学范畴（Maslow，1966；Polanyi，1958）。

本章试图用实证的方法来探讨该领域内的一个关键问题：所谓的善恶问题。尽管本章没有试图给出明确的结论，但能提醒我们，关于破坏性的知识**已经**有了进步，不过还没有达到给出最终结论的地步。

动物

首先，在某些动物身上确实可以观察到看似原始攻击性的特点。并非所有动物，甚至不是许多动物都有这种特点，但仍有一些动物是这样的。有些动物显然会为了杀戮而杀戮，并没有明显的外因能引发这种攻击性。狐狸进了鸡舍，咬死的鸡就可能超出了它自己能吃的数量；而猫玩弄老鼠的情况，我们也都是知道的。发情期的雄鹿或其他有蹄类动物会寻找打架的机会，有时甚至会为此抛下配偶。由于明显的体质原因，许多动物（甚至是高等动物）随着日渐衰老，会变得更加凶猛，从前温顺的动物也会在没有挑衅的情况下发起攻击。许多动物杀戮不仅仅是为了食物。

一项关于实验室大鼠的著名研究表明，我们可以像培养解剖学特性一样，培养出野性、攻击性或凶猛的性情。凶猛的倾向可能主要是先天的行为决定因素，至少在这个物种中是如此，其他物种也可能如此。人们普遍发现，野生、凶猛的大鼠的肾上腺，比温顺、驯服的大鼠要大得多。这一发现也使得上述观点更加可信。当然，遗传学家可以朝着相反的方向培养其他物种，让它们变得更温和、更温顺，不那么凶猛。正是这样的例子和观察结论，使我们能够更进一步接受所有可能的解释中最简单的那一个：我们所讨论的行为来自一种特殊的动机，而这种特定的行为背后有着遗传的驱力。

　　动物身上也有许多其他例子，看似体现了原发性的凶猛性情。然而经仔细分析之后，我们却发现事实并非看上去的样子。和人类一样，动物的攻击性也会在很多情况下，以多种方式被激发出来。例如，有一种决定因素叫领地意识（Ardrey，1966），在地面上筑巢的鸟类就可以证明这一点。这些鸟在选定繁殖地点后，就会攻击任何进入它们领地内的其他鸟类。它们只会攻击这些入侵者，不会攻击其他动物。它们不会不加区分地发起攻击，只会攻击入侵者。某些动物会攻击其他任何动物，甚至是它们自己的同类——只要这些动物的气味或外表与它们所属的特定群体或族群不同。例如，吼猴就形成了一种封闭的团体。任何其他吼猴试图加入这个群体，都会遭遇吼声的驱逐。如果外来的吼猴逗留足够长的时间，那么它最终会成为群体中的一员，也会攻击任何陌生的入侵者。

　　我们在研究中发现，动物越高级，攻击与支配的关系就越密切。这些研究太过复杂，无法在此详细引述，但可以这样说，这种支配行为，以及有时从支配中进化而来的攻击性，对于动物来说确实具有功能价值或求生价值。动物在支配等级中的地位，在一定程度上是由它发起攻击的成功率所决定的，而它的地位又决定了它能获得多少食物，能否得到配偶，以及能否满足其他生物学上的需求。实际上，只有在必须确立其支配地位，或者改变支配地位时，这些动物身上的所有残忍行为才会出现。我不确定其他动物在多大程度上也是如此。但我确实怀疑，领地意识、攻击陌生动物、警惕地保护雌性、攻击病弱者，以及其他通常被解释为攻击性或残忍本能的现象，往往是由支配动机所决定的，而不是由某种特定的攻击性动机本身所决定的；这种攻击性可能是一种手段行为，而不是目的的行为。

　　当我们研究比人类低等的灵长类动物时，我们发现攻击行为很少是原发性的，而更多是衍生、反应性、功能性，是对各种动机、社会性力量、当下的情境决定因素所做出的合理的、可以理解的反应。研究黑猩猩（最接近人类的动物）时，我们根本没有发现，有任何行为疑似是为了攻击而攻击的。这些动物非常可爱、乐于合作、友好相处，尤其是在年幼的时候。以至于在某些群体里，人们可能不会发现任何原因、任何形式的残忍攻击。大猩猩身上也有类似的情况。

在这一点上，我可以说，由动物推及人类的整个论点始终是值得怀疑的。但是，如果我们为了论证的目的而接受这种观点，那么，从最接近人类的动物开始推理，就必然得出这样的结论：这些动物与我们平常的认知恰恰相反。如果人类有着动物性的遗传，那这种动物性一定在很大程度上来自类人猿，而类人猿却更倾向于合作，而不是攻击。

这种错误就是伪科学思维中的过度概括的例子，我们最好将它称为错误的动物中心主义。我们犯这种错误的通常步骤是：第一步，建立一种理论或偏见，然后从整个进化的过程中选择一种最能说明这一观点的动物；第二步，我们必须故意对所有不符合这个理论的动物的行为视而不见，如果一个人想要证明破坏性是本能，那就选择狼，忘掉兔子吧；第三步，我们还必须忘记，如果从低级到高级研究所有物种，而不是选择一些自己特别喜欢的物种，就能看出清晰的发展趋势。例如，动物越高级，口味变得越来越重要，而单纯的饥饿变得越来越不重要；不但如此，动物多样性也会越来越丰富；从受精到成年之间的过程也往往会越来越长（不排除有一些例外）；也许最重要的是，反射、激素和本能会变得越来越不重要，而智力、学习和社会决定因素则会取代前者的地位。

我们可以这样总结来自动物的证据。第一，由动物到人类的推论始终是一件棘手的事情，需要极其谨慎。第二，在某些动物身上可能确实存在某种原发性、遗传性的破坏性或残忍的攻击倾向，不过这种倾向大概比多数人认为的要少。在某些物种身上则完全没有。第三，仔细分析动物攻击行为的具体例子，往往会发现这种攻击性是对多种决定因素的继发性、衍生性的反应，而不仅仅是攻击本能自身的表现。第四，动物越高级，与人类越接近，相关的证据就越能清晰地证明，理论上的原发性攻击本能越来越弱；直到类人猿身上，这一本能似乎就完全消失了。第五，如果我们仔细研究与人类最接近的动物——猿类，就几乎很少或根本不会发现原发性恶意攻击的证据，却能发现大量表明友善、合作甚至利他的证据。最后还有很重要的一点，我们倾向于在只知道行为的情况下假设动机。现在，动物行为的研究者普遍认为，大多数食肉动物杀死猎物只是为了获取食物，而不是为了虐待，就像我们杀牛是为了吃牛排，而不是出于杀戮的欲望一样。归根结底，所有这些都意味着，从今以后，只要有任何观点试图从进化的角度论证，我们的动物本性会迫使我们为攻击而攻击，为破坏而破坏，那这种观点就必须受到质疑或否定。

儿童

对于儿童的观察、实验研究与发现，有时似乎很像某种投射的方法，像是一种罗夏墨迹测验，成年人将自身的敌意投射其中。我们时常听到许多关于儿童天生自私、天生就有破坏性的言论，与此相关的论文远远多过关于合作、善良、同情等品质的论文。此外，后一种研究不但数量少，且常常遭到忽视。心理学家和精神分析师常常把婴儿想象成小魔鬼，生来就有原罪，内心充满仇恨。当然，这种极端的看法是错误的。我必须承认，令人遗憾的是，这方面的科学资料仍然十分缺乏。我的判断仅基于几项优秀的研究，尤其是洛伊斯·墨菲（Lois Murphy，1937）关于儿童同情心的研究。然而，即便是如此之少的证据，似乎也足以让人怀疑这样的结论：儿童是天生具有破坏性、攻击性和敌意的小野兽，必须通过管教和惩罚才能给他们灌输一点点善良。

实验与观察得来的事实是，正常的孩子似乎的确常常表现出原发性的敌意、破坏性与自私，正如人们所说的那样；但在其他时候（也许这种情况同样常见），他们也会表现出原发性的慷慨、合作与无私。决定这两种行为出现的相对频率的主要原则似乎是：在安全、爱、归属和自尊等需求方面缺乏保障、基本上受到阻碍或受到威胁的孩子，会更多表现出自私、憎恨、攻击性与破坏性；基本上能够得到父母的爱和尊重的孩子，则应该会较少表现出破坏性。在我看来，现有的证据表明，这些孩子的破坏性确实较少。这表明我们应该把敌意解读为反应性、工具性、防御性的，而不是本能。

如果我们观察一个一岁或更大一些的健康的、得到良好爱护和照料的婴儿，那么就不太可能在他身上看到任何这样的特点：邪恶、原罪、虐待、恶意、以伤人为乐、破坏性、没来由的敌意或刻意的残忍。仔细、长期的观察表明，情况恰恰相反。实际上，自我实现者身上的每一种人格特征，以及所有可爱、值得赞扬、令人羡慕的东西，都能在这样的婴儿身上找到——除了知识、经验和智慧。婴儿之所以能得到如此多的喜爱和欢迎，其中一个原因一定是，在他们生命的前一两年里，他们没有明显的邪恶、憎恨或恶意。

至于破坏性，我很怀疑它是否会作为单纯的破坏性驱力的直接、原发性的表达，出现在正常儿童的身上。一个接一个看似表现了破坏性的例子，如果加以仔细考察，都能通过动力分析予以否定。一个孩子把时钟拆开了，在他看来，他并不是在破坏时钟，而是在仔细查看时钟。如果一定要说这其中有什么原发性驱力，那么好奇心比破坏性要合理得多。还有许多其他的例子，在心烦意乱的母亲看来像是体现了破坏性，但事实证明，那些例子可能不仅体现了孩子的好奇心，还体现了活动、玩耍、锻炼不断成长的能力与技能等方面的本能，有时甚至能体现出真正的创造性，比如有的孩子会把父亲精心打印好的笔记剪成漂亮的形状。我很怀疑年幼的孩子是否真会为了纯粹的取乐，出于恶意而故意搞破坏。病态案例可能是例外，如癫痫和脑炎后遗症的案例。即使在这些所谓的病态案例中，我们也不能肯定儿童的破坏性不是反应性的，不是对某种威胁的反应。

手足之争是一种特殊的情况，有时很令人费解。两岁的孩子可能对他刚出生的小弟弟表现出危险的攻击性。有时孩子会表现出非常幼稚而赤裸的敌意。一个合理的解释是，两岁的孩子根本无法理解他的母亲可以爱**两个**孩子。他不是为了伤害而伤害，而是为了留住母亲的爱。

另一个特殊的例子是精神病性人格，这些人的攻击性经常看似毫无动机，也就是为了攻击而攻击。在这里有必要引述一条由鲁思·本尼迪克特（Benedict，1970）首次阐明的原则，来解释为什么安全的社会可能爆发战争。她解释说，有安全感、健康的人不会对那些广义上的兄弟、他们能够认同的人怀有敌意或攻击性。如果某些人不被视为人类，他们就很容易被抹杀掉，即便是善良、仁爱、健康的人也会如此对待他们，而且就像杀死讨厌的昆虫、屠宰动物以获得食物那样，心中毫无愧疚感。

这样的假设有助于我们理解精神病态者：他们对于其他人类没有爱的认同，因此可以随意伤害甚至杀死他人。他们既不会感到仇恨，也不会感到快乐，就像杀死成为祸害的动物一样。有些幼稚的反应看上去很残忍，可能也是因为孩子不够成熟，没有建立起人际关系，因而缺乏上面所说的认同。

最后要说的是，在我们看来，这个问题还涉及了一些相当重要的语义方面的原因。用尽可能简洁的话说，攻击性、敌意和破坏性都是成年人的语言。这些词对成年人有某种含义，对儿童却**没有**这种意义，因此不应在不加修正或重新界定的情况下直接使用。

比如说，两岁的孩子可以在一起却独立地玩耍，相互间没有真正的互动。当这些孩子真的产生自私或有攻击性的互动时，这种互动可能与 10 岁孩子间的人际关系不同，可能两岁的孩子并没有意识到对方的存在。如果一个孩子不顾对方的抵抗，强行从对方那里夺走玩具，这可能更像与一个密闭的容器较劲，而不像成年人自私的攻击。

吃奶的婴儿发现乳头被人从嘴里夺走，因而愤怒地大叫；三岁的孩子对惩罚自己的母亲进行反击；五岁的孩子愤怒地尖叫"我真希望你去死"；两岁的孩子一直欺负他刚出生的弟弟，可能都属于这种情况。在这些情况下，我们不应该把孩子当作成年人来看待，也不应该用解读成年人反应的方式来解释孩子的反应。

如果在孩子的参考框架中理解其行为的动力，大多数这样的行为可能都必须被视为反应性的。也就是说，这些行为的原因最有可能是失望、排斥、孤独、害怕失去尊重，或者害怕失去保护（即基本需求受阻，或者面临受阻的威胁），而不是与生俱来的、本质上的仇恨或伤人冲动。至于能否用反应性来解释**所有**破坏性行为，而不仅仅是解释其中的大部分行为，我们当前的知识（或者更确切地说，是知识的不足）根本不允许我们下此定论。

人类学

借助民族学，我们可以更深入地讨论、比较各民族间异同的数据。我们可以毫不犹豫地说，即便对数据进行粗略的调查，也可以向任何感兴趣的读者证明，在现存的原始文化中，敌意、攻击性与破坏性的水平并不是固定的，而是在近乎为 0 与近乎 100% 的极端之间变化的。有一些民族，比如阿拉佩什人（Arapesh），他们民风温和、友善、不好斗，以至于他们不得不想方设法，才能找到一个足够有决断力的人来为他们主持仪式。至于另一种极端，你可能会发现，像楚科奇人（Chukchi）和多布人（Dobu）这样的民族，他们心中充满了仇恨，以至于人们想知道到底是什么原因才没有使他们因相互残杀而灭绝。当然，这里描述的都是从外部观察到的行为。我们可能仍然想知道，这些行为背后有哪些无意识冲动——这些冲动**可能**与我们能**看到**的行为不同。

显然，人类根本不一定会像美国社会的普通人一样有攻击性或破坏性，更不要说像世界上其他地方的人了。在人类学中，似乎有一个强有力的证据表明，我们可以认为人类的破坏性、恶意或残忍很可能是由于人类基本需求受阻或受威胁而产生的继发性、反应性后果。

临床经验

心理治疗文献中经常提及的一种常见经验是，暴力、愤怒、憎恨、破坏性的愿望、复仇的冲动等，几乎在所有人身上都大量存在，如果表现得不那么明显，就是隐藏在表面之下。经验丰富的治疗师绝不会相信任何人声称自己从未感到过仇恨的说法。他们会简单地假设，此人已经压制或压抑了自己的仇恨。他们相信每个人身上都有仇恨。

然而，治疗中也有这样的一般经验：在治疗中自由地谈论自己的暴力冲动（而不将其付诸行动），往往能清除这些冲动，减少它们的频率，消除其神经症、不切实际的成分。成功的治疗（或成功的成长与成熟）所得到的一般结果，往往与我们在自我实现者身上所看到的现象大致相同：①他们体验到的敌意、仇恨、暴力、恶意、有破坏性的攻击比一般人更少；②他们并没有**失去**愤怒或攻击性，但其性质往往会转变为愤慨、自我肯定、对剥削的反抗、对不公的愤怒，也就是说，不健康的攻击性变得健康了；③较为健康的人似乎不太害怕自己的愤怒与攻击性，所以在表达愤怒与攻击性时，他们能够全心全意地将其表达出来。暴力有两个对立面，而不是只有一个。暴力的反面可以是减少暴力，也就是控制自己的暴力，或努力不用暴力。此外，暴力中也可以存在健康与不健康的对立。

然而，这些"数据"并不能解决我们的问题。弗洛伊德和他忠实的追随者都认为暴力是本能，而弗洛姆、霍妮和其他新弗洛伊德主义者则认为，暴力根本不是本能，这种分歧很有启发性。

内分泌学与遗传学

要想把所有已知的暴力起源都综合起来，还必须研究内分泌学家积累的数据。同样，这个问题在低等动物身上相对简单。毫无疑问，性激素、肾上腺与垂体的激素是攻击性、支配、被动性与野性的明确决定因素。但由于所有的内分泌腺都是相互决定的，所以其中有些数据非常复杂，需要专业的知识。对于人类来说更是如此，其中的数据更为复杂。然而，我们绝不敢忽视这些数据。有证据再次表明，男性激素与自我肯定、战斗的意愿和能力都有关系。有证据表明，不同的个体会分泌不同比例的肾上腺素和非肾上腺素，这些化学物质与个体更愿意战斗而不愿意逃跑等倾向有关。精神内分泌学这一新兴的交叉学科，无疑会告诉我们很多关于我们自身问题的知识。

当然，来自遗传学、染色体和基因本身的数据，显然与这里的问题有着非常特殊的关系。例如，有研究发现，具有双重雄性染色体（带有两份雄性遗传物质）的男性往往几乎无法控制自身的暴力，这使得纯粹的环境决定论根本无法解释这一现象。在最和平的社会里，即便有着最完美的社会与经济条件，**有些**人依然会因为其自身的生理特点而不得不充满暴力倾向。这一发现当然提出了一个讨论得很多，但尚未最终解决的问题：男性，尤其是青春期的男性，是否需要一定程度的暴力，需要与某些人或某些事对抗，需要发生某些冲突？有一些证据表明，可能的确如此，不仅成年人类如此，甚至婴儿和幼猴也如此。暴力在多大程度上是由内在因素决定的，我们还必须留给未来的研究者定夺。

理论上的考虑

正如我们所见，有一种流传甚广的观点认为，破坏性或伤人行为是继发性或衍生出来的行为，而不是原发性的动机。这意味着，人类的敌对或破坏性行为，实际上始终是由某种原因引起的，是一种对事态的反应，是一种产物而不是源头。与此相反的观点是，破坏性行为全部或一定程度上是某种破坏本能直接、原发性的产物。

在所有这些讨论中，最重要的差别在于动机与行为之间的差别。行为是由许多力量所决定的，而内在动机只是其中之一。我可以简单地说，任何有关行为决定因素的理论，都必须至少考察以下几种决定因素：①性格结构；②文化压力；③当下情境或环境。换言之，内在动机只是研究行为主要决定因素的三个主要领域之一。考虑到这些因素，也许可以把我的问题改写为：破坏性行为是如何决定的？然后，我们可以问：某些遗传、先天决定、特定的动机是破坏性行为的唯一决定因素吗？当然，根据已有的推论，这些问题的回答是显而易见的。即使所有可能的动机，也不能决定攻击行为或破坏行为的发生，更不用说某种特定的本能了。一般的文化因素也必须加以考虑，行为发生的直接情境或环境也必须考虑在内。

这个问题还有一种表述方法。对于人类来说，可以肯定的是，破坏性行为有很多不同的来源，以至于谈论任何一种单一的破坏性冲动都是很荒谬的。可以通过几个例子来说明这一点。

当一个人扫除通往目标道路上的某些障碍时，破坏性可能就会相当偶然地出现。孩子在努力够远处的玩具时，很少会注意到他踩到了其他玩具（Klee，1951）。

破坏性的出现，可能是对基本威胁的附带反应。因此，任何阻碍基本需求的威胁、任何对防御或应对系统的威胁、任何对一般生活方式的威胁，都可能引起焦虑与敌意的反应。这就意味着，敌意、攻击性或破坏性行为可能会经常出现在这样的反应中。这归根结底是一种防御行为，是反击，而不是以攻击为目的的攻击。

有机体所受到的任何损害、对于有机体退化的任何感知，都可能在没有安全感的人身上引发类似的威胁感，因此他们可能会做出破坏性行为。就像许多脑损伤的案例一样，患者疯狂地试图通过各种绝望的举措，来支撑摇摇欲坠的自尊。

有一个造成攻击行为的原因常常被人忽视。即便说它没有被忽视，往往也没有得到正确的表述。这个原因就是专制主义的人生观。如果人们真的生活在丛林里，那里所有的动物被分为两类——一类是能吃人的，另一类是人能吃的，在这种情况下，攻击性就会变得合情合理。所谓专制主义者，肯定经常在无意识里把世界想象成一片这样的丛林。这些人相信"最好的防御就是进攻"这一原则，他们倾向于毫无缘由地猛烈抨击、攻击、破坏。除非他们能意识到，这只是在预防另一个人的攻击，否则他们的整个反应都是缺乏意义的。还有许多其他众所周知的防御性敌意的形式。

施虐－受虐反应的动力，现在已经被分析得很透彻了。人们普遍认为，看似简单的攻击性背后，可能有着非常复杂的动力。这些动力使得诉诸敌意本能的假设显得太过简单。诉诸凌驾于他人之上的强烈权力驱力也是如此。霍妮（Horney，1939）的分析清楚地表明，在这个领域里，我们没必要用本能来解释问题。第二次世界大战告诉我们，歹徒的攻击和义愤者的防御在心理上是不一样的。

我们还可以举很多例子。我举这几个例子是为了说明我的观点，即破坏性行为通常是一种症状，一种可能由许多因素导致的行为。如果一个人真正希望从动力的视角来看待此问题，他就必须学会警惕这样一个事实：这些行为可能看起来相似，但它们有着不同的来源。动力心理学家不是照相机或留声机，他们不仅对发生了什么感兴趣，也对事情为什么发生感兴趣。

破坏性：本能的还是习得的

我们可以拿出历史学、社会学、管理学、语义学、各种医学病理学、政治学、神话学、精神药理学和其他学科的数据。但是无需更多的数据，就已经可以说明这一点：本章开篇提出的问题是**实证**问题，因此我们可以满怀信心地等待进一步的研究来回答这个问题。当然，要整合来自多个领域的数据，研究者就极有可能甚至必须与他人合作研究。无论如何，上述这种随手拈来的数据，应该足以教会我们拒绝极端、非黑即白、两极分化的思维方式，不要将破坏性全部归因于本能、遗传、生物学命运，或者全部归因于环境、社会力量与学习。古老的遗传与环境之争还没有销声匿迹，尽管应该如此。显然，破坏性的决定因素有很多。即便是现在，我们也十分清楚，我们必须把文化、学习和环境因素纳入这些决定因素里。我们不太清楚，但仍然很有可能的是，生物学因素也起到了至关重要的作用，不过我们不太确定到底起到了哪些作用。至少，我们必须接受，暴力是人类本性的一部分，这是不可避免的，哪怕仅仅是因为基本需求注定在某些时候无法得到满足。我们知道人类就是这样的，暴力、愤怒和报复是这种受挫的常见后果。

最后要说的是，我们没必要在全能的本能与全能的文化之间做出选择。本章提出的观点超越了这种二分对立的论断，让它显得不必要了。遗传或其他生物学决定因素不是全有或全无的；这是一个程度问题，一个多与少的问题。在人类身上，有大量证据表明存在生物学和遗传决定因素，但是在大多数个体身上，这些决定因素相当薄弱，很容易被习得的文化力量所压制。遗传因素不仅是脆弱的，而且是支离破碎、残缺不全的，而不像是低等动物那种完整而彻底的本能。人类没有本能，但他们似乎确有本能的残余、类本能的需求、固有的能力与潜能。此外，临床与人格研究的经验通常已表明，这些微弱的类本能倾向是好的、有益、健康的，而不是恶性、邪恶的。我们要尽力拯救这些类本能倾向，使它们免于湮灭，这种努力既是可行的，也是值得的；而且，这世上任何称得上"好"的文化，其主要功能就是要做到这一点。

第 9 章

扫码收听音频导读

在心理治疗中建立良好的人际关系

令人惊讶的是，实验心理学家没有把心理治疗的研究作为尚未开采的金矿。成功的心理治疗会让人们的知觉、思维和学习都发生变化。他们的动机会发生改变，情绪也不同以往。要揭示人们与表层人格截然不同的深层本性，没有比心理治疗更好的技术了。人们的人际关系与对社会的态度都会发生转变。他们的性格（或人格）会发生表层与深层的变化。甚至有些证据表明，人们的外表会发生变化，身体健康等方面也会得到改善。在有些情况下，连智商都会提高。然而，在大多数关于学习、知觉、思维、动机、社会心理学、生理心理学等方面的书籍索引中，甚至都没有列出"心理治疗"这个词。

仅举一个例子：毫无疑问，学习理论至少可以从婚姻、友谊、自由联想、阻抗分析、职场成功等方面的研究中获益，更不用说关于悲剧、创伤、冲突和痛苦的研究了。

将心理治疗中的关系作为社会关系或人际关系中的个例加以研究（也就是说，作为社会心理学的一个分支），会引出另一组同等重要，但尚未解决的问题。我们现在至少可以说出患者与治疗师相处的三种方式——专制型、民主型和放任型，每种方式在不同时期都有特殊的用处。然而，这三类关系恰恰也存在于儿童社团的社交氛围、催眠的风格、政治理论的分类、母子关系（Maslow，1957），以及类人猿的社会组织类型中（Maslow，1940a）。

想要深入研究治疗的目的和目标，就必须立即揭露当前人格理论发展的不足，质疑"价值观在科学中没有立足之地"这一基本的科学正统观念，暴露健康、疾病、治疗、治愈等医学概念的局限性，并清楚地揭示我们的文化仍然缺乏可用的价值体系。难怪人们害怕这个问题。还有许多其他的例子可以证明，心理治疗是普通心理学中的一个重要门类。

可以说，心理治疗主要是通过七种方式进行的：①表达（行为完成、释放、宣泄）；②满足基本需求（给予支持、安慰、保护、爱、尊重）；③消除威胁（保护，良好的社会、政治和经济条件）；④顿悟、了解与理解的提升；⑤建议与权威；⑥直接处理症状，比如各种行为疗法；⑦积极的自我实现、个性化或成长。从人格理论更具普遍性的目标的角度来看，这些也是人格沿着文化与精神病学所认可的方向发生改变的方式。

在这里，我们特别关注的是心理治疗的相关资料与本书中目前提到的动机理论之间的相互关系。我们将会看到，在通往所有治疗的最终的积极目标——自我实现的道路上，基本需求的满足是非常重要（也许是**最**重要）的一步。

还需要指出的是，这些基本需求大多**只能由他人**来满足，因此治疗必须在人际关系的基础上进行。这些基本需求的满足就是基本的药物（如安全、归属感、爱和尊重），这些药物只能从他人那里获得。

请允许我立即承认，我个人的经验几乎仅局限于较为简短的心理治疗。那些主要从事精神分析（更深层）治疗的人，更有可能得出这样的结论：顿悟才是重要的药物，而需求的满足不是。这是因为严重的患者无法接受或同化（assimilating）基本需求的满足，除非他们能放弃对自我和他人的不成熟的解读，能够感知并接纳个人与人际关系的现实。

如果我们愿意，我们可以就这个问题进行辩论，指出顿悟疗法的目的就是使人能够接受良好的人际关系，接受随之而来的需求满足。我们知道，只有当动机发生这些改变时，顿悟才是有效的。不过，我们暂且承认，简单、简短、满足需求的治疗与更深、更久、更费力的顿悟疗法之间在大体上存在区别，也具有相当大的启发意义。我们将会看到，满足需求在许多非专业性的情境下是可以做到的，比如婚姻、友谊、合作或教学。这就在理论上开辟了一条道路，让治疗技能更广泛地传播给各种非专业的治疗师。目前，顿悟疗法绝对是一个专业领域，需要大量的训练。像这样区分非专业治疗与专业治疗会产生一些理论上的结果，如果我们能不懈地研究这些理论结果，那将会带来诸多益处。

我们也可以大胆地认为，尽管深层的顿悟疗法涉及了更多的原则，但如果我们首先研究人类基本需求受阻和满足的影响，就能很好地理解那些顿悟疗法。这种做法与现行的研究方法截然相反。现有的做法是，通过研究一种或另一种精神分析（或其他顿悟疗法）来解释较短的治疗方法。后一种做法会产生一种副作用，那就是使心理治疗和个人成长的研究变成了心理学理论中一个孤立的领域，这一领域或多或少能自圆其说，并受该领域内特殊或独有的规则支配。本章明确反对这种推论，并坚信心理治疗并不存在什么特定的法则。我们之所以首先假定存在这样的特殊法则，不仅是因为大多数专业心理治疗师接受的是医学培训，而不是心理学培训，而且是因为实验心理学家莫名地忽视了心理治疗现象对于他们自己的人性观所造成的影响。简而言之，我们可以认为，不仅心理治疗最终必须完全建立在健全、普遍的心理学理论之上，而且心理学理论必须有所扩展，以足够承担这种责任。因此，我们将首先讨论较为简单的治疗现象，将顿悟的问题推迟到本章的后面部分讨论。

心理治疗与需求满足

将我们所知的许多事实综合起来，就会使任何下面这样的心理治疗理论站不住脚：①纯认知的；②完全非个人化的。这些事实却符合需求满足理论，支持用人际的视角去看待治疗与成长。

萨满式疗愈

哪里有社会，哪里就有心理治疗。萨满、巫医、女巫、社群中的睿智老妪、牧师、古鲁 ①，以及更晚些时候的西方文明中的医生，经常能在某些情况下起到我们今天所说的心理治疗的作用。确实，伟大的宗教领袖和宗教组织能够崛起，不仅是因为他们治愈了严重而夸张的心理病态，也是因为他们治愈了更微妙的品格与价值观的混乱。至于为何能取得这些成就，这些人提供的解释没有共同之处，不值得认真考虑。我们需要接受这样一个事实，尽管这些奇迹时有发生，但创造奇迹的人可能并不知道奇迹**为何**、**如何**发生。

理论与结果之间的差异

这种理论与实践的差异在今天仍然存在。心理治疗的各个学派间存在分歧，有时分歧异常严重。然而，一位心理学家，只要从事临床工作的时间够长，就会遇到被每一个思想学派所治愈的患者。然后，这些患者会感激并忠实地支持这种或那种理论。然而，收集这些思想学派的失败案例同样容易。更令人困惑的是，我见过一些被医生甚至精神科医生治愈的患者，但据我所知，这些医生从未接受过任何算得上心理治疗的培训（更不要说还有被学校教师、牧师、护士、牙医、社会工作者等人治好的患者）。

的确，我们可以从实证和科学的角度批评这些理论学派，并将它们按照相对有效性粗略地排个高低。我们也可以设想，在未来，我们能收集适当的统计数据，证明一种理论培训比另一种理论培训能带来更高的治愈率或成长率，即便这两种理论并非总会失败，或者总是成功。

---

① 古鲁（guru）是印度教或锡克教的宗教导师或领袖。——译者注

然而，我们现在必须接受这样一个事实：治疗的结果可能在某种程度上不依赖于理论，甚至没有理论也能取得结果。

不同技术取得的良好结果

即使在同一个思想学派的范围内，例如经典的弗洛伊德精神分析，大家都知道，分析师也普遍承认，不同的分析师之间存在巨大的差异，不仅在通常所说的能力上有差异，而且在纯粹的治疗效果上也存在差异。有些杰出的分析师在教学和写作方面做出了重要贡献。即使他们知识渊博，作为教师、讲师和培训师而受人追捧，但往往无法治愈他们的患者。还有些分析师从来没有写过任何东西，也很少有（甚至没有）研究发现，但多数时候都能治愈患者。当然，聪明才智和治愈患者的能力之间显然存在某种程度的正相关，但也有例外情况有待解释。

治疗师的人格

历史上有一些著名的例子，有的治疗学派的大师，尽管是非常出色的治疗师，但他们在很大程度上没能将这种能力传授给自己的学生。如果这仅仅是理论、学习内容或知识的问题，如果治疗师的人格没有起作用，那么学生只要同样聪明刻苦，最后应该像他们的老师一样出色，甚至更好。

没有"治疗"的改善

任何类型的治疗师通常都会在第一次见到患者的时候，与他们讨论一些外在的细节（如治疗程序、时间），并在第二次见面的时候让患者报告或展示其改善情况。就表面上所说的话、所做的事来看，这种治疗结果绝对是难以理解的。有时治疗师还一句话都没说，治疗结果就出现了。有一次，一位女大学生想咨询我一个个人问题。一小时过去了，她一直在说话，而我一句话也没说，她满意地解决了问题，感谢了我的建议，然后离开了。

生活经历的治疗效果

对于那些足够年轻、不太严重的患者来说，日常的重大生活经历就可以起到最充分的治疗效果。一段美满的婚姻、在一份合适的工作中取得成功、建立良好的友谊、生儿育女、面对危机、克服困境——我有时会看到，所有这些情况都能达到使人的性格发生深刻变化、消除症状等效果，而无须专业治疗师的帮助。事实上，我们可以提出这样一个观点：良好的生活环境是终极的治疗因素之一，而专业心理治疗的任务，往往只是使人能够利用这种环境。许多精神分析师都发现，他们的患者在分析治疗的间隙以及在分析结束之后都会有进步。

未经训练的治疗师的成功治疗

也许最具挑战性的问题是目前存在的一种特殊情况，即绝大多数患者都是在从未受过治疗师培训或培训不足的人那里接受治疗的，或者至少是接受处理的。在二十世纪二三十年代，绝大多数心理学研究生所受的培训是有限的（现在仍然如此，但有所改善），有时甚至到了毫无实质意义的地步。因为喜欢人类，想要理解并帮助人类而学习心理学的学生，发现自己进入了一种奇特的、像教派一样的氛围，把大部分时间都花在了研究感觉现象、条件反射的结果、无意义音节以及白鼠走迷宫等事情上。与此同时，他们还会接受一种更有用的，但在哲学上仍然很有局限且不成熟的实验、统计方法的训练。

然而，对外行人来说，心理学家就是心理学家，他们可以解答人生中所有的重大问题，他们是专家，知道人为什么会离婚，为什么滋生仇恨，为什么会得精神障碍。通常，心理学家不得不尽力回答这些问题。在那些从未有过精神科医生，也从未听说过精神分析的小城镇里，情况尤其如此。要是没有心理学家，人们只能拿这些问题去问他们最喜欢的姨妈、家庭医生或牧师。这样看来，未经训练的心理学家也可以放下他们的负罪感，把精力放在接受必要的培训上了。

然而，我们想说的是，这些笨拙的努力通常是奏效的，这让年轻的心理学家备感惊讶。他们已经做好了失败的准备，当然他们的失败也更为频繁，但如何解释那些成功的例子呢（他们根本不指望能有这样的成功）？

对于这样的现象，专业治疗师见得比业余治疗师要少。事实上，有些精神科医生显然根本不愿相信这类事情的报道。但这一切都很容易检查、核实，因为这种事情在心理学家和社会工作者中很常见，更不用说在牧师、教师和医生中的情况了。

总结

如何解释这些现象？在我看来，只有借助动机和人际理论才能理解它们。显然，需要强调的不是治疗师有意识地说了什么、做了什么，而是在无意识中做了什么、感知到了什么。在上述所有的例子里，治疗师都对患者感兴趣，关心患者，并努力帮助他们，从而向患者证明了，他们至少在一个人的眼中是有价值的。由于在所有情况下，人们都认为治疗师是更明智、更年长、更坚强或更健康的人，所以患者也会感到更安全、受到了保护，因此不会感到那么脆弱和焦虑。愿意倾听、不责骂、鼓励坦诚、即便在罪孽被揭露后依然能接纳和认可、温柔与善良、让患者觉得有人站在他们一边——所有这些因素，再加上上面列出的因素，都有助于让患者产生一种被喜爱、被保护、被尊重的无意识觉知。正如前文所说，这些都是基本需求的满足。

显然，如果我们更加重视基本需求满足的作用，以补充那些更为人熟知的治疗决定因素（暗示、宣泄、顿悟，以及行为疗法等），那么比起仅考虑这些已知的过程，我们就能够解释更多的东西。在有些治疗现象中，这些需求的满足是唯一的解释——大概这些案例不太严重。在另一些治疗现象中（更严重的情况下），仅靠更复杂的治疗技术就能把问题充分地解释清楚，但如果把基本需求的满足也考虑在内（在良好的人际关系中，这种满足几乎是自动实现的），将它也作为一个决定因素，那我们就能更充分地理解这些现象。

良好的人际关系

对于人际关系（如友谊、婚姻等）的分析最终都会表明：①基本需求**只能**在关系中得到满足；②这些需求的满足正是我们此前所说的基本治疗药物，即给予安全、爱、归属感、价值感和自尊。

在分析人际关系的过程中，我们必然会发现，区分关系的好坏既是可能的，也是必要的。根据关系满足基本需求的程度，可以非常有效地做出区分。因此，一段关系——友谊、婚姻、亲子关系，只要它支持或促进了归属感、安全感、自尊（以及最终促进自我实现）的满足，就能（在一定限度上）定义它在心理上是好的关系；只要没有支持或促进这些需求的满足，那这段关系就是坏的。

树木、山峰甚至连狗都不能满足这些需求。只有从另一个人那里，我们才能得到足够的尊重、保护和爱，也只有对另一个人，我们才能最充分地给予这些东西。然而我们发现，这些正是好朋友之间、好爱人之间、好父母和好孩子、好老师和好学生相互给予的东西。这些正是我们想从**任何**一段良好的人际关系中寻求的满足。而这些需求的满足，正是造就优秀人类的必要前提；反过来，造就优秀的人类又是所有心理治疗的最终目标（甚至是直接目标）。

因此，我们界定良好人际关系的理论体系所带来的全面启示是：①心理治疗在本质上并不是一种独特的关系，因为它的一些基本特点存在于**所有**"良好"的人际关系中；②如果这种说法成立，那么从心理治疗作为一种或好或坏的人际关系的本质来看，心理治疗的人际层面必须受到比现在更为彻底的评估。[①] 一段良好友谊的价值可能完全是无意识的，但这并不会大大削减其价值；同样，治疗关系中的这些特点也可能是无意识的，但这

---

① 　如果我们暂时只看那些较轻的案例——那些能够直接接受爱和尊重的患者（我相信这些人在人群中占多数），就更容易接受这些结论。神经症需求的满足及其结果等问题必须以后再讨论，因为这个问题非常复杂。

也不会削减其影响力。这种无意识的特点与这一毋庸置疑的事实并不矛盾：如果充分意识到这些关系的特点，并有意识地利用这些特点，将会大大增加这些关系的价值。

友谊：爱与被爱

那么，以良好的友谊（无论是夫妻之间、父母与子女之间，还是普通的人与人之间）作为良好人际关系的范例，稍加仔细审视，我们就能发现，这些友谊能提供的满足，远超我们所说过的那些。坦诚、互信、诚实、不设防御等特点，不仅具有表面上的价值，还可以说具有一种额外的表达、宣泄的价值（见第 6 章）。一段可靠的友谊也能允许我们表现出健康的被动性、松弛感、孩子气和愚蠢。这是因为，如果关系中没有危险，对方爱的、尊重的是我们的真实自我，而不是我们戴的面具或扮演的角色，那么我们就能做真实的自己，在感到脆弱时展现脆弱，在感到困惑时受到保护，在我们希望卸下成年人的责任时变得天真幼稚。此外，一段真正好的关系还能促进顿悟（即便是弗洛伊德所说的顿悟），因为一位好朋友、好配偶能够畅所欲言，为我们提供相当于分析性解释的真知灼见，以供我们考虑。

良好的人际关系还具有广义上的教育价值，对此我们谈得还不够。我们不仅希望得到安全、被人喜爱，还希望不断求知、满足好奇、揭开每个谜团、打开每扇大门。除此之外，我们还必须考虑到我们有探求哲理的冲动，我们希望在认知中构建世界、深刻理解世界，让世界具有意义。虽然一段良好的友谊或亲子关系能在这方面提供很多，但这种需求在（或应该在）良好的治疗关系中才能得到格外的满足。

最后，我们不妨谈谈一个显而易见（因而常被忽视）的事实：爱与被爱是一种巨大的快乐。[1] 在我们的文化中，公开表达情感的冲动，就像性与

---

[1]　我们对儿童心理学文献中的这种令人费解的疏忽深感震惊："孩子必须被爱""孩子必须表现良好，才能保住父母的爱"等，与此具有同等效应的是"孩子必须去爱""因为孩子爱父母，所以他会表现得很好"等。

敌意的冲动一样受到了严格的抑制，甚至更严重（Suttie，1935）。只有在极少数的关系中，我们才能公开表达爱意，也许只有在这三种关系中——父母与子女之间、祖孙之间以及夫妻和情侣之间。即便是在这些关系之中，我们也知道，这种爱的表达是多么容易遭到扼杀，掺杂尴尬、内疚、防御、角色扮演以及权力斗争。

治疗关系允许甚至鼓励用语言公开表达爱和情感的冲动，这一点再怎么强调也不为过。只有在这种关系中（以及在各种"个人成长"小组中），这种表达才会被视为理所当然、正常的；也只有在这种关系中，这种表达才能摆脱那些不健康的杂质，得到净化，发挥最大的效用。这些事实明确地指出，我们有必要重新审视弗洛伊德关于移情和反移情的概念。这些概念源于对疾病的研究，在处理健康的人的问题时太过局限。这些概念的内涵应该有所扩展，既包括病人，也包括健康的人；既包括非理性的人，也包括理性的人。

关系：治疗的前提

人际关系至少可以在三种不同的特性上做出区分：支配与从属、平等、冷漠或放任。这些特性已经体现在不同领域中，包括治疗师与患者的关系。

治疗师可能会认为自己是患者的上级，需要管理患者，发挥积极的决定作用；他也可能认为自己是患者的同伴，为了一个共同的任务而努力；他还可能把自己变成患者的一面镜子，保持冷静、不动声色，决不投入情感，决不亲近，永远保持超然。最后一种是弗洛伊德所推荐的关系，但实际上，另外两种关系才是最常见的，然而正统思想对于这种治疗师对被分析者的正常人类情感只有一种标签——反移情。也就是说，这种情感是非理性、病态的。

如果说治疗师和患者的关系是一种媒介，通过这种媒介，患者可以获得必要的"药物"（就像水是一种媒介，鱼可以在其中找到它需要的所有东西一样），我们就必须考虑哪种媒介最适合哪位患者，而不是哪种媒介本身最好。我们必须提醒自己，不要只选择一类关系作为坚实的基础，进而排斥其他关系。对于一位优秀的治疗师而言，他不可能不用到所有这三种关系，以及其他可能尚未发现的关系。

虽然从上文可以看出，一般的患者在温暖、友善、民主的伙伴关系中会发展得最好，但对很多人来说，这并**不是**一种最好的氛围，因此我们不能把这种关系变成规定。对于更严重的、慢性的、稳定的神经症病例来说尤其如此。

有一些较为专制的人，他们会把善良等同于软弱，绝不能让他们轻易对治疗师产生蔑视。为了患者的最终利益，我们可能必须严加控制，非常明确地限制放任的态度。兰克学派①在讨论治疗关系的局限性时特别强调了这一点。

还有些人，他们已经学会了把情感看作陷阱或圈套，他们面对任何情感都会焦虑地退缩，除了冷漠。极度内疚的人可能**要求**受到惩罚。轻率而有自毁倾向的人可能需要积极的命令，以防止他们对自己造成不可挽回的伤害。

但是，治疗师应该尽可能地意识到他们与患者之间的关系，这条规则是没有例外的。就算他们因为自己的性格，会自然而然地倾向于一种关系，而非另一种关系，但考虑到患者的利益，他们应该能够控制自己。

在任何情况下，如果治疗关系不好，无论是从总体上看，还是从患者的角度来看，那么任何其他心理治疗资源恐怕都难以产生很大的作用。之所以在很大程度上如此，是因为这样的关系往往无法深入，或者会很快破裂。即使患者坚持与他很不喜欢、怨恨或使他感到焦虑的治疗师待在一起，治疗时也容易自我防御、反抗，患者很容易把自己的主要目标变成让治疗师不高兴。

---

① 指的是以奥托·兰克（Otto Rank）为代表的精神分析学派，奥托·兰克提出了意志疗法。——译者注

总而言之，尽管建立令人满意的人际关系可能本身不是目的，而是达成目的的一种手段，但我们仍然必须将其视为心理治疗的必要条件，或者非常有益的先决条件，因为这种关系通常是发放所有人类都需要的终极心理"药物"的最佳媒介。

治疗：关系培训

这种观点还有其他有趣的启示。如果心理治疗的最终本质就是向患者提供他本应从其他良好的人际关系中获得的东西，那么这就等于把心理上的患者定义为从未与他人建立过足够好的关系的人。这与我们之前对患者的定义并不矛盾——患者就是没有得到足够的爱、尊重等东西的人，而他们只能从他人那里得到这些东西。虽然这两个定义是一个意思，但会把我们带往不同的方向，让我们看到治疗的不同方面。

对疾病的第二种定义会带来一个结果，那就是它会给心理治疗关系注入另一种含义。因为大多数人认为治疗关系是一种孤注一掷的举措，是最后的救命稻草，而且因为进入这种关系的人大多是患者，所以就连治疗师自己也认为这种关系本身是奇怪、异常、病态、不同寻常的，就像手术一样，是一种不幸的必要措施。

人们在进入其他有益的关系，如婚姻、友谊或伙伴关系时，当然不会持有这样的态度。但是至少从理论上讲，心理治疗类似于友谊，就像它类似于手术一样。因此，我们应该把心理治疗关系视为健康、有益的关系，甚至在某种程度上，在某些方面，是人类之间**理想**的关系之一。从理论上讲，治疗关系应该是值得期待、值得我们热切地投身其中的。这**应该**是根据前面的思考能得出的结论。然而，实际上我们知道这种情况并不是常态。当然，大家都认识到了这种理论与现实的矛盾，但我们不能用"神经症患者对疾病的顽固坚守"来解释这种现象。这种现象还必须用另外一种方式来解释：不仅患者误解了治疗关系的基本性质，许多治疗师也有所误解。我们发现，如果我们按照上面的说法，向潜在的患者解释治疗关系，而不是给出往常那样的解释，他们就更愿意接受治疗。

将治疗定义为人际关系的另一个结果是，我们可以将治疗的一个方面描述为技能训练：教会患者如何建立良好人际关系（在没有特殊帮助的情况下，慢性神经症患者无法做到这一点），证明建立良好关系是可能的，并发现这种关系多么令人愉快、成果丰硕。我们希望患者可以通过训练，与其他人建立深厚、良好的友谊。如此推想可知，患者就可以像我们大多数人一样，从我们的朋友、孩子、妻子或丈夫以及同事那里获得所有必需的心理"药物"。从这个观点来看，还可以用另外一种方式来定义治疗，那就是让患者做好准备，独立地建立所有人都渴望的良好人际关系——相对健康的人都可以从这样的关系中获得他们所需的诸多心理"药物"。

从上述思考中还可以得出另一个推论：在理想情况下，患者和治疗师应该相互**选择**；而且，这种选择不应该仅基于声望、费用、专业培训、技能等，还应该基于普通人对彼此的喜爱。我们很容易从逻辑上证明，这种观念至少应该能缩短治疗所需的时间，使患者和治疗师都更轻松，更有可能接近理想的治愈，让整个体验对双方都更为有益。这样的结论还会带来其他推论：在理想的情况下，两个人的背景、智力水平、经历、宗教、政治倾向、价值观等方面应该更加相似，而不是更加悬殊。

现在我们肯定已经清楚，治疗师的人格或性格结构肯定是至关重要的因素之一，甚至是最为重要的因素。他们必须是很容易进入理想人际关系（也就是心理治疗）的人。不但如此，他们还必须能够与多种不同类型的人（甚至所有人）做到这一点。他们必须热情、有同情心，还必须有足够的自信，从而能够尊重他人。他们在本质上应该是民主的人，从心理上讲，他们会以基本的尊重对待他人——仅仅因为他们是人，是独一无二的。换言之，他们应该在情感上有安全感，应该有健康的自尊。此外，在理想情况，他们的生活境况应该很好，这样他们就不会沉溺在自己的问题里了。他们应该婚姻幸福，经济宽裕，益友相伴，热爱生活，通常有能力享受美好的时光。

最后，所有这一切都意味着，我们完全可以再好好考虑一下那个早早被下了定论的问题（精神分析师的定论）：治疗师和患者在正式治疗结束之后，甚至在治疗的过程之中，能否继续维持社交关系？

日常生活即治疗

我们已经扩展并泛化了心理治疗的最终目标，以及达成这些目标的具体"药物"，因此我们已经在逻辑上尽力拆除心理治疗与其他人际关系、其他生活事件之间的隔阂了。那些出现在普通人生活中的事件和关系，能够帮助他们朝着专业心理治疗的最终目标前进。即使这些事件和关系出现在诊疗室之外，没有专业治疗师的帮助，它们也完全可以被称为心理治疗。因此，探讨美满的婚姻、良好的友谊、称职的父母、称心的工作、优秀的老师等带来的日常奇迹，完全应当是心理治疗研究的题中之义。从这种看法中可以直接得出一些原则，其中的一个就是，只要患者能够接受并处理治疗性关系，专业性治疗就应该比现在更多依赖于引导患者进入这种关系。

当然，作为专业人士，我们没必要害怕把保护、爱和尊重他人这些重要的心理治疗工具交给业余治疗师。尽管这些确实是强大的工具，但它们并不危险。我们可以认为，在通常情况下，我们的爱和尊重不会伤害他人（除了偶尔有之的神经症患者，但不管怎样，他们的状况已经很差了）。我们完全可以认为，关心、爱和尊重这些力量几乎总是有益，而不是有害的。

接受了这一点，我们就必须明确地相信，不仅每个好人都是潜在的、无意识的心理治疗师，而且我们也必须接受这样的结论：我们应该认可、鼓励并教授这种治疗。至少这些基本原理（我们可以称之为非专业的心理治疗方法），可以从童年开始就教给所有人。公共心理治疗（借用公共卫生政策与私人医疗实践之间的区别来做类比）有一个明确的任务，就是教授这些事实，广泛地传播这些事实，确保每一位教师、每一位父母——在理想情况下，每一个人都应该有机会理解并运用这些知识。人总是会向他们尊敬和爱戴的人寻求建议与帮助。心理学家没有理由不像宗教信徒一样，为这一古已有之的现象赋予明确的形式，给予明确的表述，并大加鼓励和推广。让人们清楚地认识到，每当他们威胁、羞辱、不必要地伤害某人，或者压迫、排斥另一个人时，他们就会成为制造心理病态的力量，即便这种力量很小。让他们也认识到，每一个善良、乐于助人、正直、民主、情深义重、温暖的人都是一股心理治疗的力量，哪怕这种力量很小。

自我治疗

这里提出的理论有一个启示：与人们通常的认识相比，自我治疗不但具有更大的可能性，也具有更大的局限性。如果所有人能学着了解自己缺少什么，自己的基本欲望是什么，并大致了解这些因基本欲望得不到满足产生的症状，他们就能有意识地弥补这些缺失。我们完全可以说，根据这一理论，大多数人都有能力治愈自我，摆脱我们社会中普遍存在的多种轻微的适应不良症状。这种可能性比他们意识到的更大。来自他人的爱、安全、归属和尊重，几乎是治疗情境性障碍，甚至一些轻微性格问题的灵丹妙药。如果人们知道他们应该拥有爱、尊重、自我尊重这样的东西，他们就会有意识地去寻找。当然，每个人都会同意，有意识地去寻找这些东西，比在无意识中弥补这些缺失更好、更有效。

与此同时，即使许多人意识到了这种希望，拥有了更大的自我治疗的可能性，有些问题仍然只能向专业人士求助。比如，在严重的性格问题或存在性神经症的案例中，在为患者做任何事情之前，治疗师都必须清晰地了解产生、加剧和维持这种障碍的动力，否则治疗只能起到稍加改善的作用。在这种情况下，治疗师必须用尽一切必要的方法，让患者产生有意识的顿悟。这些方法目前还无可替代，只有经过专业训练的治疗师才能使用。只要是严重的疾病，仅靠外行人或智慧老妪的帮助，十有八九都是无法永久治愈的。这是自我治疗的基本局限性。[①]

---

① 自从有人首次论述这个问题以来，又出现了霍妮（Horney，1942）和法罗（Farrow，1942）关于自我分析的有趣著作。他们的观点是，个人通过自己的努力，可以达到专业分析所能达到的那种顿悟，但程度上有所不及。大多数分析师并不否认这一点，但认为这是不切实际的，因为这类患者需要非凡的动力、耐心、勇气和毅力。我相信许多关于个人成长的书也有这样的作用。这些书当然是有帮助的，但如果没有专业人士或"向导"、古鲁、引路人或类似的人的帮助，就不能指望这些书籍带来巨大的转变。

团体治疗

我们的心理治疗理论的最后一项启示，就是应该更加尊重团体治疗、T团体等治疗形式。我们已经多次强调了心理治疗和个人成长是一种人际关系，仅凭这一点我们就应该感觉到，治疗范围从两个人扩展为更大的团体，很可能是有益的。如果普通的治疗可以被看作一个双人的微型理想社会，那么团体治疗则可以被看作一个 10 人的微型理想社会。我们已经有强烈的动机去尝试团体治疗——这样不但能节省金钱和时间，还能让越来越多的患者更容易获得心理治疗。除此之外，我们现在还有一些实证的数据表明，团体治疗和 T 团体可以做到一些个体心理治疗做不到的事情。我们已经知道，如果患者发现，团体中的其他成员与他各方面相似，他的目标、冲突、满足和不满足、隐藏的冲动和想法几乎在整体社会中是普遍存在的，那他就很容易摆脱那种独特、孤立、内疚或罪恶的感觉。这就减少了这些隐秘的冲突和冲动的心理致病效应。

实践也证实了另一个关于治疗的期望。在个体心理治疗中，患者能学会至少和一个人（治疗师）建立良好的人际关系。然后，我们希望患者能将这种能力迁移到他们一般的社交生活中去。他们通常能做到，但有时不能。在团体治疗中，患者不仅能学习如何与至少一个人建立良好的关系，实际上还要在治疗师的监督下，与整个团体中的其他人一起练习这种能力。总的来说，现有的实验结果虽说不会令人吃惊，但肯定是鼓舞人心的。

正是由于这些实证数据和理论推论，所以我们应该敦促研究者对团体心理治疗进行更多的研究。这不仅是因为团体治疗是专业心理治疗的前景所在，也是因为它肯定能教给我们很多关于一般心理学的理论甚至广义的社会理论的知识。

T 团体、基础会心小组、敏感性训练，以及所有其他可以算作个人成长团体，或者情感教育研讨会、工作坊的团体活动，都能起到这样的作用。虽然在程序上有很大的不同，但这些方法可以说与心理治疗具有相同的**远期**目标，即自我实现、完整的人性、更充分地发挥人类与个人的潜能等。

就像任何一种心理疗法一样，如果由能者实施，这些方法也可以创造奇迹。但现有的经验足以告诉我们，如果管理不善，这些方法也可能是无用或有害的。因此，还需要更多的研究。这个结论当然不会令人意外，因为外科医生和所有其他专业人士的工作也是如此。但是，我们也没有解答这个问题：外行或业余者应该**如何**选择有能力的治疗师（医生、牙医、古鲁、导师或教师），避开不称职的人？

良好的社会

何谓良好的社会

与前文探讨的良好人际关系的定义类似，我们也可以探讨一下，（目前）恰当的良好社会的定义能给我们带来哪些启示。这里所谓的良好社会，就是能最大限度地让社会成员成为健全的自我实现者的社会。这又意味着，良好社会的制度安排是为了最大限度地培养、鼓励、奖励、促成良好的人际关系，并尽量减少不良的人际关系。从上述的定义和特性可知，好的社会是心理健康的社会，而坏的社会是心理病态的社会。这种区别意味着基本需求的满足与受阻（也就是没有足够的爱、情感、保护、尊重、信任和真理，反而有太多的敌意、羞辱、恐惧、蔑视与压迫）。

应该强调的是，社会与体制中的力量会促进治疗性或致病性的结果（使这种后果变得更容易产生、更占优势、更有可能出现，让它们产生更大的原发性、继发性效果）。这些力量并不**一定**造成这些结果，也不会让这些结果变得不可避免。我们对简单社会和复杂社会的各类人格有足够的了解，能够尊重人性的可塑性和复原力，也能尊重特殊个体的性格结构中特有的"固执倾向"——这种固执使得这些人能够抵制甚至违抗社会的力量（见第11章）。人类学家似乎总能在残酷的社会中找到善良的人，在和平的社会里找到好战的人。我们现在知道，不能像卢梭那样把人类**所有**的弊病归咎于社会安排，我们也不敢指望仅仅社会的进步就能使所有人变得幸福、健康和明智。

就我们的社会而言，我们可以从不同的角度来看待它，这些视角各有各的用处。例如，我们可以为我们的社会或其他任何社会设置一个均值，并将这个均值贴上"相当病态"或"极度病态"等标签。然而，对我们更有益的做法是，衡量、比较社会中引发疾病的力量与促进健康的力量。我们的社会显然在不稳定的平衡中摇摇欲坠，控制权时而掌握在一组力量手中，时而又掌握在另一组力量手中。我们完全可以对这些力量进行衡量与实验。

我们暂且放下这些一般性的问题，转而考虑个人心理的问题。我们首先要处理的是人对于文化的主观解释这一问题。从这个角度来看，我们完全可以说，对于神经症患者来说，社会是病态的，因为他们在社会中看到的主要是危险、威胁、攻击、自私、羞辱和冷漠。当然，我们也都知道，他们的邻居在看待同样的文化和同样的人时，可能会觉得社会是健康的。这两种结论在**心理**上并不矛盾。它们可以在心理上共存。因此，每一个患有严重疾病的人，在主观上都活在一个病态的社会里。综合这一观点与我们之前对心理治疗关系的讨论，我们可以得出一个结论：可以说，治疗是在试图建立一个微型的良好社会。即使大多数成员都认为社会是病态的，这种说法也是成立的。在这个问题上，我们必须提防过于极端的主观主义。在病人看来有病的社会，在更为客观的意义上也是不好的（即便对于健康人也是如此），即便只是因为它能产生神经症患者。

社会如何影响人性

因此，从理论上讲，心理治疗就是在社会层面与病态社会的基本力量和倾向相抗衡。或者，从更一般的意义上说，无论一个社会的总体健康或病态程度如何，治疗都相当于在个人层面与社会中孕育疾病的力量作斗争。可以说，心理治疗试图力挽狂澜，推动内在的进步，产生真正意义上的革命性、全然的转变。因此，所有心理治疗师都在（或应该在）小范围内而非大范围内，与社会中的心理致病力量作斗争。如果这种力量占据了基础的、主要的地位，那么治疗师实际上是在与社会作斗争。

　　显然，如果心理治疗的规模能极大地扩展，如果心理治疗师每年能治疗几百万个患者，而不是每年治疗几十人，那么这些反抗我们社会本质的微小力量，就会变得更加显眼。社会将会改变，这是毫无疑问的。首先，人际关系的特点会发生某些变化，比如与好客、慷慨、友善等品质有关的变化。当足够多的人变得更好客、更慷慨、更善良、更善于社交的时候，我们相信他们肯定会推动法律、政治、经济和社会方面的变革（Mumford，1951）。也许 T 团体、会心小组和许多其他类型的"个人成长"团体与课程的迅速普及，能对社会产生明显的影响。

　　在我们看来，无论多么好的社会都不能完全消除疾病。如果威胁不是来自他人，那总会来自大自然、死亡、受挫、疾病，甚至来自这样一个单纯的事实：我们共同生活在一个社会里，虽然我们因此受益，但我们也必须调整我们满足自身欲望的方式。我们也不敢忘记，人性本身滋生了许多邪恶，即使这种邪恶不来自天生的恶意，也来自无知、愚蠢、恐惧、误解、笨拙等（见第 8 章）。

　　这里包含了极其复杂的相互关系，很容易引起误解，也很容易说出让人误解的话。也许我可以避免这种情况，也不必说得太多，而是让读者参考我在一次关于乌托邦社会心理学的研讨会上，为我的学生准备的一篇论文（Maslow，1968b）。这篇论文强调实证的、可以解答的实际问题（而不是遥不可及的幻想），并且坚持使用程度性的表述，而不是非此即彼的表述。这篇文章由一系列问题构成：人性允许我们建立一个多好的社会？社会允许人性有多好？考虑到人性有诸多固有的局限，我们能指望人性有多好？考虑到社会本质中存在的固有困境，我们能期待拥有一个多好的社会？

　　我个人的判断是，完美的人是不存在的，甚至是不可想象的，但人类进步的可能性比大多数人认为的要大得多。至于完美的社会，在我看来似乎是一个不可能的希望，尤其是考虑到这样一个明显的事实：我们连建立一段完美的婚姻、完美的友谊或完美的亲子关系都几乎是不可能的。如果在两个人、一个家庭、一个群体中，纯粹的爱都那么难以实现，那么在 2

亿人中呢？ 30 亿人中呢？然而，夫妻、群体和社会的关系有好有坏，而且显然是可以改进的（不过不能达到完美的地步）。

此外，我觉得我们已经足够了解如何改善夫妻、群体和社会的关系，可以否定投机取巧的可能性了。要让一个人得到改善，要做出持久的改变，可能需要多年的治疗工作。即便如此，"改善"的主要方面也在于，使这个人能够继续投身于改善自己的终生任务。在转变、顿悟或觉醒的重大时刻，的确会产生瞬间的自我实现，但这种情况极其罕见，不应指望它的发生。精神分析师很早就学会了不能仅仅依靠顿悟，而是要强调"修通"，即通过长期、缓慢、痛苦、反复的努力，来使用和应用这种顿悟。在东方，精神导师通常也会提出同样的观点，即改善自身是终生的事业。T 团体、基础会心小组、个人成长、情感教育等团体的那些思考更深、更清醒的领导者，也正在慢慢意识到这一点，他们正在逐渐放弃自我实现的"大爆炸"理论。

这个领域内的所有观点当然都必然是以"程度"来看待问题的，如下面几点所示。①整体社会越健康，个体心理治疗存在的必要性就越小，因为患病的个体更少。②整体社会越健康，病人就越可能在没有专业治疗干预的情况下得到帮助或获得治愈，也就是通过良好的生活经历获得治愈。③整体社会越健康，治疗师就越容易治愈患者，因为简单的需求满足疗法更容易为患者所接受。④整体社会越健康，顿悟疗法就越容易治愈患者，因为有很多良好的生活经历、良好的关系等能提供支持。此外，战争、失业、贫困和其他社会致病因素的影响都相对不存在。显然，这种容易检验的定理可能有好几十个。

有些关于个人疾病、个体治疗与社会本质之间的关系的说法，有助于解决那些人们常说的悲观悖论：在一个制造疾病的病态社会中，我们怎么可能做到健康或改善健康呢？当然，这种困境中隐含的悲观主义，与自我实现者和心理治疗的存在是矛盾的。自我实现者与心理治疗的存在，证明了改善健康的可能性。即便如此，用一种理论来说明健康**如何**成为可能，也是有所帮助的，即便这只是为了让我们能用实证的方法来研究这整个问题。

专业心理治疗

技术

一个人所患的疾病越严重，他就越不容易从需求的满足中获益。在连续变化的程度中，存在着这样的节点：①到了一定的程度，人们往往根本不会寻求或渴望基本需求的满足，因为他们已经放弃了，转而去寻求神经症需求的满足；②即便有人满足了患者的这些需求，他们也无法从中获益。向他们表达情感是没用的，因为患者害怕情感、不信任情感、误解情感，最后只会拒绝情感。

正是在这种时候，专业的（顿悟）治疗不仅是必要的，而且是不可替代的。任何其他疗法都不行，暗示、宣泄、症状治疗、需求满足统统不行。因此，可以说，越过了这个节点，我们就进入了另一个国度——这个国度有着自己的法律，而本章目前所讨论的所有原则，除非加以修改和限定，否则就都不再适用了。

专业与非专业治疗之间的差别是巨大而重要的。随着 20 世纪心理学的发展，从弗洛伊德、阿德勒等人的革命性发现开始，人们已经把心理治疗从一门无意识的艺术转变为一门有意识的应用科学了。现在有了一些可用的心理治疗工具，但这些工具并不能自动地为健康的常人所用；只有那些足够聪明，还接受过严格训练的人才能使用这些新技术。这些是人造的技术，不是自发的、无意识的技术。这些技术可以通过某种方式传授，而这种传授不会受到心理治疗师性格结构的影响。

在这里，我们只想谈谈这些技术中最重要且最具革命性的一种：给患者带来顿悟，也就是让他们意识到自身的无意识欲望、冲动、抑制和想法（遗传分析、性格分析、阻抗分析、移情分析）。正是这种工具让那些有着必要的良好人格的专业心理治疗师，比那些只有良好人格，却没有专业技术的人拥有了巨大的优势。

　　这种顿悟是如何产生的？到目前为止，大多数（甚至所有）实现顿悟的技术，并没有超出弗洛伊德所阐述的范畴。自由联想、解析梦境、解读日常行为背后的意义，是治疗师帮助患者了解自己、获得有意识的顿悟的主要途径。还有几种其他可能的途径，但它们的重要性要小得多。放松技术，以及诱发并利用某种形式的解离的各种技术，并不像所谓弗洛伊德学派的技术那么重要，尽管这些技术在今天并不少用。

　　在一定限度内，只要一个人智力良好，愿意接受精神病学和精神分析研究所、临床心理学研究生院所提供的适当培训课程，他就能掌握这些技术。诚然，正如我们所料，不同的人使用这些技术的有效性存在差异。在学习顿悟疗法的学生中，有些人似乎比其他人有更强的直觉。我们也怀疑，那些我们称为"人格良好"的人，会比没有这种人格的治疗师能更有效地运用这些技术。所有精神分析学院都对学生的人格有要求。

　　弗洛伊德留给我们的另一项新的伟大发现是，他认为心理治疗师必须自我理解。尽管精神分析师认为治疗师有必要获得这种顿悟，但其他派别的心理治疗师还没有正式承认这一点。这是错误的。从我们提出的理论可以得出，任何能改善治疗师人格的力量，都会使他们成为更好的治疗师。精神分析师或其他深度疗法的治疗师，都能帮助治疗师认识自己。即使有时不能完全治愈疾病，至少也可以让治疗师意识到哪些东西可能会威胁他们，意识到内心的主要冲突与受挫。这样一来，当治疗师与患者一起工作时，他们就能忽略内心的这些干扰，并做出纠正。由于治疗师始终能意识到这些问题，所以他们就能用智慧来调整它们。

　　正如我们所说，在过去，治疗师的性格结构比他们秉持的任何理论都重要得多，甚至比他们有意识使用的技术更重要。但是随着专业的治疗变得越来越复杂，性格结构必然会变得越来越不重要。对于一位优秀的心理治疗师而言，性格结构的重要性已经在慢慢下降了，而且在未来肯定会继续下降，而培训、智力、技术和理论则会逐步变得越来越重要，直到未来的某个时候，我们可以肯定，这些东西将变得至关重要。我们曾经会赞扬智慧老妪的心理治疗技术，原因很简单，首先，因为在过去，她们是唯一的心理治疗师；其次，即使在现在和将来，她们也将永远是重要的，因为她们能提供我们所说的非专业心理治疗。然而，用抛硬币的方式来决定是去找牧师告解，还是去找精神分析师做治疗，已经不再是明智或合理的做法了。优秀的专业心理治疗师已经把依靠直觉的助人者远远地抛在了后面。

我们可以设想，在不太遥远的将来，尤其是在社会进步的情况下，专业心理治疗师将不会再做安慰、支持和满足其他需求等事情，因为我们将从业余治疗师那里得到这些东西。一个人的疾病，远非简单的满足疗法或释放疗法所能治愈，只有专业的技术才能做到，而非专业的治疗师不会使用这些技术。

矛盾的是，从前文的理论中也能得出完全相反的结论。如果相对健康的人更容易接受治疗，那么很有可能，很多专业心理治疗的时间只会用于治疗最健康的人，而不是最不健康的人，因为一年改善十个人比改善一个人更好，尤其是当这些少数人本身就是重要的非专业心理治疗师（如教师、社会工作者和医生）时。这种情况在很大程度上已经发生了。经验丰富的精神分析师和存在主义分析师把大部分时间都用在了培训、教育和分析年轻的治疗师上。现在，治疗师常常也会为医生、社会工作者、心理学家、护士、牧师和教师授课。

顿悟与需求满足

在结束顿悟疗法这个话题之前，我们最好解决了顿悟与需求满足之间隐含的二分对立问题。纯粹认知的、理性主义的顿悟（冷冰冰的、不带感情色彩的认识）是一回事，有机体的顿悟则是另外一回事。弗洛伊德学派有时会谈到的全面顿悟是，认识到仅仅了解自身的症状往往并不能治愈疾病，即使再加上对于症状来源的了解、对于症状在当下心理机制中的动力作用的了解也是如此。要治愈疾病，还应该有一种情绪体验、体验的真实重现、宣泄和反应。也就是说，全面的顿悟不仅仅是一种认知体验，也是一种情绪体验。

　　更为微妙的一点在于，这种顿悟往往是一种意动的、满足需求的体验，或者是一种受挫体验，是一种被爱，或被人抛弃，或被人鄙视，或被人排斥，或被人保护的真实感受。因此，我们最好将分析师所说的那种情绪视为一种对于觉察的反应。例如，一个男人生动地重温了 20 岁时的体验，意识到自己的父亲是真的爱他，而他此前一直在压抑或错误地理解这一事实；或者一个女人体验了某种正常的情绪，突然意识到，她恨她的母亲，而她此前一直以为自己爱着母亲。

　　这种丰富的体验，是认知、情绪和意动三合一的体验，我们可以称之为有机体的顿悟。但是，要是我们主要研究的是情绪体验呢？同样，我们要不断扩展这种体验，将意动元素包含进来。这样一来，我们最终会发现，我们在谈论的就是有机体的或整体的情绪（或其他类似的概念）。对于意动体验也是如此，我们也能将其扩展，容纳整个有机体的非功能性体验。最后一步是要认识到，除了研究者的视角不同之外，有机体的顿悟、情绪和意动之间没有区别。我们会清晰地看到，最初的二分对立不过是过度原子论的研究方法造就的人为产物。

CHAPTER 10

第10章

通往正常与健康之路

扫码收听音频导读

　　"正常"与"异常"这两个词，涵盖了许多不同的含义，以至于它们几乎毫无用处。今天，心理学家和精神病学家有一种强烈的倾向，那就是用从属于这两个分类的具体概念，来代替这两个十分笼统的词语。这就是我们要在本章做的事情。

　　一般而言，人们要么从统计学的角度，要么从文化相对性的角度，要么从生物与医学的角度来尝试为"正常"下定义。然而，这些只是**正式**的定义，是冠冕堂皇的定义，而不是日常使用的定义。这个词的非正式含义与专业含义一样明确。大多数人在问"什么是正常"时，心里往往在想着另外一个概念。对于大多数人来说，甚至对于非正式场合下的专业人士来说，这是一个价值观问题，实际上是在问我们应该重视什么，对我们来说什么是好，什么是坏，我们应该担心什么，我们应该对什么感到内疚或问心无愧。我选择在专业和非专业的意义上解释本章的标题。在我看来，这个领域内的大多数专业人员也是这样做的，不过他们大多数时候都不承认这一点。关于"正常"应该代表什么意思的讨论有很多，但是关于在特定的语境下、正常的对话中，"正常"**实际上**代表什么意思的讨论却很少。在

144

我的治疗工作中，我总是在说话者的语境下来解释正常与异常的问题，而不用专业性的解释。当一位母亲问我，她的孩子是否正常时，我想她是在问，她是否应该为此感到担心，她是应该改变她控制孩子行为的做法，还是应该顺其自然，不去操心。当人们在讲座结束后询问性行为是正常还是异常时，我也是以同样的方式理解他们的问题的，我的回答常常隐含着"要注意"或"别担心"的意思。

我认为，精神分析师、精神病学家和心理学家现在对这个问题重新产生兴趣，真正的原因是，他们觉得这是**最**重要的价值观问题。例如，当埃里克·弗洛姆谈起"正常"时，他是从善良、有益和有价值的角度谈的。这一领域的大多数作家也越来越有同感。坦率地说，现在和过去一段时间内，这种观点一直在努力构建一种价值观的心理学，这种心理学最终不仅可能成为哲学教授和其他专业人士的理论参考框架，也可能成为普通人的实用指南。

我还可以谈得更深一些。许多这样的心理学家（大多）越来越多地承认，这种构建价值观心理学的努力，是为了做到正式的宗教曾试图做，但做不到的事情。也就是说，是为了帮助人们理解人性（涉及人类自身、他人、一般社会、整体世界），为人们提供一种参照系，这样人们就能明白，应该在何时感到内疚，何时不应内疚。也就是说，我们正在建立一种科学的伦理。我非常希望我在本章中的论述也能朝着这个方向前进。

标准概念

在我们讨论这个重要的话题之前，先看看那些尝试描述和定义"正常"的专业性解释。这些解释都不太有效。

统计中的普遍现象

对人类行为的统计调查只能告诉我们，事实是什么，实际存在的现象是什么，而且完全不应带有评估的意味。然而，大多数人，甚至包括科学家在内，都缺乏足够的定力，以至于难免屈从于诱惑，去认同普遍现象，认同最普通、最常见的事情，这种情况在我们的文化中尤其普遍，因为我们的文化对普通人会产生强大的影响。例如，金赛（Kinsey）对性行为的出色调查就提供了非常有用的原始信息。但金赛博士和其他人会情不自禁地谈起什么是正常的（即理想状态）。在我们的社会中，有病的、病态的性生活（从精神病学的角度来说）是很普遍存在的。但这并不意味着这种性行为是理想或健康的。我们必须学会在想说"普遍"时说"普遍"。

另一个例子是格塞尔（Gesell）的婴儿发育规范量表，这个量表对科学家和医生来说当然是有用的。然而，如果婴儿在走路、用杯子喝水等方面的发育低于平均水平，大多数母亲都会担心，好像这是一件不好或可怕的事情。显然，在我们弄清楚什么是普遍现象之后，我们仍然必须问："普遍现象就是好的吗？"

社会常规

在无意识中，人们常把"正常"这个词与"传统""习惯"或"习俗"等同起来，通常是为了赞许传统。我还记得上大学时女性吸烟引发的骚乱。我们的女院长说，这不正常，于是禁止女生吸烟。在那时，女大学生在公共场合穿休闲裤或牵手也是不正常的。当然，女院长的意思是"这不符合传统"，这倒是没错；对她来说，这就意味着"这是不正常的、有病的，在本质上是病态的"，而这就完全错误了。几年后，传统变了，她被解雇了，因为那时**她的**规矩已经不"正常"了。

这种对"正常"的用法还有另一种表现形式，那就是用神学来赞许传统。人们常把所谓神圣典籍解读为行为规范，但科学家对此毫不关注，就像对待任何其他传统一样。

文化规范

最后，要定义何谓正常、理想、好或健康，文化相对性也算是一种被淘汰的评判方式。当然，人类学家起初帮了我们很大的忙，让我们意识到了我们的民族中心主义。根据我们的文化，我们一直在试图为各地建立绝对的、适用于全人类的行为标准，比如应该穿裤子，或者应该吃牛肉而不是狗肉。各民族广泛存在的复杂性已经消除了许多这样的观念，人们已经普遍认识到了民族中心主义是一种严重的危险。没有人能代表全体人类，除非他能超越自己本身的文化，或者脱离这种文化，进而有能力从一个物种的角度来评判人类，而不是从他周边群体的角度来评判。

被动适应

这种错误的主要形式，常见于"适应良好的人"这种概念。外行的读者可能会感到困惑，心理学家怎么会排斥这个看似合理、显而易见的概念？毕竟，每个人都希望自己的孩子能适应良好，成为群体的一员，受同龄人的欢迎、钦佩和喜爱。我们要提出一个重要的问题：适应**哪个**群体？纳粹，罪犯，不法之徒，瘾君子？受谁欢迎？被谁钦佩？在 H. G. 威尔斯（H. G. Wells）所作的精彩短篇故事《盲人谷》（*The Valley of the Blind*）中，几乎所有人都是盲人，而视力良好的人是适应不良的人。

适应意味着被动地接受文化和外部环境对自己的塑造。万一这是种病态的文化呢？或者再举一个例子，我们正在慢慢学会，不要从精神病学的角度对少年犯怀有成见，认为他们一定是坏人、不良少年。从精神病学和生物学的角度来看，儿童的违法犯罪、不良行为有时代表了对剥削、不公、不平等的**合理**反抗。

适应是一个被动而非主动的过程；只要乐于放弃自身的个性，任何人都能适应得很好，就连适应良好的疯子或囚犯也能做到这一点。

这种极端的环境决定论暗示，人具有无限的可塑性和灵活性，而现实则是不可改变的。因此这种观点强调的是现状难改、宿命难违。这也是不正确的。人类的可塑性**不是**无限的，现实也是**可以**改变的。

没有疾病

在另一种完全不同的传统中，医学、临床的习惯是用"正常"一词来指没有病灶、疾病或明显功能异常的情况。如果内科医生在彻底检查患者之后，没有发现任何身体问题，即便患者仍然疼痛，他依然会说患者是正常的。这位内科医生的意思是："根据**我的**专业技术，我没发现你有什么问题。"

受过一些心理学训练的医生，即所谓心身医学医生，他们能看到更多的东西，也会较少使用"正常"一词。事实上，许多精神分析师甚至会说没有人是正常的，即没有人是完全没病的。也就是说，没有人是没有瑕疵的。这倒是事实，但对我们的道德追求却没有多大帮助。

新的概念

我们已经学会了拒绝多种不合理的概念，取而代之的是什么新观念呢？本章关注的新参照系仍处于发展和建构的过程之中。目前还不能说它已经有了清楚的眉目，也不能说当前已有无可争议的证据支持它。公平地说，这种参照系是一种发展缓慢的概念或理论，似乎越来越有可能成为未来前进的正确方向。

具体来说，我对未来的"正常"这一概念的预测或猜测是：这是一种很快会发展出广义的、适用于全人类的心理健康理论，该理论适用于所有人，无论他们所处的文化和时代如何。这不仅是理论的发展，也是实证的发展。新的事实、新的数据已经在推动这种新思想的发展了，我们将在下文谈到这些事实和数据。

德鲁克（Drucker，1939）提出了一个论点：自基督教兴起以来，西欧先后被大约四种思想或观念所主导。这些思想观念讲的是个人应该如何寻求幸福与福祉。这些观念或迷思把某种类型的人当作理想之人，并普遍认为只要遵循这种理想，个人就一定能获得幸福与福祉。在中世纪，信仰虔诚的人被认为是理想的；而在文艺复兴时期，知识分子则被认为是理想的；

后来，随着资本主义的兴起，追求经济利益的人往往主导了关于理想的思潮；再后来，尤其是在法西斯国家，也可以说存在一种相似的迷思，也就是关于英雄的迷思（尼采所说的英雄）。

现在看来，似乎所有这些迷思都破灭了，现在正在让位于一种新的观念。这个观念正在该领域内最顶尖的思想家和研究者的头脑中慢慢形成，而且很可能在未来的一二十年内开花结果，这就是心理健康者、"优心态"者的概念。这些人实际上也是"自然"的人。我相信这个概念会像德鲁克提到的那些思想一样，深刻地影响我们这个时代。

现在，先姑且让我武断、简单地介绍一下这种新近发展起来的心理健康者概念的本质。第一，最重要的是，我们坚信每个人都有自己的本质，即某种基本的心理结构，我们可以像对待身体结构一样来看待和讨论它；每个人也都有某些需求、能力和倾向，这些需求、能力和倾向在一定程度上是基因所决定的，有些是所有人类都具有的特征，跨越了所有文化的界限，还有一些则是个人所独有的。这些基本需求从表面上看是好的、中性的，而不是坏的。第二，这种新思想涉及了一个概念，即全面的健康、正常与理想的发展在于实现人的这种本性，发挥这些潜能，并沿着这种潜在、隐蔽、隐约可见的基本本性所指出的路线发展成熟——这种发展是立足于内在的，而不是受到了外界的塑造。第三，我们现在已经清楚地看到，大多数心理病态结果都源于人性本质所遭受的否认、挫折或扭曲。①

---

① 乍一看，这种观念会让我们觉得很像过去的亚里士多德和斯宾诺莎（Spinoza）的思想。事实上，我们必须说，这种新观念与这些旧哲学有许多共同之处。但我们也必须指出，我们现在远比亚里士多德和斯宾诺莎更了解人类的真正本性。我们可以同意亚里士多德的假设，即美好的生活在于按照人的真实本性生活，但我们还必须补充说，他对人类的真实本性了解得还不够多。在描述这种本性或人性的固有特点时，亚里士多德只能观察四周，研究周围的人，观察他们是什么样子。但如果只能从表面上观察人类（亚里士多德只能做到这一点），那么最终只能得出人性的静态概念。亚里士多德唯一能做的，就是在他自己的文化和特定的时代内，描绘出一幅好人的图景。你们可能还记得，在亚里士多德关于美好生活的概念里，他完全接受奴隶制的存在，并且犯了一个致命的错误假定，即仅仅因为一个人是奴隶，就假定奴隶是此人的本质，因此这个人做奴隶就是一件好事。这就完全暴露了仅仅依靠表面观察来试图描述好人、健康人、正常人的做法有何弊端。

根据这个观念，什么才是好的？任何有助于推动人的理想发展，实现人类内在本性的事物。什么是坏的、异常的？任何挫败、阻碍、否定基本人性的东西。什么是心理病态的？任何干扰、挫败、扭曲自我实现过程的东西。什么是心理治疗，或者就此而言，所有的治疗或成长的实质是什么？任何能够帮助一个人回到自我实现的道路，帮助他沿着内在本性所指的方向发展的东西。

我们可能成为什么样的人

我想，如果我必须用一句话来概括"正常"的传统观念与新兴概念之间的差别，我会坚持认为，本质上的区别在于，我们不仅能看到人是什么样的，还能看到他们可能成为什么样的人。也就是说，我们不仅能看到表面，不仅能看到现实，还能看到潜能。对于隐藏在人类内部的东西，对于那些被压制、被忽略、被无视的东西，我们现在有了更多的了解。我们现在能根据人类的可能性、潜能和最远大的发展潜力来判断人类的本性，而不仅仅是依靠从外部观察此时此刻的情况。这种看法总结下来就是：历史实际上总是低估了人性。

相较于亚里士多德，我们具有的另一个优势是，我们从那些动力心理学家那里了解到，自我实现不能仅靠智力或理性来达成。你应该还记得，亚里士多德对人类的能力划分了等级，而理性在其中居于首位。这种划分必然会导致另一种观念，即理性与人类的情绪、本能天性是不同的，是相互斗争、相互矛盾的。但是，我们从心理病理学和心理治疗的研究中了解到，我们必须大幅修正我们对心理有机体的看法，平等地看待理性、情感，以及我们本性中意动（即渴望、促使人采取行动）的部分。此外，通过对健康人的实证研究，我们了解到这些东西绝对不是相互矛盾的，人性的这些方面也不一定是对立的，而是可以合作、协同的。健康的人是一个整体，也可以说是整合的。神经症患者与自己有矛盾，他的理智在与情感作斗争。这种分裂的结果是，不仅情感心理和意动心理遭到了误解和错误定义，而且我们现在还意识到，我们沿袭自过去的"理性"概念也遭到了误解和错误定义。正如埃里克·弗洛姆所说："理性会成为狱警，看守它关押的囚徒——人性，而理性也由此成了囚徒。这样一来，人性的两个方面——理性与情绪都变得残缺不全了。"（Fromm，1947）我们必须认同弗洛姆的观点，即自我的实现不能仅靠思维，还要依靠人类整体人格的实现。后者不仅包括了智力的积极表达，还包括情绪和类本能能力的积极表达。

一旦我们获得了可靠的知识，知道了人在我们所谓"良好"条件下能够成为什么样子，明白了人只有在实现自身潜能，成为他们能成为的人时，才能幸福、平静、自我接纳、不感到内疚、与自身和平共处，那么我们才有可能合理地讨论好与坏、对与错、理想与不理想的情况。

专业的哲学家可能会反对："你怎么能证明幸福比不幸福更好呢？"即便是这个问题也可以用实证的方式来回答。如果观察人类，我们就会发现，他们（是他们自己做出选择，而不是观察者替他做出选择）在条件允许的情况下会自发地选择幸福而不是不幸，会选择舒适而不是痛苦，会选择平静而不是焦虑。简而言之，在其他条件相同的情况下，人类会选择健康而不是疾病（即便真选择疾病，**他们**也会选择让自己不要病得太重，而且这种疾病会是我们之后会讨论的那种）。

这也回答了哲学上常有的、对于手段－目的这类价值命题的反对意见。我们对于这种手段－目的命题已经很熟悉了（如果你想要达成某个目的，你就应该采取某种手段，"如果你想活得更久，你就应该吃维生素"）。我们现在对这个命题有了不同的看法。我们通过**实证研究**，知道了人类想要什么——爱、安全、没有痛苦、幸福、长寿、知识等。因此，我们**不能**说"如果你想要幸福，那么……"，而应该说"如果你是一个健全的人，那么……"。

我们常随口说狗喜欢吃肉，而不喜欢吃沙拉，或者金鱼需要淡水，或者花在阳光下开得最茂盛，这些话在实证的角度上也都是对的。因此，我坚定地认为，我们一直在做描述性的、科学的陈述，而不是纯粹的规范性陈述。

"我们**能**成为什么人"等于"我们应该成为什么人",而且这种措辞比"应该成为"要好得多。请注意,如果我们说的话是描述性、实证性的,那么"应该"就完全是不当的措辞。如果我们去问花朵或动物,**它们**应该成为什么,就能清楚地看到这一荒谬之处。"应该"在这里有什么意义?小猫**应该**成为什么?对于人类的孩子来说,这个问题的答案,以及提出这个问题的目的都是相同的。

说得再直白一些,今天我们可以在某一时刻看出一个人的现状,看出他**可能**成为什么样的人。我们都知道,人类的人格是有层次、有深度的。尽管有意识与无意识的人格可能相互矛盾,但它们是共存的。一者是**存在的**(在某种意义上);另一者也是**存在的**(在另一种更深的意义上),并且**可能**在某一天浮现出来,成为意识,在**前者**的意义上**存在**。

在这个参照系内,你就能理解那些行为恶劣的人,在内心深处可能是有爱的。如果他们真能实现这种全人类共有的潜能,他们就会成为更健康的人,并且从这个特定的意义上讲,他们也会变得更正常。

人类和所有其他生物的重要区别在于,他们的需求、偏好和本能残余是**弱小**的,而不是强大的,是模棱两可的,而不是明确的;这些本能给怀疑、不确定和冲突留下了空间;它们很容易被文化、学习和他人的偏好所掩盖,进而被人忽视。长久以来,我们都习惯于认为,本能是明确无误、强大有力的(就像动物本能一样),以至于我们从没想到本能可能是**弱小**的。

我们确实有一种本性,一种结构,一种由类本能倾向与能力组成的模糊的骨架结构,但是要了解自身的这种结构,则是一项伟大而又困难的成就。要做到顺其自然,知道自己是什么人,知道自己**真正**想要什么,是一种难得的高境界,通常需要多年的勇气与努力。

与生俱来的人性

我们来总结一下。可以肯定的是，人类的固有特性或内在本质，似乎不仅仅是他们的解剖与生理构造，还包括他们最基本的需求、渴望与心理能力。此外，这种内在本性通常是不明显、不容易被看到的，是隐藏、未实现的，是弱的而不是强的。

我们怎么知道这些需求和素质潜能是与生俱来的特性？第 4 章列出了多种独立的证据和发现手段（也可参见 Maslow, 1965a），我们在此只提及其中最重要的 4 条。第一，这些需求与能力的受挫在心理上会致病（即使人生病）。第二，这些需求的满足能培养健康的性格（促成优心态），而满足神经症的需求则不能。也就是说，满足这些需求能让人更健康、更好。第三，在自由的情况下，这些需求会自发地表现出来，人会主动选择这些需求。第四，我们可以在相对健康的人身上直接研究这些需求。

如果我们希望区分基本需求与非基本需求，我们就不能只靠内省的方法审视有意识的需求，甚至不能只去描述无意识的需求。因为从现象学上讲，神经症的需求与固有的需求可能十分相似。这两种需求都要求满足，都试图独占我们的意识，而且在内省的时候，它们之间的特点差异不足以让人区分开来，除非在临终之时回顾（就像托尔斯泰笔下的伊万·伊里奇一样）或者在特殊的时刻顿悟。

不，我们必须让某些其他外在变量与之相关，与之共变，才能认清基本需求。实际上，另一个变量就是神经症 – 健康的连续体。我们现在很确信，恶劣的攻击性是反应性的，而不是基本的本能，是结果而不是原因，因为一个恶劣的人要是在心理治疗中变得更健康，他就不会再那么恶毒了；而一个健康的人如果患病，他就会朝着**更**有敌意、**更**歹毒、**更**恶毒的方向变化。

此外，我们知道，满足神经症需求并不会像满足基本内在需求那样使人健康。对于患神经症的权力追求者，给予他们所有想要的权力并不会缓解他们的神经症，也不可能满足他们对于权力的神经症需求。不管他们拥有多少权力，他们依然渴求权力（因为他们其实想要的是别的东西）。神经症的需求是得到满足还是受挫，对最终的健康影响不大。

这与安全和爱等基本需求非常不同。这些需求的满足**确实**能使人健康，满足这些需求是可能的，而受挫则**确实**会导致疾病。

同样的道理似乎也适用于一些个人的潜能，比如智力和参与活动的强烈倾向（我们只有临床数据）。这种倾向就像一种需要满足的驱力。满足它，人就能发展得很好；挫败它、阻碍它，就会立即出现各种不易察觉、不太为人所知的麻烦。

然而，最明显的分辨方法，是直接研究**真正**健康的人。我们现在当然具有足够的知识，能够选出**相对**健康的人。即便不存在完美的样本，我们仍然可以更多地了解其性质。例如，在镭的纯度相对较高的情况下，我们可以比在纯度较低的情况下更多地了解镭的性质。

第11章中提到的调查已经证明了**科学家**可以从卓越、完美、理想健康、人类潜能的实现等意义上，去研究和描述"正常"。

区分固有和偶然的特性

被研究得最充分的固有特性，就是爱的需求。借助这个例子，我们就可以说明目前提到的四种区分人性中固有、普遍的东西与偶然、局部性的东西的技术。

1. 几乎所有治疗师都同意，当我们追溯神经症的起源时，我们会发现，早年间爱的剥夺是很常见的原因。一些半实验性的研究已经在婴幼儿身上证实了这一点，以至于研究者认为，彻底地剥夺爱是有危险的，甚至能危及婴儿的生命。也就是说，剥夺爱会导致疾病。
2. 我们已经知道，如果这些疾病还没发展到不可逆转的地步，那么只要给予情感与慈爱，这些疾病就是可以治愈的，尤其是对年幼的孩子来说。即使在针对严重成人患者的心理治疗与分析中，我们现在也有充分的理由相信，治疗要做的一件事，就是使患者能够接受并利用那种疗愈性的爱。此外，越来越多的证据表明，充满爱意的童年与健康的成年生活之间是相关的。综合这些数据，我们可以总结出这样的结论：爱是人类健康发展的基本需求。

3. 在允许自由选择的情况下，如果孩子的天性没有受到扭曲，他们就会更愿意接受情感，而不喜欢被冷漠对待。我们还没有真正的实验来证明这一点，但我们有大量的临床数据和**一些**民族学的数据来支持这一结论。常见的观察结论是，孩子更喜欢有感情的老师、父母或朋友，而不喜欢有敌意、冷漠的老师、父母或朋友，这就说明了我们的观点。婴儿的哭声告诉我们，他们更喜欢情感，而不喜欢冷漠，巴厘人的例子就能说明这一点。成年巴厘人不像成年美国人那样需要爱。巴厘人会通过痛苦的经历来教导他们的孩子，不要寻求爱，也不要期待得到爱。但这些孩子并不喜欢这种教育，在被教导不要寻求爱的时候，他们会痛苦地哭泣。

4. 最后，我们在健康的成年人身上观察到了哪些特点？几乎所有人（不过不是全部）都过着充满爱的生活，都爱过别人，也被人爱过。此外，他们**现在**都是有爱心的人。最后，矛盾的是，他们比普通人**需要**的爱更少，这显然是因为他们已经拥有了足够的爱。

任何其他的缺乏性疾病都能用来做出类似的完美推论，从而让这些观点更有道理，更符合常识。假设某种动物缺乏盐分。第一，这会使动物生病。第二，摄入更多的盐分能治愈或改善这些疾病。第三，如果白鼠或人类缺盐，那么在有选择的情况下，他们会更喜欢含盐的食物，即吃下大量的盐。而且，在这种情况下，人类会主观地报告对盐分的渴望，并称盐的味道特别好。第四，我们发现，盐分充足的健康有机体，并**不会**特别渴望或需要盐。

因此，我们可以说，正如有机体需要盐分才能保持健康、避免疾病，它也需要爱才能维持健康。换言之，我们可以说，有机体天生需要盐和爱，就像汽车注定需要汽油一样。

我们说了很多"良好的条件""条件允许的情况下"之类的话。这些指的都是科学工作中常常需要的观察条件，这就相当于在说"在这样或那样的情况下，这种说法是对的"。

健康的条件

我们来看看这个问题：什么才是揭示原始本性的良好条件？并且借此来看看当代的动力心理学在这个问题上有哪些观点。

如果说，我们目前已经探讨过的要点是，有机体有一种模糊的、内在的本性，那么很明显，这种内在本性是一种非常脆弱而微妙的东西，而不是强大、不可抗拒的，就像低等动物的本能那样。低等动物从不怀疑自己是什么，想要什么，不想要什么。人类对爱、知识或哲学的需求是弱小、无力的，而不是明确无误的；这些需求的声音就像低语而不是喊叫。这种低语很容易被淹没。

为了发现人类需要什么，他们是什么样的人，就必须提供特殊的条件，促进这些需求与能力的表达，鼓励这些需求与能力，使之成为可能。一般而言，这些条件可以归结为允许满足和表达。我们怎样才能知道怀孕的白鼠吃什么最好呢？我们让它们从大量可能的食物中自由选择，让它们想吃什么就吃什么，想在什么时候吃就在什么时候吃，并且按照它们选择的食量与模式进食。我们知道，人类的婴儿最好用因人而异的方式断奶，也就是说，在最适合**他们**的时机断奶。我们怎么能确定这个时机呢？我们当然不能去问婴儿，我们也学会了不要去问老派的儿科医生。我们可以给婴儿一个选择，让他们来决定。我们给他们提供液体和固体食物。如果固体食物对他们有吸引力，他们就会自发地断奶。同样，我们也学会了通过营造宽容、接纳、满足需求的氛围，让孩子来告诉我们，他们在什么时候需要爱、保护、尊重或控制。我们了解到，从长远来看，这是心理治疗的最佳氛围——事实上，这也是**唯一**可能的氛围。研究发现，在许多不同的社会情境下，从广泛的可能性中自由选择都是很有用的做法，比如让收容机构里的少年犯选择室友，让大学生选择老师和课程，让轰炸机机组人员选择投弹手，等等。（我暂且不谈一些棘手但重要的问题，比如**有益的**受挫、管教、设置满足的界限。我只想指出，虽然允许多种选择对于我们的实验目的来说是最好的，但这种做法本身并不一定能教我们如何为他人着想，如何意识到**他们的**需求，意识到未来需要的是什么。）

因此，从促进自我实现或健康的角度来看，一个（理论上的）良好的环境，要提供所有必需的原材料，不设置障碍，让（普通的）有机体表达自己的愿望和要求，做出自己的选择（永远要记住，有机体经常为了迎合他人等因素而延迟、放弃自己的选择，还要记住**其他人**也有要求与愿望）。

环境与人格

在我们努力理解新兴的"正常"概念，以及它与环境的关系时，我们会面临另一个重要的问题。由此而来的一种推论是，只有生活在完美的世界里，才能拥有完美的健康，才有可能达到这种健康。在实际的研究中，事实似乎并不完全如此。

在我们这个远非完美的社会中，还是**有可能**找到非常健康的人的。当然，这些个体并不完美，但他们肯定是我们现在能想象的最好的人了。也许在这个时代，在这种文化中，我们的知识不足以让我们了解，人可以有多完美。

无论如何，研究已经确立了一个重要的观点，即个体可以比他们成长与生活的文化更健康，甚至**健康得多**。之所以有这种可能性，主要是因为健康的人有能力超越他们的环境，这就好比说，他们能按照自己的内在法则，而不是按照外部的压力生活。

我们的文化是民主而多元的，足以给个体很大的自由，让他们拥有自己喜欢的性格，只要他们的外在行为不太具有威胁性或令人恐惧。健康的个体通常不能从外表看出来；他们的特点不在于奇装异服、行为举止，重点在于他们**内心的**自由。只要他们不依赖于他人的认可和不认可，而是寻求**自我**认可，就可以说他们是心理自主的；也就是说，他们相对独立于文化。品位、观点的宽容和自由，似乎是关键、必需的要素。

总而言之，我们当下的研究表明，虽然良好的环境能养成良好的人格，但这样的联系并不是必然的；而且**良好**环境的定义必须大幅修正，不仅要强调物质与经济的力量，还要强调精神与心理的因素。

心理乌托邦

我很高兴能够对心理乌托邦进行推测性的描述。在这个乌托邦中，所有人的心理都是健康的。我称这个国度为"优心态的国度"（Eupsychia）。根据我们对健康的人的了解，如果 1000 户健康的家庭搬到某个荒无人烟的地方，让他们随心所欲地决定自己的命运，那我们能预测他们会演化出什么样的文化吗？他们会选择什么样的教育？什么样的经济体系？什么样的性关系？什么样的宗教？

我对一些事情很不确定，尤其是经济方面的事情。但还有些事情我**很**确定。我确信的一件事是，这些人几乎肯定会形成一个（哲学上的）无政府主义团体，一种崇尚道家思想但充满爱的文化。人们（包括年轻人）将拥有更多的自由选择，远超我们所习惯的程度，基本需求和超越性需求将比在我们的社会中更受尊重。那里的人不会像我们这样相互打扰，也不太可能把自己的观点、宗教、哲学，或者衣着、食物、艺术方面的品位强加给邻居。简而言之，精神理想国的居民更倾向于道家思想、互不侵扰，更倾向于满足基本需求（只要有可能）；只有在某些我没有描述过的情况下才会感到受挫；而且他们彼此之间会比我们更加坦诚；只要有可能，就会允许人们自由选择。他们远没有我们那么强的控制欲，也没有我们那么暴力、自命不凡、专横跋扈。在这样的条件下，最深层的人性可以轻易地表现出来。

我必须指出，成熟的人是一种特例。自由选择的情况并不一定适用于一般人，它只适用于完整的人。病态的、患神经症的人会做出错误的选择；他们不知道自己想要什么，即使知道，他们也没有足够的勇气做出正确的选择。当我们谈到人类的自由**选择**时，我们谈的是健全的成年人或孩子，他们还没有受到扭曲。大多数出色的自由选择实验都是在动物身上完成的。通过对心理治疗过程的分析，我们也了解了许多临床层面的自由选择。

正常的本质

现在回到本章开篇的问题——正常的本质。我们已经差不多将"正常"等同于我们所能达到的最卓越的境界了。但这一理想并非遥不可及的目标；相反，这一目标其实就在我们内心，它是存在的，但被隐藏起来了，是一种潜能而不是现实。

此外，我认为这种"正常"的概念是需要发现的，而不是发明出来的，要基于实证研究的结果，而不是基于希望或愿望。这一概念中隐含着一种严格的自然主义价值体系，可以通过对人性的进一步实证研究而扩展。这样的研究应该能回答这些古老的问题："我怎样才能成为一个好人？""我怎样才能过上好生活？""我怎样才能富有成效？""怎样才能幸福？""怎样才能与自己和平相处？"在重要的价值遭受剥夺的时候，如果有机体通过生病、萎靡不振来告诉我们它需要什么（也就是它看重什么），这就等于告诉了我们，什么对它是有益的。

最后再说一点。新兴的动力心理学的关键概念是关于自发性、释放、自然、自我选择、自我接纳、对冲动的觉察、基本需求的满足的。过去的心理学看重的是控制、抑制、训练和塑造，建立在"深层人性是危险、邪恶、掠夺成性、贪婪的"这一原则之上。教育、家庭训练、育儿、一般的文化适应都被视为控制我们内心黑暗力量的方法。

　　看看这两种不同的人性观，能产生多么不同的关于社会、法律、教育和家庭的理想观念。在一种观念下，这些都是约束、控制的力量；而在另一种观念下，这些都是满足需求、使人充实的力量。我必须再次强调，有两种约束和控制的力量：一种会阻碍基本需求，害怕基本需求；另一种力量（阿波罗式控制），如延迟性高潮、优雅地进食、熟练地游泳，能够**增强**基本需求的满足感。当然，这是一种过度简化、非此即彼的对比。任何一种概念都不可能是完全正确或完全错误的。然而，这种理想化的类型对比，有助于强化我们的认识。

　　无论如何，如果这种"将正常等同于理想健康"的观念成立，我们就不仅必须改变我们对个体心理的看法，也必须改变我们的社会理论。

自我实现

MOTIVATION AND
PERSONALITY
(Third Edition)

自我实现的人：心理健康研究

扫码收听音频导读

　　本章要呈现的研究在很多方面都是不同寻常的。这起初并不是一项普通的研究；这不是一次社会冒险，而是一次个人的冒险，是出于我自己的好奇心；并且有可能解决各种个人道德、伦理和科学问题。我只是在试图说服和教育自己，而不是在向他人证明或展示什么。[①]

　　然而，出乎意料的是，事实证明，这些研究对我有极大的启发，充满了激动人心的启示，以至于尽管方法上存在缺陷，但似乎也应该向他人报告某些研究结果。

　　此外，我认为心理健康问题十分紧迫，以至于任何建议、任何数据，无论多么有争议，都有很大的启发性价值。这种研究在原则上是非常困难的（它涉及按照自身的标准来提升自己的做法），如果我们要等待传统的可靠数据，那我们永远也得不到答案。似乎我们要做的是不怕犯错，尽自己所能地投身于研究，希望从错误中吸取足够的教训，并最终改正这些错误。

---

① 马斯洛对自我实现者的研究是一项非正式的个人探询，他终生都致力于这项工作。——原书编者注

目前另一个唯一的选择，就是拒绝研究这个问题。因此，无论下面的报告能起什么作用，我都要将其呈现出来，并且向那些坚持传统的信度、效度、抽样方法的人致以应有的歉意。

研究

研究对象与方法

研究对象是从研究者的熟人、朋友，以及公众人物和历史人物中挑选的。此外，在第一次针对年轻人的研究中，共筛选了 3000 名大学生，但只选出了 1 名直接可用的对象和一二十个未来可能符合条件（"成长良好的"）的对象。

我不得不得出结论，我在年长的研究对象身上发现的那种自我实现，在我们的社会中，对于发展中的年轻人来说，可能是无法达到的。

因此，本人与 E. 拉斯金（E. Raskin）和 D. 弗里德曼（D. Freedman）合作，开始寻找一组**相对**健康的大学生。我们主观决定选取大学生群体中最健康的 1%。在时间允许的限度内，这项研究持续了两年多，尚未完成就不得不终止。但即便如此，该研究在临床上仍然很有指导意义。

我们也希望，小说家和剧作家创作的人物也能用于展示，但是在我们的文化和时代中，没有发现任何一个可用的人物（这本身就是一个发人深省的发现）。

根据最终选择或拒绝的研究对象，我们得出的第一种临床定义不仅有否定性的一面，也有肯定性的一面。否定性标准是没有神经症、精神病性人格、精神病或这些方面的强烈倾向。可能的心身疾病需要更仔细的检查和甄别。只要有可能，我们就会实施罗夏墨迹测验，但结果表明，这项测验更适用于揭示隐藏的心理疾病，而不是选择健康的人。肯定性的选择标准是自我实现的正面证据，不过自我实现是一系列难以准确描述的特征。为了本次讨论的目的，可以将自我实现粗略地描述为天赋、能力、潜能等得到了充分的利用和开发。这样的人似乎实现了自己的潜能，在自己能做的事情上发挥了最大的力量，并且会让我们想起尼采的劝诫："做你自己吧！"这些人已经达到了自己所能达到的高度，或者正在朝着这个方向发展。这些潜能可能是专属于他们自己的，也可能是全人类共有的。

这一筛选标准也意味着，在过去或现在，研究对象的基本需求得到了满足，包括安全、归属、爱、尊重和自我尊重等需求，以及对知识与理解的认知需求。有少数人还超越了这些需求。也就是说，所有的研究对象都感到安全、不焦虑、被接纳、被爱并且心中有爱，还感到自己值得尊重并受人尊重，而且他们已经弄清了自己的哲学、宗教或价值取向。这种基本需求的满足到底是自我实现的充分条件，还是仅仅是先决条件？这仍然是一个悬而未决的问题。

总的来说，本研究所使用的技术是**迭代**（iteration），该方法在自尊与安全感等人格综合征的研究中使用过，第 18 章将会阐述这些研究。简单来说，该方法首先要调查个人或文化的非专业性理念，整理关于自我实现现象的各种现存说法与定义，然后给出更细致的定义——仍然按照现实的说法来下定义（这个阶段可以被称为"词义汇总阶段"），不过，要排除在各种通俗定义中常见的逻辑与事实的冲突。

在正确的通俗定义的基础上，我们选出了第一批研究对象，其中要包含一组高质量的研究对象，还有一组低质量的。要尽可能按照临床的方式仔细研究这些人，并在这种实证研究的基础上，根据现有数据的要求，进一步改变和修正先前修正过的通俗定义。这就得出了第一个临床定义。在这个新定义的基础之上，对原来的研究对象进行重新筛选，保留其中一些人，剔除一些人，再增加一些新的研究对象。然后，对第二次筛选出来的研究对象进行临床研究，如果条件允许的话，再进行实验与统计的研究。这又促使我们对第一个临床定义进行修改、更正和丰富，然后再次筛选新的研究对象，以此类推。通过这种方式，原本模糊、不科学的通俗概念可以变得越来越精确，越来越具有可操作性，进而越来越科学。

当然，外部、理论和实际层面的原因，可能会干扰这种螺旋上升的自我修正过程。例如，在这项研究的早期，研究者发现通俗的说法非常不切实际，以至于没有一个活人能符合这个定义。我们必须停止仅仅因为一个缺点、错误或愚行而排除潜在研究对象的做法；换言之，我们不能把完美作为筛选的标准，因为没有一个研究对象是完美的。

另一个类似的问题是，无论如何，我们都不可能得到完整而令人满意的信息，就像临床研究中通常需要的那种信息。当潜在的研究对象得知这项研究的目的时，他们会不自在、僵住、嘲笑这种做法，或者不再与研究者联系。因此，在这种早期尝试之后，我们都是用间接的、近乎保密的方式研究所有年长的研究对象。只有年轻人可以直接研究。

由于我们研究的是不能透露姓名的活着的人，因此通常科学研究需要的两个条件（甚至可以说是要求）就无法达到了：调查的可重复性、得出结论的数据的公开性。通过纳入公众人物和历史人物，并且对可能公开数据的年轻人和儿童进行补充研究，这些困难在一定程度上得到了克服。

这些研究对象被分为了以下几类。[①]

入选：7 位相当符合要求和 2 位极有可能符合要求的当代人（访谈）

2 位相当符合要求的历史人物［晚年的林肯和托马斯·杰斐逊（Thomas Jefferson）］

7 位极有可能符合要求的公众人物和历史人物［阿尔伯特·爱因斯坦、埃莉诺·罗斯福（Eleanor Roosevelt）、简·亚当斯（Jane Addams）、威廉·詹姆斯、阿尔伯特·施韦泽（Albert Schweitzer）、阿尔多斯·赫胥黎，以及斯宾诺莎］

---

① 另见邦纳（Bonner，1961，p. 97）、布根塔尔（Bugental，1965，pp. 264–276），以及肖斯特鲁姆的"自我实现个人取向问卷"（POI Test of Self-Actualization，Shostrom，1963，1968）。

勉强入选：5 位肯定有某些不足，但仍可用于研究的当代人 ①

数据收集与呈现

这里的数据，与其说是通过常见的方式收集而来的具体、独立的事实，不如说是缓慢形成的全局或整体印象，就像我们对于朋友和熟人的印象。对于年长的研究对象，我们几乎不可能预设情境，直截了当地提问，或者进行任何测验（不过这对于年轻研究对象是可能的，而且我们也是这样做的）。与研究对象的交流是偶然的，属于普通的社会交往。在可能的情况下，也会向其亲友提问。

正因为如此，也是因为研究对象数量较少，所以许多研究对象的数据并不完整，我们无法进行任何量化的数据呈现，只能呈现综合印象，希望多少能有些价值。

---

① 他人提出或研究过的潜在、可能的人选包括 G. W. 卡弗（G. W. Carver）、尤金·V. 德布斯（Eugene V. Debs）、托马斯·埃金斯（Thomas Eakins）、弗里茨·克莱斯勒（Fritz Kreisler）、歌德（Goethe）、巴勃罗·卡萨尔斯（Pablo Casals）、马丁·布伯（Martin Buber）、达尼洛·多尔奇（Danilo Dolci）、亚瑟·E. 摩根（Arthur E. Morgan）、约翰·济慈（John Keats）、大卫·希尔伯特（David Hilbert）、亚瑟·韦利（Arthur Waley）、D. T. 铃木大拙（D. T. Suzuki）、阿德莱·史蒂文森（Adlai Stevenson）、肖洛姆·阿莱奇姆（Sholom Aleichem）、罗伯特·勃朗宁（Robert Browning）、拉尔夫·沃尔多·爱默生（Ralph Waldo Emerson）、弗雷德里克·道格拉斯（Frederick Douglass）、约瑟夫·熊彼得（Joseph Schumpeter）、鲍勃·本奇利（Bob Benchley）、艾达·塔贝尔（Ida Tarbell）、哈莉特·塔布曼（Harriet Tubman）、乔治·华盛顿（George Washington）、卡尔·明兴格尔（Karl Muenzinger）、约瑟夫·海顿（Joseph Haydn）、卡米耶·毕沙罗（Camille Passarro）、爱德华·比布林（Edward Bibring）、乔治·威廉·拉塞尔（George William Russell，笔名 A. E.）、皮埃尔·雷诺阿（Pierre Renoir）、亨利·华兹华斯·朗费罗（Henry Wadsworth Longfellow）、彼得·克鲁泡特金（Peter Kropotkin）、约翰·阿尔特盖尔德（John Altgeld）、托马斯·莫尔（Thomas More）、爱德华·贝拉米（Edward Bellamy）、本杰明·富兰克林（Benjamin Franklin）、约翰·缪尔（John Muir）以及沃尔特·惠特曼（Walt Whitman）。

观察

对总体印象进行整体分析，得出了自我实现者的以下特征，可供进一步的临床和实验研究：对现实的知觉能力、接纳能力、自发性、以问题为中心、独处能力、自主性、"如初见"的欣赏能力、高峰体验、同胞情谊、谦逊与尊重、人际关系、遵守伦理、分得清手段与目的、幽默、创造性、抵制文化适应、不完美、坚守价值观、摒弃二分对立的思维方式。

对现实的知觉能力

我们注意到，这种能力首先是一种能够发现人格中的虚伪、虚假与不诚实，并且在一般情况下正确有效地判断他人的特殊能力。在针对一组大学生的非正式实验中，我们发现了一个明显的趋势，即更有安全感（更健康）的学生比那些不那么有安全感的学生（在 S–I 测验中得分更高的学生），能更准确地对他们的教授作出判断（Maslow，1952）。

随着研究的进行，我们发现这种能力还会明显延伸到许多其他生活领域——事实上，是**所有**观察的领域。在艺术与音乐、智力、科学、政治、公共事务方面，他们这个群体似乎能够比其他人更快、更准确地看到隐藏的、似是而非的现实。因此，我们的一项非正式调查表明，他们根据当前掌握的任何事实，对未来作出的预测似乎往往是正确的，因为他们较少根据自己的愿望、欲望、焦虑、恐惧或一般的、由性格决定的乐观、悲观态度来作判断。

起初，我们将这种能力称为"优秀的鉴赏力"或"优秀的判断力"，表明这种能力是相对的，而不是绝对的。但出于许多原因（下文将详细说明其中一些），我们越来越清晰地认识到，最好将这种能力称为对某种确定存在的事物（现实而非观点）的"知觉"（而不是鉴赏力）。我们希望这一结论（或假设）有一天能得到实验的验证。

如果这一结论确实得到了验证，那么它的重要性再怎么强调也不为过。

英国精神分析师莫尼－克尔（Money-Kyrle，1944）指出，他认为我们不仅可以把神经症患者称为**相对**缺乏效率的人，甚至可以说他们的效率是**绝对**低下的。最直接的原因是，他们对现实世界的知觉不如健康人那么准确或有效。神经症患者不是情绪上生了病——他们的认知是**错误**的！如果健康和神经症分别代表了对现实的正确和错误知觉，那么这一领域中的事实命题和价值命题就成了一回事。这样一来，从原则上讲，价值命题就应该通过实证的方法来证明了，而不仅仅是一种有关鉴赏力或需要劝导的问题。对于那些研究过这个问题的人来说，他们会清楚地看到，我们在此为真正的价值观科学奠定了部分的基础，进而也为伦理、社会关系、政治和宗教等领域的科学奠定了部分的基础。

适应不良乃至极端的神经症，完全有可能会干扰知觉，足以影响人对于光、触觉或气味的知觉敏锐度。但这种影响很有可能在纯粹的生理之外的知觉领域得到验证。我们应该还能得出这样的结论，在健康人身上，愿望、欲望或偏见对知觉的影响（近期许多实验发现了这种影响），要比在病人身上小得多。有些推论支持了这一假设：这种对于现实的知觉优势，最终带来了在推理、感知真相、得出结论、逻辑思维以及一般的认知有效性方面的优秀能力。

在第 13 章中，我们将详细讨论，这种健康人与现实的良好关系中令人印象深刻且具有教育意义的方面。我们发现，自我实现者能更容易地从一般、抽象、分类的事物中找出新异、具体和独特的东西，他们在这方面的能力远超大多数人。其结果是，他们更多生活在真实的自然世界中，而不是生活在人造的概念、抽象事物、期望、信念与刻板印象中——大多数人将这些东西与真实世界混为一谈。因此，他们更倾向于感知真实存在的东西，而不是他们自己的愿望、希望、恐惧、焦虑，以及他们或他们所属的文化群体的理论和信念。赫伯特·里德（Herbert Read）非常贴切地称这种能力为"天真的眼睛"（the innocent eye）。

人与未知事物的关系，似乎很有希望成为学院派心理学与临床心理学之间的另一座桥梁。我们健康的研究对象通常不会因未知事物而感到威胁和恐惧，这与普通人有很大的不同。他们能接纳未知、自在地对待未知，而且对于他们来说，未知事物往往比已知事物更有吸引力。他们不仅能容忍模棱两可、缺乏结构性的事物（Frenkel-Brunswik，1949），而且很喜欢这种事物。爱因斯坦有一句话说得很有代表性："我们能体验到的最美好的事物，就是神秘的事物。它们是所有艺术和科学的源泉。"

的确，这些人是知识分子、研究人员和科学家，所以这种特点的主要决定因素可能是智力。然而，我们都知道，众多高智商的科学家，由于胆怯、墨守成规、焦虑或其他性格缺陷，把自己的精力全部放在已知的东西上，他们不断地完善、整理、重新整理、分类，或是做着其他琐碎的事情，而不是像他们应该做的那样，去发现。

由于对健康的人来说，未知并不可怕，所以他们不必花费任何时间来安抚鬼魂，也不必在经过墓地时吹口哨壮胆，或者以其他方式保护自己，以免遭受想象中的危险。他们不会忽视、否认、逃避未知事物，不会假装这种事物其实是已知的，不会过于草率地进行整理、切分或分类。他们不会紧抓着熟悉的事物不放，他们对真理的追求也不是出于一种对于确定性、安全感、明确及秩序的迫切需要，就像我们在戈尔德斯坦对脑损伤患者的研究中（Goldstein，1939），或强迫性神经症患者身上看到的夸张现象一样。如果整体客观情况需要，他们也可以自然地接受无序、草率、混乱、杂乱、模糊、怀疑、不确定、不明确、近似、不精确或不准确（在科学、艺术或日常生活的某些时刻，所有这些情况都是非常有益的）。

因为怀疑、试探、不确定而必须暂缓作出决定，这对于大多数人来说都是一种折磨，但对另一些人来说，却可能是一种令人愉快的、刺激性的挑战，是生活中的高潮，而不是低谷。

接纳能力

我们可以认为，许多能从表面上看到的个人品质，以及许多看似各不相同、互不相关的品质，其实是某种更基本的单一态度的体现或衍生物。

这种态度就是，相对缺乏过度的内疚、严重的羞耻、极度强烈的焦虑。这种特点与神经症患者形成了鲜明的对比，后者在任何情况下都可以说是深受内疚、羞耻、焦虑的困扰。即便是我们文化中的正常成员，也会对太多的事情感到毫无必要的内疚或羞耻，并且在太多不必要的情况下感到焦虑。这些健康的个体可以接纳自己和自己的本性，而不感到懊恼，不去抱怨，甚至不会想得太多。

他们能以斯多葛学派的方式接纳自己的人性，接纳人性中的所有缺点，接纳人性与理想形象之间的差异，而不感到真正的担忧。说他们对自己满意，可能会给人留下错误的印象。应该说，他们能够像接纳大自然的特点一样，毫不怀疑地接纳人性中的弱点、罪恶、缺陷和邪念。人不会抱怨水是湿的，石头是硬的，树是绿的。正如孩子会用包容、不加批判、不作苛求的天真眼光看待世界，只会注意并观察客观事实，既不争辩，也不要求世事应该是别的什么样子，自我实现者也倾向于用同样的眼光看待自己和他人的人性。这当然不同于顺其自然，但我们在研究对象身上也能观察到顺其自然的特点，尤其是在面对疾病和死亡的时候。

请注意，这就等于用另一种形式说出了我们已经描述过的现象，即自我实现者能更清晰地看待现实：我们的研究对象能看到人性的**本来面貌**，而不是把人性看成他们所希望的样子。他们的眼睛看到的就是面前的东西，而不是通过各种有色眼镜扭曲、塑造或渲染的现实（Bergson，1944）。

第一个，也是最显而易见的接纳水平，就是所谓动物水平。那些自我实现的人往往是优秀的动物：他们食欲旺盛，享受生活，没有遗憾、羞愧，也不感到抱歉。他们似乎都吃得好，睡得香，能享受性生活，而不施加不必要的抑制，对于所有相对属于生理性的冲动都是如此。他们不仅能在这些较低的水平上接纳自己，在所有水平上也是如此。例如在爱、安全、归属、荣誉、自尊等方面。他们接纳所有这些层面的自己，认为这些都是有价值的。唯一的原因是，这些人倾向于接纳大自然的安排，而不会与之争论，不会认为事情应该按照另一种方式存在。这种态度会表现为，他们相对缺少普通人的恶心与厌恶情绪，这种情绪在神经症患者身上尤为明显，例如对食物的厌恶，对身体产物、体味、身体功能的厌恶。

与自我接纳和接纳他人密切相关的是：①他们很少有防御、保护性的伪装，或虚假姿态；②他们厌恶别人这种矫揉造作的行为。要诡计、欺骗、虚伪、伪装、撑面子、钩心斗角、试图以常见的方式给人留下深刻印象——这些行为在他们身上少得出奇。因为即使他们有缺点，他们也能坦然接受；这些在他们看来（尤其是在晚年的时候）根本不是缺点，只是中性的个人特征。

他们并不是完全没有内疚、羞耻、悲伤、焦虑或防御，而是没有不必要的、神经症的内疚（因为这些是不切实际的）等情绪。动物性的过程（如性、排尿、怀孕、月经、衰老等）是现实的一部分，因此必须接纳。

真正让健康的人感到内疚（或羞耻、焦虑、悲伤、遗憾）的是：①可以改进的缺点（如懒惰、粗心、发脾气、伤害他人）；②心理不健康的顽固残余（如偏见、嫉妒、嫉恨）；③虽然相对独立于性格结构，但可能依然强大的习惯；④全人类的、他们所认同的文化和群体的缺点。一般的情况似乎是，健康的人会对现实情况与原本可能有或应该有的情况之间的差异感到难过（Adler，1939；Fromm，1947；Horney，1950）。

自发性

可以说，自我实现者做事都是相对自发的，而他们的内心世界、思想、冲动等方面远比行为更具有自发性。他们的行为特点是简单自然，不做作，不刻意追求结果。这并不意味着他们总是行为出格。如果我们实际地数一数自我实现者违反常规的次数，会发现这个总数不会很高。他们不拘泥于常规并不体现在表面上，而是体现在本质或内在。他们的冲动、思想和意识极少受到常规的约束，而是非常率性、自然、令人称奇。显然，他们知道他们所生活的世界——满是他人的世界，无法理解和接纳这一点。他们不想伤害他人，也不想为了每件琐事而与人争执，于是他们会轻松愉快地耸耸肩，尽可能以优雅的风度完成那些传统的礼节和仪式。比如，我见过一个人接受了他在私下里嘲笑甚至鄙夷的荣誉，而没有把事情闹大，伤害那些自以为在取悦他的人。

常规是一件轻轻披在他们肩头的斗篷，很容易被丢在一旁。这可以从以下事实看出：自我实现的人很少允许常规阻碍或阻止他们做任何他们认为非常重要或非常基本的事情。正是在这种时候，他们不拘泥于常规的本性就体现出来了，他们不会像一般的波希米亚人或对抗权威的叛逆者那样小题大做，反对某些不重要的规定，就好像那是天大的事情一样。

当这些人全神贯注地投身于接近他们主要兴趣的事情时，我们也可以看到同样的内在态度。这时候，我们可以看到，他们会轻而易举地抛弃那些在其他时候会遵守的行为准则，似乎他们必须付出有意识的努力，才能遵守常规，就好像他们是在刻意、有意地遵从常规。

最后，如果他们身边的人不要求、不期待他们做出常规的行为，他们就会主动抛弃这种外在的行为习惯。我们的研究对象更喜欢这些人的陪伴，这样可以让他们更自由、更自然、更率性，从而摆脱那些他们有时觉得费力的行为方式。由此可见，这种在一定程度上控制行为的做法，在他们看来是一种负担。

这种特点导致的一个结果，或者说，与这种特点相关的一种现象是，这些人的道德准则是相对自主、独特的，·而不盲从习俗。缺乏思考的旁观者有时可能会认为他们是不道德的，因为在情况需要的时候，他们不仅会打破常规，甚至还会违反法律。事实恰恰相反，他们是最有道德的人，即使他们的道德不一定与身边的人一样。正是这种现象使我们确信，普通人的普通道德行为，在很大程度上是遵从习俗的做法，而不是真正的道德行为（例如，按照大家普遍接受的原则行事，这种原则在他们看来就是真理）。

由于自我实现者不遵从普通的习俗，不屈从于社会生活中通常为人接受的虚伪、谎言、两面三刀，所以他们有时会感觉自己像是身处异乡的间谍或外国人，有时他们的行为举止也像。

我不应该让人觉得，他们在试图隐藏自己的真实面目。有时他们会出于一时的恼怒，对死板僵化的常规或盲目的习俗失去耐性，从而故意放任自己。比如，他们可能会试图教导某人，可能会试图保护某人免受伤害或不公，有时也可能会感到自己心中涌起了一些情绪，这种情绪令人无比喜悦，甚至使人欣喜若狂，以至于压抑这种情绪几乎就像亵渎神明一样。在这种情况下，我观察到他们并不会为自己给旁观者留下的印象而感到焦虑、内疚或羞耻。他们声称，他们通常会按照习俗行事，只是因为没有涉及重大问题，或者是因为他们知道，人们会因任何其他行为方式而受到伤害，或者感到尴尬。

他们能轻易看透现实的本质，能像动物或孩子一样接纳现实、自发行事，这意味着他们能更好地觉察自己的冲动、欲望、观点和主观反应（Fromm，1947；Rand，1943；Reik，1948）。对于这种能力的临床研究，明确无误地验证了弗洛姆（Fromm，1941）的观点：普通、正常、适应良好的人往往根本不知道自己是什么样的人，不知道自己想要什么，不知道自己的观点是什么。

正是这些发现，最终让我们看到了自我实现者与其他人之间最为深刻的差异：自我实现者的动机心理与普通人不仅有着量的不同，也有着质的差别。似乎我们必须专门为自我实现者创立一门截然不同的动机心理学，研究超越性动机或成长性动机，而不必研究动机的缺失。也许区分他们与普通人的生活方式，以及为生活做的**准备**是有益的。也许普通的动机概念**只**适用于非自我实现者。我们的研究对象不再在一般的意义上奋斗，而是在努力发展自我。他们试图成长到完美的境界，试图把自己的风格发展到极致。普通人的动机是努力满足他们未满足的基本需求；自我实现者其实并不缺少这些满足，然而他们依然有冲动。他们会工作、尝试，他们雄心勃勃，但这不是一般意义的雄心。他们的动机只是性格成长、表达性格、成熟和发展，简而言之，就是自我实现。这些自我实现者会不会更具人性，更能体现人类的原始本性，更接近分类学意义上的典型人类？我们应该根据残缺、扭曲、发育不全的样本，或者过度驯化、关在笼子里、受过训练的个例，来评判一个生物学物种吗？

以问题为中心

我们的研究对象通常非常关注自身以外的问题。用当下的术语来说，他们以问题为中心，而不以自我为中心。他们通常不会给自己制造问题，也不太关注自己（例如，他们不会有那种常在缺乏安全感的人身上发现的内省）。这些人通常在生活中有一些使命，有一些任务要完成，有一些外在的问题占用了他们大部分的精力（Bühler & Massarik，1968；Frankl，1969）。

这项任务不一定是他们喜欢的，或者说他们自己选择的，他们可能觉得这项任务是他们的责任、职责或义务。这就是为什么我们会说这是"他们必须要做的任务"，而不是"他们想做的任务"。一般而言，这些任务都是与个人无关或无私的，而是与人类的总体利益、国家的总体利益或者研究对象的家人利益有关。

除了少数例外，我们可以说，我们的研究对象通常关心的是一些基本议题或永恒的问题，我们将这些问题称为哲学或伦理问题。这些人习惯于生活在最宽广的参照系中。他们似乎从来不会见木不见林。他们会在某种价值体系中行事，这个价值体系宽广而不狭隘，普适而不局限，以世纪为时间跨度，不计较片刻的得失。总之，无论这些人多么朴实无华，他们在某种意义上都是哲学家。

当然，这种态度对日常生活的各个方面都有许多启示。例如，我们最初研究的一种主要特点（大度、不小气、不浅薄、不狭隘）就可以归入这种更一般的启示中。他们超脱于琐碎俗事，拥有更广大的视野，生活在最宽广的参照系（事物永恒不变的本质）中。这种态度对社会和人际关系具有极大的重要性，似乎能给人以某种平静，使人不去操心眼前的问题，不仅能让他们自己的生活更加轻松，也能让身边的人更轻松。

独处能力

对于我所有的研究对象来说，他们确实可以独处而不受伤害，也不会感到不适。此外，他们几乎所有人都远比普通人更**喜欢**独处和注重隐私。

他们常常能够置身于争端之外，不受那些扰乱他人心神的东西打扰。他们很容易做到超然、少言、平静、安详；因此他们能接纳个人的不幸，不像普通人那样反应激烈。即使在不体面的环境与情况下，他们似乎也能保有自己的尊严。也许这在一定程度上是因为他们倾向于坚持自己对于境况的解释，而不依赖于他人的感受或想法。这种少言寡语可能会逐渐变成冷峻和疏远。

这种超然的品质可能与其他某些品质也有一些关系。例如，可以说，我的研究对象比普通人更客观（在这个词的**所有**意义上都是如此）。我们已经看到，他们更多地以问题为中心，而不是以自我为中心。即使这些问题涉及他们自身以及他们的愿望、动机、希望或抱负，也是如此。因此，他们的专注能力远非常人可比。这种高度的专注会带来一些副作用，比如心不在焉的表象，以及遗忘和忽视外界环境。例如，他们吃得好、睡得香，即使面对问题、担忧和责任，也能保持微笑，甚至开怀大笑。

在与多数人的社会关系中，超然会导致一些麻烦和问题。"正常"人很容易把这种超然理解为冷淡、势利、缺乏感情、不友好甚至敌意。相比之下，普通人的友谊更紧密，要求更多，相互间更需要安慰、赞美、支持、温暖和专一。确实，自我实现者并不会在一般意义上需要他人。但是，在普通的友谊中，这种需要和思念是诚挚的体现，显然一般人不会轻易接纳这种超然。

自主的另一种含义就是自我决定、自我管理，做一个积极主动、负责任的、自律的决策主体，而不是一个棋子，或者无助地受他人左右，要坚强而不软弱。我的研究对象有主见，能自主做决定，自主动手做事，对自己和自己的命运负责。这是一种微妙的品质，难以用语言描述，却起到了极其重要的作用。他们让我学会了把一些我一直视为理所当然的正常人性看作严重的病态、异常或缺陷：有太多的人不能自己做决定，而是让推销员、广告商、父母、宣传机构、电视、报纸替他们做决定。他们是任由别人摆布的棋子，而不是自主行动、自我决定的个体，因此他们容易感到无助、软弱、身不由己；他们是掠食者的猎物，是软弱无力的抱怨者，而不是自我决定、负责任的人。对于需要自主选择的政治和经济来说，这种不负责任的态度带来的后果是显而易见的——必然是灾难。民主、自我选择的社会必须有自主行动者、自我决定者、能拿定主意的自我选择者、自由的主体、意志自由者。

阿希（Asch，1956）和麦克莱兰（McClelland，1961，1964；McClelland & Winter；1969）所做的大量实验使我们猜测，根据具体情况，自我决定者可能占美国总人口的5%~30%。在我那些自我实现的研究对象中，所有人都是自主行动者。

最后，尽管肯定会让许多神学家、哲学家和科学家感到不安，但我必须声明：自我实现的个体比普通人拥有更多的"自由意志"和更少的"决定论"。无论"自由意志"和"决定论"这两个词可能有什么操作性定义，在这项研究中，它们都是经过实证检验的事实。此外，它们都是程度的概念，有着量的不同；而不是"全或无"的整体概念。

自主性

自我实现者有一个特点，这个特点在一定程度上与我们此前描述过的内容有所交叉。这个特点就是，他们相对不依赖物质环境和社会环境。由于自我实现者受成长性动机而非缺乏性动机的驱使，所以他们的主要需求满足不依赖于现实世界、他人、文化、达成目的的手段，或者一般性的外在满足；相反，他们自身的发展和持续成长依赖于自身的潜能和潜在的资源。正如树木需要阳光、水和养分，大多数人也需要爱、安全和其他基本需求的满足，而这些满足只能源于外界。但是，一旦获得了这些外在的满足物，一旦内在的缺乏被外界的满足物所满足，人类个体发展的真正问题——自我实现就开始显现了。

这种不依赖环境的特点，意味着他们在面对沉重的打击、抨击、剥夺、挫折等情况时依然会保持相对稳定。在可能逼死他人的环境中，这些人能保持相对的平静；也可以说，他们是"独立自足"的。

受缺乏性动机驱使的人**必须**有他人的陪伴，因为他们大部分的主要需求（爱、安全、尊重、声望、归属）都只能从他人那里获得。然而，他人实际上可能会**妨碍**受成长性动机驱使的人。对这些人来说，需求满足、生活美好的决定因素是内在的、个人化的，而**不**来自社会关系。他们已经变得足够强大，可以不受他人的好评甚至不受他人情感的影响。他人能给予的荣誉、地位、奖励、欢迎、声望和爱，必然没有自我发展和内在成长重要（Huxley，1944；Northrop，1947；Rand，1943；Rogers，1961）。我们必须记住，要想相对不依赖于爱和尊重，我们所知道的最好办法（尽管不是唯一的办法），就是在过去得到许多这样的爱和尊重。

"如初见"的欣赏能力

自我实现者有一种奇妙的能力，能够带着敬畏、喜悦、惊奇甚至狂喜，一次又一次精神饱满而天真烂漫地欣赏生活中的小事，无论这些体验在别人看来可能已经多么司空见惯。C. 威尔逊（Wilson，1969）称这种能力为"新鲜感"（newness）。仅此，对于这样的人来说，任何一次日落可能都像初次见到的一样美丽；任何一朵花也都美丽动人，哪怕他见过成千上万朵花；他见到的第 1000 个婴儿和第 1 个婴儿一样不可思议。有一个男人在结婚 30 年之后，仍然为自己的婚姻感到庆幸；当妻子已经 60 岁时，他仍然像 40 年前那样，惊叹于妻子的美貌。对于这样的人来说，即便是日常、每时每刻的生活中的事物也是令人激动、兴奋、心驰神往的。这些强烈的感受不会一直出现。这些感受会偶尔出现，但会出现在最意想不到的时刻。这个人可能会乘船渡河 10 次，却在第 11 次渡河时，产生与首次乘渡轮时相同的感受、美感和兴奋之情（Eastman，1928）。

研究对象在选择美好的事物上存在差异。有些研究对象主要认为自然是美的；有些人主要认为儿童是美的；还有少数人主要认为伟大的音乐是美的。但可以肯定的是，他们都能从基本的生活体验中获得喜悦、鼓舞和力量。例如，他们当中没有一个人会从去夜总会、赚很多钱或在聚会上纵情享乐中得到同样的体验。

也许还可以再补充一种特殊的体验。对于我的几位研究对象来说，性快感，尤其是性高潮，给他们提供的不仅是短暂的愉悦，而且是像某些人从音乐和大自然中获得的那种基本的增强与复苏体验。我将在讲述神秘体验的部分详细说明这种现象。

这种强烈而丰富的主观体验，很可能体现了前文谈到的他们与具体、新鲜的现实之间的紧密关系。也许我们所说的司空见惯的体验，其实是将内涵丰富的感觉列入或归入某个类别或范畴的结果。这样一来，这种感觉就对我们不再有利、有用或有威胁了，也不会以其他方式牵涉到自我了（Bergson，1944）。

我也开始相信，习惯于我们所拥有的幸福，是滋生人类邪恶、悲剧和痛苦最重要的非邪恶因素。我们低估了那些被我们认为理所当然的东西，因此我们很容易为了蝇头小利而出卖至宝，最后只会感到懊恼、悔恨和无地自容。不幸的是，妻子、丈夫、孩子和朋友在死后比在生前更容易得到爱与欣赏。身体健康、政治自由、经济福利等也是如此，只有在失去之后，我们才知道它们的真正价值。

赫茨伯格对工业中的"卫生"因素的研究（Herzberg，1966）、威尔逊对圣尼茨周边地区的观察（Wilson，1967，1969），以及我对于"低级抱怨、高级抱怨和超越性抱怨"的研究（Maslow，1965b）都表明，如果我们能像自我实现者那样珍惜我们所拥有的幸福，如果我们能保有他们那种持久的庆幸与感激之情，生活就能得到极大的改善。

高峰体验

威廉·詹姆斯（William James，1958）曾很好地描述那些被称为"神秘体验"的主观现象。这种体验虽然不是所有人都常常会有的，但对于我们的研究对象来说，却是一种相当普遍的体验。前文描述的强烈情绪有时会变得十分强烈、混乱并延伸到各个方面，以至于可以被称为"神秘体验"。我最初注意到这个话题，并对此产生兴趣，是因为我的几位研究对象。他们曾用略微有些熟悉的话语描述了他们的性高潮，后来我才想起，许多作家都曾用这番话来描述**他们**所谓的神秘体验。他们有过一些这样的感受：眼前有着一望无际的地平线，感到自己比以往任何时候都更强大，也更无助，感到欣喜若狂、惊奇、敬畏，忘记了时间与空间，最后，他们相信发生了某些极其重要、极有价值的事情。以至于在某种程度上，甚至研究对象的日常生活也会因为这样的体验而发生转变、得到增强。

尽管数千年来，这种体验一直与神学或超自然的概念联系在一起，但将它们区分开来是非常重要的。因为这种体验是一种自然体验，完全属于科学的研究范畴，我将其称为"高峰体验"。

我们也可以从研究对象身上了解到，较为微弱的这种体验也会时有发生。神学的文献一般会假设，神秘体验与所有其他体验之间有一种绝对的、质的区别。一旦我们把神秘体验从超自然的参照系中分离出来，作为一种自然现象来研究，就有可能把神秘体验放在定量的连续体上，发现它有着由强烈到轻微的变化。然后，我们就会发现，这种**轻微**的神秘体验会发生在许多（甚至大多数）个体身上。在特殊的个体身上，这种体验经常甚至可能每天都会发生。

显然，**任何**丧失自我、超越自我的体验经过极大的强化，都会成为强烈的神秘体验或高峰体验，比如以问题为中心、高度专注、强烈的感官体验，或者对音乐、艺术的忘情、极度的享受。

自从这项研究于 1935 年开始以来，我在多年间逐渐变得比当初更加强调"高峰体验者"与"无高峰体验者"之间的差异。这种差异很有可能是程度或数量上的，但仍然是一个非常重要的差异。这种差异所带来的一些结果，我在一篇文章（Maslow，1969b）中有相当详细的阐述。如果我必须简单地总结一下，我想说，到目前为止，无高峰体验的自我实现者似乎都是实际、高效、体魄强健的人，生活在现实世界，而且相当成功。高峰体验者似乎同时也生活在存在、诗歌、美学、象征、超越领域和神秘、个人、非组织性的"宗教"领域，以及目的性体验领域。我预料，事实将证明，这种差异是一种关键的、性格上的"阶层差异"，尤其对于社会生活至关重要。因为那些"只是健康"、无高峰体验的自我实现者似乎更有可能是改善社会的人、政治家、社会的实干家、改革家、奋斗者，而超凡脱俗的高峰体验者则更倾向于写诗、创作音乐、创立哲学和宗教。

同胞情谊

自我实现者对于人类整体有着深刻的认同感、同情心和感情。他们拥有同胞情谊与情感联结，就好像所有人都是一个大家庭里的成员。即使兄弟姐妹愚蠢、软弱，有时可能卑劣下作，但一个人对手足的感情总体上是充满爱意的。原谅他们仍然比原谅陌生人更容易。正因为如此，自我实现者真心实意地渴望帮助人类。

如果一个人的视野不够宽广，眼光不够长远，他可能就体会不到这种对人类的认同感。毕竟，自我实现者的思想、冲动、行为和情感与其他人有着很大的不同。归根结底，他们在某些基本的方面，就像是深处异乡的外来者。无论人们多么喜欢他们，也很少有人真正理解他们。他们常常为普通人的缺点感到悲伤、恼怒甚至愤怒；而这些缺点不过是鸡毛蒜皮的小事，但有时会变成令人痛苦的悲剧。无论他们有时与普通人有多大的不同，他们仍然对这些必须与之打交道的人怀有一种基本的同胞情谊。即使他们没有居高临下的感觉，他们心中也很清楚，他们许多事情做得比别人好，能看到许多别人看不到的东西，大多数人不能参透的真理，对他们来说却是显而易见的。

谦逊与尊重

我所有的研究对象，可以说都是最深刻意义上的民主的人，无一例外。我的这种说法，建立在以前对于独裁（Maslow，1943）和民主的性格结构的分析之上。那篇分析文章过于详尽，无法在这里呈现，我可以用较短的篇幅描述这种特点的某些方面。这些人都具有显著或表面上的民主特征。他们能与所有性格相投的人友好相处，不论阶级、教育程度、政治信念、种族或肤色——事实也确实如此。事实上，他们似乎常常没有意识到这些差异，而这些差异在普通人看来却是十分明显和重要的。

他们不仅具有这种最为显著的民主品质，他们的民主感受也很深刻。例如，他们可以向任何有长处的人学习，无论此人有什么其他的特点。在这样一种学习的关系中，他们不会试图维护任何外在的尊严，也不会因为地位、年龄或声望这类东西而介怀。甚至可以说，我的研究对象都有某类谦逊的品质。他们都很清楚，与可以学到的东西以及别人知道的东西相比，他们知道的东西实在是太少了。正是因为如此，在那些能够向他们传道授业的人面前，他们可以毫不做作地表示真心的尊重，甚至谦卑。他们真心尊重好木匠，也尊重任何一个精通自己的工具或手艺的人。

我们必须仔细辨别这种民主感受与缺乏鉴赏力、不加区分地平等看待任何人之间的区别。这些人本身是精英，他们选择精英作为自己的朋友，但这些精英是性格、能力、才能上的精英，而不是出身、种族、血统、姓氏、家族、年龄、青春、名声或权力上的精英。

他们有一种最为深刻，但也最为模糊、难以言明的倾向，即无论对方是谁，他们都会仅仅因为对方是一个人，就给予他一定程度的尊重；即便是对待恶棍，我们的研究对象似乎也不愿意抛弃最起码的尊重，去贬低、贬损、践踏对方的尊严。然而，他们仍然具有强烈的是非、正邪观念。他们更有可能（而不是更不可能）反击邪恶的人和行为。与普通人相比，他们对于自己的愤怒远没有那么矛盾、困惑，也不会意志薄弱，受到愤怒的控制。

人际关系

自我实现者的人际关系，比其他任何成年人的都更深入、更深刻（却不一定比儿童的关系更深）。他们能比其他人有更深入的共鸣和更广博的爱、更完美的认同，并且能更多地超越自我的边界。然而，这些关系有某些特殊的特点。我观察到的一点是，与他们建立关系的人，很可能比普通人更健康，更接近自我实现（往往要**接近得多**）。考虑到这类人在总体人群中所占比率很小，所以自我实现者在选择关系方面有着很高的标准。

这种现象以及某些其他现象所导致的结果是：自我实现者与极少数人有着特别深厚的感情。他们的朋友圈很小，他们深深喜爱的人很少。这在一定程度上是因为要以这种自我实现的方式与人建立亲密的关系，似乎需要大量的时间。投身于一段关系并不是一时的事。一位研究对象是这样说的："我没时间交许多朋友。没人有这种时间，我是说，如果他们想做个**真正的**朋友。"这种投入的排他性，可以也确实会与广大的人间温情、仁慈、情感与友情（对上文所限定的人）共存。这些人**往往**对几乎所有人都很善良，至少很有耐心。他们对孩子特别温柔，很容易被孩子触动。从非常真实而特殊的意义上讲，他们爱全人类，更确切地说，他们对全人类怀有同情心。

这种爱并不是不加区分的。事实上，他们能够，也确实会实事求是地严厉批评那些应该批评的人，尤其是那些伪善、做作、浮夸、自我膨胀的人。但是，即使在与这些人面对面相处时，他们也并不总是会把那种实事求是的低评价表现出来。有一个人是这样解释的："毕竟，大多数人都没什么了不起的，但他们**原本**可以很了不起。他们会犯各种愚蠢的错误，最后把自己弄得痛苦不堪，却不知道自己为什么本意是好的，最后却弄成了这番样子。那些不友善的人通常会因此付出代价，感到深深的郁闷。我们应该怜悯他们，而不是抨击他们。"

也许最简明的说法是，如果他们对别人怀有敌意，那是因为：①对方罪有应得；②他们是为了这个人或其他人好。也就是说，根据弗洛姆的观点，这些人的敌意并不是基于性格的，而是反应性、情境性的。

我所了解的那些研究对象，还有一个共同的特点，可以在这里提一下。那就是，他们多少会吸引一些仰慕者、朋友甚至门徒或崇拜者。这些人与他们的众多仰慕者之间的关系往往是单方面的。仰慕者的要求往往超出了这些人愿意给予的程度。此外，对于自我实现者来说，这种仰慕可能让他们相当尴尬、痛苦，甚至厌恶，因为这种情感往往超出了通常的界限。常见的情况是，当我们的研究对象被迫进入这种关系时，他们会保持友善、愉快，但通常会尽可能不失风度地避开这些人。

遵守伦理

我发现，在我的研究对象中，没有一个人会在实际生活中长时间地分不清是非对错。不管他们能否用语言说清当下的事情，他们都很少在日常生活中表现出混乱、困惑、矛盾或冲突，而这些现象在普通人的道德抉择中十分普遍。也可以这样描述这种特点：这些人有强烈的道德感，有明确的道德标准，他们只做正确的事，不做错误的事。不用说，他们的对错、善恶观念往往与传统观念不同。

大卫·利维博士提出了一种说法，能够表达我所试图描述的那种品质。他指出，几个世纪前，人们会说这些人都是"圣人"。如果只从社会、行为的角度来定义宗教，那么这些人，包括无神论者，都是信仰宗教的人。但是，如果我们更保守地使用"宗教"一词，仅用来强调超自然的要素，以及有组织的正统宗教（这当然是更常见的用法），那我们的说法肯定会大不相同——他们当中很少有人信教。

分得清手段与目的

大多数时候，对自我实现者来说，手段和目的似乎是泾渭分明的。一般而言，他们注重目的而非手段，而手段绝对服从于这些目的。然而，这是一个过于简化的说法。对于许多被其他人视为手段的体验与活动，我们的研究对象往往会将其当作目的，从而把事情变得更加复杂。在某种程度上，我们的研究对象更愿意单纯地欣赏做事的过程，他们不但能享受到达目的地的喜悦，而且往往很享受过程本身。他们偶尔会把最不起眼的日常活动变成令人愉悦的游戏、舞蹈或戏剧。韦特海默指出，大多数孩子都很有创造性，他们可以按照一定的规则或节奏，把庸常的例行事务、机械死板的事情（例如，在他的一项实验中，研究对象要把书从一组书架搬到另一组书架上）变成一种有规律、有趣的游戏。

幽默

我们很早就轻易地发现了一种现象，因为这种现象对于我所有的研究对象来说都非常普遍，那就是他们有着不同寻常的幽默感。对于一般人认为有趣的东西，他们都觉得索然无味。因此，他们不会因为有敌意的幽默（通过伤害某人来让人发笑）、有优越感的幽默（嘲笑别人的缺陷）或反抗权威的幽默（无趣、带有俄狄浦斯情结或者下流的笑话）而发笑。他们通常认为幽默的东西与哲学有着更为紧密的联系，而不是与其他任何东西有关。这种幽默可以说是"真实的幽默"，因为它在很大程度上是在嘲笑人类，嘲笑他们的愚蠢，嘲笑他们忘记了自己在这个世界上的位置，嘲笑他们假装伟岸实则渺小。这种幽默也可以体现为自嘲，但这种自嘲却完全不是自虐或哗众取宠。林肯的幽默就是一个这样的例子。林肯大概从没有开过伤害别人的玩笑，很可能他的许多甚至大部分笑话都有些寓意，而不仅仅是为了引人发笑。这种笑话通常似乎是一种令人愉快的教育，类似于警句或寓言。

仅从次数来看，我们的研究对象的幽默似乎比一般人少。在他们身上，常见的双关语、玩笑话、俏皮话、机敏巧辩、挖苦戏谑，比深思熟虑、富含哲理的幽默少得多。后者更容易让人会心一笑，而不是捧腹大笑。这种幽默是情境所固有的而不是人为添加的，是自发的而不是有预谋的，而且往往不能重复。一般人看惯了笑话书，习惯了捧腹大笑，难怪他们会觉得我们的研究对象高冷又严肃。

这种幽默无处不在。人生境遇，人类的骄傲、严肃、忙碌、热闹、野心、奋斗和谋划，都可以被看作有趣、幽默甚至滑稽的。我想，我是在进入一间满是"动态艺术"的房间时，才理解了这种态度。在我看来，这些艺术似乎是对人类生活的幽默诠释——充满了噪声、动作、混乱、匆忙和热闹，却没有达成什么目的。这种态度也会影响专业工作本身。从某种意义上说，专业工作也是一种游戏，虽然应该认真对待，但在某种程度上也该轻松视之。

创造性

这是我们研究或观察过的所有人都有的普遍特征（见第 13 章"自我实现者的创造性"），没有人是例外。每个人都会以这样或那样的方式，表现出某种特殊的创造性、独创性或新意。这些特点可以在本章后面的讨论中得到更充分的理解。首先要说的是，这种创造性不同于莫扎特那种特殊天赋的创造性。我们不妨接受这样一个事实：所谓天才会表现出我们不能理解的能力。关于他们，我们只能说，他们似乎有一种独特的驱力和能力，这种驱力和能力与他们其余的人格部分可能没什么联系，而且从所有证据来看，他们似乎生来就具有这种驱力和能力。我们在此不讨论这种天赋，因为它不建立在心理健康或基本需求满足的基础之上。自我实现者的创造性，似乎与未被宠坏的孩子的那种天真无邪、具有普遍性的创造性相似。这种创造性似乎更像是人类共同本性的基本特征——一种所有人与生俱来的潜能。大多数人在文化适应的过程中失去了这种能力，但少数个体似乎能保留这种以新颖、天真、直接的方式看待生活的能力，或者他们像大多数人那样失去了这种能力，但在以后的生活中将其恢复了。桑塔亚纳（Santayana）[①] 称之为"二度天真"（second naiveté），真是恰如其分。

在我们的有些研究对象身上，这种创造性并不是通过写书、作曲或创作艺术作品等常见形式出现的，而是表现得更为谦逊。似乎这种特殊的创造性是健康人格的一种表现，他们会将这种创造性投射到外在世界，或者将其运用在他们从事的任何活动中。从这个意义上说，存在具有创造性的鞋匠、木匠或职员。无论一个人做什么，都可以带着某种态度、某种精神

---

① 即乔治·桑塔亚纳，西班牙自然主义哲学家、美学家，美国美学的开创者。——译者注

去做，这种态度和精神就源于做事者的性格本质。这样的人甚至可以像孩子一样，创造性地**看待**问题。

为了便于讨论，我们在此把这种品质单列了出来，就好像它与之前和之后出现的特点是割裂开的一样，但事实并非如此。也许，我们在上文所描述的创造性，是一种更新颖、更敏锐、更有效的知觉过程。也许我们在描述这种创造性的时候，站在了另外一个视角上，也就是结果的视角。这些人似乎更容易看到正确、真实的事实。正是因为如此，他们似乎比其他有局限性的人更有创造性。

此外，正如我们所见，这些人不那么受抑制、约束和限制，简而言之，就是文化适应的程度不深。从积极的角度来说，他们更为率性、自发，更自然，更具人性。这也会产生一种结果，这种结果在其他人看来就是有创造性。如果我们假设（正如我们在研究儿童时的假设一样），所有人都曾经是自发的，那么也许在人们心灵深处的根源中，他们仍然如此，但在他们心灵深处的自发性之上，还有一层表层、强大的抑制力，因此这种自发性必然受到限制，以免经常出现。如果没有这种扼杀的力量，我们也许就能看到，每个人都会表现出这种特殊的创造性（Anderson，1959；Maslow，1958）。

抵制文化适应

自我实现者是适应不良的（从认可、认同文化的原始意义上讲）。他们会以各种方式与文化和平共处，但可以说，他们所有人都在以某种深刻而有意义的方式抵制文化适应，并保有某种内在的超然，超脱于他们所处的文化之外。由于在文化与人格的文献中，很少提及对于文化塑造的抵制，而且正如里斯曼（Riesman，1950）明确指出的那样，极少数提及这种抵制的文献对于美国社会尤其重要，因此即便是我们这种不充分的数据也具有一定的重要性。

总的来说，这些健康的人与他们不那么健康的文化之间的关系是复杂的，从中至少可以梳理出以下几个部分。

1. 所有这些人在衣着、语言、食物、行事方式等选择上，看上去都完全符合我们文化的习俗。然而，他们并不是**真的**遵从习俗，当然他们也不时尚、光鲜、时髦。他们所表达的内心态度是：采用哪种风俗习惯通常无关紧要，无论哪种交通规则都差不多，既然这些习俗能让生活更加便利，那就没必要为此大惊小怪。在这个问题上，我们再次看到了这些人的普遍倾向，即他们会接受那些他们认为不重要、不可改变或者与他们个人关系不大的大多数事情。因为选择鞋子、发型、礼貌或聚会上的行为方式，并不是我们的研究对象主要会考虑的问题，他们的反应往往只是耸耸肩而已。这些都不是道德问题。但是，由于这种对于无伤大雅的民间习俗的宽容态度并不等于热切的认可和认同，所以他们对习俗的遵从往往是随意而敷衍的，只是为了直接、诚实、省力而走的捷径。在紧要关头，如果遵从习俗太令人讨厌或者代价太高，这种表面上的遵从就会显露出其肤浅的实质，就像一件斗篷一样，可以被随意地丢弃。

2. 在这些人中，几乎没有一个人可以被称为类似青少年或激进意义上的权威叛逆者。对于文化，他们不会主动表现出不耐烦，没有表现出时时刻刻的、长期的不满，也没有表现出急于改变文化的想法，不过他们确实经常表现出对不公的愤怒。其中一位研究对象在年少时是一个激进的叛逆者，是一位工会的组织人（这在当时是一个非常危险的行当），但他在厌恶和绝望中放弃了那种做法。当他逐渐接受（这种文化和时代的）缓慢的社会变革时，他最终选择了去教育年轻人。可以说，所有其他研究对象，都对文化进步表现出了一种平静、长期的关注。在我看来，这意味着他们接纳了缓慢的改变，也意味着他们认为这种改变无疑是有益、必要的。这绝不是说他们缺乏斗争精神。在有可能迅速变革或需要决心和勇气时，这些人都会当机立断。虽然他们不是一般意义上的激进分子，但我认为他们很容易**成为**激进分子。首先，他们是一群知识分子（别忘了是谁挑选出了他们），他们中的大多数人已经有了自己的使命，并认为他们在做一些真正重要的事情，能够改善这个世界。其次，他们是一群现实的人，似乎不愿意做伟大而无用的牺牲。情急之下，他们似乎很有可能愿意放下自己的工作，支持激进的社会活动（例如德国或法国的地下反纳粹组织）。我觉得，他们并不反对斗争，只是反对无效的斗争。在讨论中经常出现的另一个主题是，他们认为享受生活和乐趣是有益的。除了一人之外，其他所有研究对象都认为这种享受与激进、时时刻刻的叛逆是相抵触的。此外，在他们看来，为了那么小的回报，这似乎是一个过大的牺牲。他们中的大多数人在年轻时都有过斗争、急躁、热心的时候，他们大多已经认识到，他们对于迅速变革的乐观是不切实际的。他们这些人都已经安定下来，选择接纳、平静、愉快地做着日常的努力，一步一步地改善文化。这种改善通常由内而外，而不是完全弃绝文化，从外部与之斗争。

3. 他们有一种超脱于文化的内在感受，这种感受不一定是有意识的，但几乎所有人都会表现出来，特别是在讨论美国整体文化、比较美国文化与其他文化的时候；也会表现在他们经常似乎能够与文化保持距离，好像不完全属于这种文化。他们各自都在不同程度上表现出了对美国文化的喜爱、认可，以及敌意、批评，这表明他们根据自己的看法，从美国文化中选择了好的东西，拒绝了他们认为不好的东西。简而言之，他们会衡量、分析、体会文化，然后做出自己的决定。这种态度当然与常见的被动接受文化塑造大不相同。例如，在许多专制型人格的研究中，那些有种族优越感的研究对象就表现出了这种被动接受文化塑造的现象。这种扬弃的态度也不同于完全拒绝相对较好的文化——与其他实际**存在的**文化相比而言，而不是说这种文化是幻想中的完美天堂（或者就像另一种说法，"现在就要人间天堂！"）。这种对文化的超然可能也会体现为，自我实现的研究对象会与他人保持距离，更注重隐私（我们已经在前文说过这一点了），还体现在他们对熟悉、习惯事物的需求远低于常人。

4. 出于这些以及其他原因，我们可以说这些人是自主的，也就是说，他们受自身本性的法则支配，而不受社会规则支配。正是从这个意义上讲，他们不仅仅是美国人，而（比其他人）更像是人类这个物种中的一员。严格来讲，说这些人凌驾于美国文化之上，或超脱于美国文化之外是一种误解，因为他们毕竟说的是美国话，按照美国人的方式做事，有着美国人的性格等。然而，如果我们将他们与过度社会化、机械化、有种族优越感的人进行比较，我们就会情不自禁地假设，他们不仅是另一个亚文化群体，而且是文化适应较少、棱角没被磨平、受到较少文化塑造的人群。这个假设表明，这是一个程度的问题，而且在一个从相对接受文化到相对脱离文化的连续体上。如果这是一个站得住脚的假设，那么至少可以从中推导出另一个假设：那些身处于不同文化、相对超脱于自身文化的人，不仅具有较少的民族性格，而且与各自社会中发展程度较低的成员相比，这类人之间在某些方面有更多的相似之处。

总而言之，对于"在一种不完美的文化中，有没有可能做一个好人或健康人"这个问题，观察得出的答案是：在美国文化中，是有可能培养出相对健康的人的。他们会设法将内在的自主与外在的接纳进行复杂的结合，从而与社会和平共处。当然，只有在文化容忍这种程度的超然且容忍有人可以不完全认同文化的情况下，这种和平共处才是有可能的。

当然，这不是理想的健康。我们不完美的社会显然对我们的研究对象施加了抑制与约束。他们不得不保守他们的"小秘密"，因此他们的自发性减少了，他们的一些潜能也没能实现。而且，由于在我们的文化中（也许在**任何**文化中），只有少数人能达到健康，而那些真的达到健康的人会有难觅知音的孤独感，因此他们的自发性会减少，自我实现程度也会降低。①

---

① 感谢塔玛拉·登博（Tamara Dembo）博士在这个问题上提供的帮助。

不完美

小说家、诗人、散文家在描写好人时常犯的错误，就是把他们写得太好了，简直就像漫画人物，以至于没有人想做他们这样的人。人会把对完美的渴望，以及对缺陷的内疚与羞耻，投射到各种各样的人身上，而普通人对他人的要求，远远超过了自己付出的程度。因此，人们有时会认为教师、牧师都是相当无趣的人，这些人没有世俗的欲望，也没有什么缺点。我相信，大多数试图描绘好（健康）人的小说家都做了这样的事情，他们把这些人变成了老古董、提线木偶或虚幻理想的投影，而不是将其塑造成生机勃勃、情感丰富、精力充沛的人。我们的研究对象会表现出许多不那么严重的人类缺陷。他们也有愚蠢、浪费或轻率的习惯。他们可能很无趣、固执、令人恼火。他们并没有摆脱相当肤浅的虚荣、骄傲，以及对自己的作品、家人、朋友和孩子的偏爱。发脾气的事情也不少见。

我们的研究对象有时还会表现出异乎寻常、出乎意料的冷酷无情。请务必记得，他们都是非常坚强的人。这就使得他们可能在需要的时候表现出外科医生般的冷漠，这超出了普通人的能力。一个男人如果发现自己长期信任的朋友并不真诚，他就会毫不犹豫立即斩断这段友谊。一个女人如果嫁给了一个她不爱的人，那么当她决定离婚时，她就会毫不犹豫，看起来近乎冷酷。他们中的一些人能迅速从亲近之人的离世中恢复过来，以至于显得无情。

我们还可以再举一个例子，这个例子主要来自研究对象对于不掺杂人情的世界的痴迷。当他们全神贯注沉浸在自己的兴趣中、专注于某个现象或问题时，他们可能会变得心不在焉、缺乏幽默感，忘记了寻常的社交礼仪。在这种情况下，他们会更明显地表现出他们对于闲聊、谈笑、参加聚会等事情完全不感兴趣；他们的言行可能会非常令人难过、令人震惊、无礼或伤人。前文还列出了他们的超然所带来的其他不受欢迎（至少从他人的角度来看）的结果。

甚至他们的善良也会使他们犯错，比如出于同情而结婚，与神经症患者、无趣的人或不快乐的人走得太近又为此后悔，允许无赖之徒占一时之便宜，或者付出超出了常理，以至于偶尔会纵容寄生虫和精神病态者。

最后，我们已经指出，这些人并**没有**摆脱内疚、焦虑、悲伤、自责、内心的斗争与冲突。这些情绪并不是神经症引起的，但今天的大多数人（甚至大多数心理学家）并不重视这一点，他们往往因此认为这些人**并不健康**。

我认为，我们所有人都应该好好学习这件事给我的启示。**世上没有完美的人！** 好人是有的，这些人确实非常好，甚至很了不起。事实上，确实存在创造者、预言家、贤者、圣人、社会的变革者和推动者。即使这些人并不常见、屈指可数，他们也可以让我们对人类的未来充满希望。然而，这些人有时也会表现出无趣、恼人、任性、自私、愤怒或沮丧。为了避免对人性失望，我们必须首先放弃对人性的幻想。

坚守价值观

自我实现者通透地接纳了自我、人性、大部分社会生活，以及自然与物质现实的本质，这就自动地为他们提供了价值体系的坚实基础。这种乐于接纳的价值观，在他们日常的个人价值判断中发挥了很大的作用。他们赞成、不赞成、忠于、反对或建议、喜欢或不喜欢的，往往都可以理解为这种接纳特质衍生出来的外在表现。

由于其与生俱来的心理动力，因此**所有**自我实现者都会自动（且普遍）具备这种价值基础（因此，至少在这方面，得到充分发展的人性可能具有共同的跨文化特性）；这些心理动力也使他们具备了其他决定因素。这些决定因素包括：①他们能坦然接受现实；②他们对人类有同胞情谊；③他们处于基本需求满足的状态，并由此产生了富足、充盈的附带结果；④他们通常会区别对待手段与目的；等等（见前文）。

这种对待世界的态度（以及对世界的承认）带来了一个最重要的结果，那就是在生活的许多领域中，关于选择的冲突与挣扎、矛盾与不确定性都减少或消失了。显然，许多所谓道德在很大程度上是不接纳、不满足的附带现象。在他们看来，许多问题是无端的，在离经叛道的接纳氛围中，许多问题是毫无必要的，而且会逐渐消失。与其说问题得到了解决，不如说他们看到了，这个问题从一开始就不是问题，而只是一个由病人制造出来的问题。比如打牌、跳舞、穿短裙、喝酒等问题。在他们眼里，不仅一些琐碎的问题会消失，而且这个过程会发生在更重要的层面，比如在两性关系，对待身体结构、身体功能和死亡的态度上。

深入研究这一发现，我发觉其他许多被认为是道德、伦理和价值观的东西，可能只是在普通人身上普遍存在的心理病态所导致的简单副产品。对自我实现者而言，许多冲突、挫折和威胁（这些东西会迫使人们做出选择，从而做出价值表态）都会消失或解决，就像解决跳舞的冲突一样。对他们来说，看似不可调和的性别之战根本就不是冲突，而是一场愉快的合作。成人与儿童的利益冲突原来也并没有那么尖锐。就像性别与年龄差异一样，自然差异、阶级与阶层差异、政治派别差异、角色差异、宗教差异等也是如此。我们知道，这些差异都是滋生焦虑、恐惧、敌意、攻击性、防御和嫉妒的温床。但现在看来，事实不必如此，因为我们的研究对象对于这些差异很少做出无益的反应。他们更倾向于享受差异，而不是害怕差异。

我们可以把师生关系作为一个具体的范例。我们的教师研究对象不会做出神经症的举止，只是会对这种关系做出不同的解读。例如，他们会将师生关系看作愉快的合作，而不是意志、权威、尊严等方面的冲突；他们没有人造的尊严（这种尊严很容易且难免受到威胁），只有自然的质朴（**不容易受到威胁**）；他们不会试图假装无所不知、无所不能；他们不会独断专行，威胁学生；他们拒绝认为学生会相互竞争，或是与教师竞争；他们不愿落入教授的刻板印象，而是坚持保留现实的人性，就像管道工或木匠那样。所有这些特点共同营造了一种课堂氛围，怀疑、警惕、防御、敌意和焦虑往往都会消失。同样，在婚姻、家庭和其他人际关系中，当威胁本身减少时，类似的威胁反应也会消失。

绝望的人和心理健康的人，在原则和价值观上至少有某些方面的不同。他们对物质世界、社会世界和个人心理世界有着截然不同的看法（解释），这些世界的组织和运作方式在一定程度上是由人的价值体系造成的。对于基本需求遭到剥夺的人来说，世界是一个危险的地方，是一片丛林，是敌占区，那里到处都是他们可以支配的人，以及可以支配他们的人。他们形成那样的价值体系是出于必要，就像任何丛林居民的价值体系一样，是由低级需求，尤其是动物性需求和安全需求所决定和组织的。基本需求得到满足的人则与此不同。由于需求得到大量满足，所以他们能够将这些需求及其满足视为理所当然，并致力于满足更高级的需求。这就是说，这些人的价值体系是不同的，事实上，**必然**是不同的。

自我实现者价值体系的最顶层完全是独特的，表达了专属于他的性格结构。从定义上讲，这必然是正确的，因为自我实现是自我的实现，而没有两个自我是完全相同的。只有一个雷诺阿，一个勃拉姆斯（Brahms），一个斯宾诺莎。正如我们所见，我们的研究对象有很多共同之处，但同时他们更是完全个性化的，更是忠实于他们自己的，与任何普通人的对照组相比，都更不容易与其他人混淆。也就是说，他们既非常相似，又非常不同。他们比任何已经被描述过的群体具有更加完整的个性，但也比任何尚未被描述过的群体具有更加彻底的社会性，更加认同人类。他们更接近于人类的物种特性，也更接近于他们的独特个性。

摒弃二分对立的思维方式

此时，我们终于可以从自我实现者的研究中概括和强调一个非常重要的理论性结论。从本章（以及其他章节）的好几处可以得出一个结论：过去人们所说的极端化，或二分对立的思维方式，只存在于**不太健康的人**身上。对于健康的人来说，二分对立消解了，极端消失了，许多互不相容的东西具有内在的统一性，相互结合成为一个整体。也可参见切诺特的文章（Chenault，1969）。

例如，长久以来的心与脑、理性与本能或认知与意动之间的对立，在健康的人身上就消失了，这些东西变成互相协同，而不是对立的。它们之间的冲突消失了，因为它们表达的是同样的含义，指向的是相同的结果。总之，在这些人身上，欲望与理性是完全一致的。圣奥古斯丁（St. Augustine）所说的"爱上帝，做你想做之事"可以很容易地被替换为"保持健康，你就能相信自己的冲动"。

在健康的人身上，自私与无私的二分对立完全消失了，因为在原则上，每一种行为都**既是**自私，**也是**无私的。我们的研究对象既是高度灵性，也是极不遵从宗教的，而且很注重感官享受，甚至把性看作通往灵性与"宗教"的**途径**。在他们看来，不能把职责与快乐对立起来，因为职责**就是**乐趣，工作**就是**玩耍，履行职责、道德高尚的人同时在寻求愉悦与快乐。如果这些最认同社会的人本身也是最具个性的人，如果这些人既高度成熟，又十分童真，如果他们既是最讲究伦理、最有道德的人，又是欲望最强、最有动物性的人，那么保持那种极端化的看法又有什么意义呢？

在善良–无情、具体–抽象、接纳–反叛、自我–社会、适应–适应不良、超脱于他人–认同他人、严肃–幽默、狄俄尼索斯精神–阿波罗精神、内向–外向、郑重–随意、认真–轻浮、传统–反传统、神秘–现实、男性气质–女性气质、色欲–爱情、性爱–圣爱（Eros-Agape）之间的对立中，我们也能得出相似的结论。在这些人身上，本我、自我和超我是协同合作的；它们不会相互争斗，也不像在神经症患者身上那样，存在基本的利益分歧。认知、冲动与情绪也是如此，它们会形成一个有机的统一体，形成一种非亚里士多德式的相互渗透。高级与低级不是相互对立的，而是一致的，上千种哲学困境中不止有两种选择——甚至，更矛盾的是，根本没有选择。如果两性之间的争执在成熟的人看来根本不是争执，而是一种成长受阻、迟缓的表现，那谁还愿意选边站队呢？谁会故意选择心理病态呢？如果我们发现，真正健康的女人既是好女人，又是坏女人，还有必要在好坏之间做出选择吗（就好像这两者是互相排斥的）？

在这方面，就像在其他方面一样，健康的人与一般人有很大的不同，不仅是程度上的不同，也存在性质上的差异，以至于他们产生了两种截然不同的心理。越来越清楚的是，如果我们只研究有缺陷、发育不良、不成熟、不健康的样本，就只能得出有缺陷的心理学和残缺的哲学。研究自我实现者，必然会为一门更具普遍性的心理科学奠定基础。

CHAPTER 12

第12章

自我实现者的爱

扫码收听音频导读

令人惊讶的是，在爱这个主题上，实证科学所能提供的东西是如此之少。特别奇怪的是，心理学家也是如此沉默，因为人们可能以为，阐释爱本应是他们的特殊职责。也许，这只是学院派另一个令人困扰的"罪恶"，他们更愿意做容易做的事，而不是应该做的事。就像我认识的一个不太聪明的帮厨，有一天他把酒店里的每一个罐头都打开了，因为他**十分**擅长开罐头。

我必须承认，我现在已经更明白这一点了，我已经站出来承担这项任务了。在任何学问的传统中，这都是一个很难处理的问题。在科学传统中，难度更是翻了两番。这就好像我们带头深入不毛之地，在这里正统心理科学的传统技术几乎没有什么用处。

我们的职责很明确。我们**必须**理解爱，我们必须能够教授爱、创造爱、预测爱，否则世界就会迷失在敌意与怀疑之中。这项研究、这些研究对象，以及主要发现已经在第 11 章做了说明。现在摆在我们面前的具体问题是，这些人能教给我们哪些关于爱与性的东西？

开放性

西奥多·赖克（Theodor Reik，1957）提出，爱的一个特征就是没有焦虑。这在健康人的身上尤为明显。毫无疑问，他们在关系中有着愈发完全的自发性，并且会减少防御、放下角色面具、放下尝试与努力的倾向。随着关系的发展，亲密感、诚实和自我表达也在不断增多，这些东西发展到顶峰，就会产生一种罕见的现象。这些人称，和一个心爱的人在一起，他们可以做自己，感到自然——"我可以无拘无束"。这种坦诚还包括，允许对方清楚地看到自己的错误、缺点以及身体上和心理上的缺陷。

我的研究对象说，从健康的爱情关系中获得的最深刻的满足之一，是这样的关系允许人表现出最大的自发性、自然性，最大限度地卸下防御，不必保护自己免受威胁。在这样的关系中，没有必要小心翼翼、有所隐瞒、试图给人留下深刻印象、感到紧张、注意言行，或者压抑、压制自己。我的研究对象说，他们可以做自己，而不会感到有人向他们提出要求或期望；他们可以在心理上（和身体上）赤裸相待，但仍然能感到被爱、被需要和安全。

爱与被爱

无论是过去还是现在，我的研究对象都有人爱，也爱着别人。在几乎所有（不是全部）能获得数据的研究对象身上，这种特点往往都会指向一个结论：（在其他条件相同的情况下）心理健康来自被爱，而不是来自爱的剥夺。即使假定禁欲是一条可行的道路，挫折也会带来一些好的结果，但基本需求的满足似乎更像是我们社会健康的预兆或基础。不仅被爱有这种作用，爱别人也是如此。

自我实现者在**当下**既被人爱，也有爱的人，这一点是事实。出于某些原因，最好说他们既有爱的力量，也有**被**爱的能力。（尽管这听起来像是在重复前面的句子，但其实不是。）这些都是临床观察到的事实，是相当公开的，很容易证实或证伪。

门林格尔[①]（Menninger，1942）敏锐地指出，人类**确实**想要爱彼此，只是不知道如何去爱。这句话不太适用于健康的人。**他们**至少知道如何去爱，而且可以自由、轻松、自然地去爱，而不会陷入冲突、威胁或抑制之中。

然而，我的研究对象在使用"爱"这个词时是十分小心、慎重的。他们只把这个词用在少数人而不是很多人身上，他们倾向于把爱一个人和喜欢一个人，或友好、仁慈、亲切地对待他人做出明确的区分。爱对他们来说是一种强烈的感受，而不是温和或不动心的感情。

性

在自我实现者的爱情生活中，我们可以从性的独特性与复杂性中学到很多东西。这绝不是一两句话就能说清的，其中有许多相互交织的要素。我也不能说我有很多数据，这类信息很难从注重隐私的人那里获得。然而，总的来说，据我所知，他们的性生活是有一定特点的，我们可以在描述时，对性和爱的本质做出一些可能的猜测（积极的和消极的）。

例如，我们可以说，在健康的人身上，性和爱可以完美融合在一起，并且通常如此。虽然这两者是完全可以分离的概念，也没有必要将两者相互混淆（Reik，1957；Suttie，1935），但我们仍然必须说，在健康人的生活中，性和爱往往会相互结合、融合。事实上，我们也可以说，在我们所研究的人的生活中，性和爱更是不可以也不会相互分离的。总体而言，自我实现的男人和女人往往不会为了性本身而追求性，也不会仅仅满足于性。我不确定我掌握的数据是否允许我说，如果没有爱情，那么他们宁愿根本不要性；但我相当肯定的是，我有许多研究对象会因为没有爱或感情，而至少暂时放弃或拒绝性。

与一般人相比，性高潮在自我实现者看来既更重要，也更不重要。性

_____

[①]　即卡尔·门林格尔，美国精神病学家、精神分析学家。——译者注

通常是一种深刻而近乎神秘的体验，然而这些人却更容易容忍性的缺失。这不是悖论或矛盾。这种现象源于动力动机理论。在高级需求层次上的爱，会使低级需求及其受挫和满足变得不那么重要，不那么核心，更容易被忽视，但是也会让这些需求在得到满足时带来全身心的享受。

即使性在自我实现者的人生观中并不占据核心地位，他们也可以全心全意地享受性爱，这种享受远非一般人能够企及。性当然是一种值得享受的东西，一种被视为理所当然的东西，一种可以延伸的东西，一种就像食物或水一样极端重要的东西，人可以像享受这些东西一样享受性；但性的满足应该被视为理所当然。我认为，这样的态度解决了一个表面上的悖论：自我实现者既能比一般人享受更强烈的性，但同时又认为性在总体的参照系中并不那么重要。

应该强调的是，从这种对待性的复杂态度中，我们可以看出这样一个事实：性高潮可能会带来神秘体验，但在其他时候也可能无关紧要。也就是说，自我实现者的性快感既可能非常强烈，也可能一点儿也不强烈。这与浪漫主义的态度产生了冲突。浪漫主义认为，爱是一种神圣的狂喜，一种引人入胜的神秘体验。的确，爱也可能是一种微妙的快乐，而不是强烈的喜悦；是一种欢愉、轻快、好玩的东西，而不是严肃而深沉的体验，更不必是中性的责任。这些人并不总是满怀激情——他们通常处于一种普通的强度上，他们轻松愉悦地享受性爱，将其作为一种刺激、愉悦、有趣、享受、撩人的体验，而不是作为直达最强烈的狂喜情感的途径。

自我实现者似乎比普通人更愿意承认他人对自己的性吸引。我觉得，他们与异性的关系相当轻松，同时也会坦然接纳自己被别人吸引的现象。与此同时，这些人对这种吸引所采取的行动却比其他人要少。

我发现，健康的人对性的态度还有另一个特点：他们并不会刻意区分两性的角色与人格。也就是说，他们不会假定女性是被动的，而男性是主动的，无论是在性或爱情上，还是其他方面。这些人都非常确信自己的男性或女性气质，所以他们不介意让自己带有一些异性角色的文化特征。特别值得注意的是，他们既可以是主动的爱人，也可以是被动的爱人，这一点在性行为和性爱中体现得尤为明显。亲吻和被吻、主动去爱和安静地接受爱、戏弄和被戏弄——这些是两性都可以做的事。研究对象的报告表明，在不同的时间，这两种情况都是令人愉悦的。他们认为，仅仅局限于主动或被动的性是不够的。对自我实现者来说，两者各有各的乐趣。

这种特点完全符合"性爱与圣爱在本质上不同，但在最优秀的人身上会相互融合"的观点。达西（D'Arcy）提出了两种爱，这两种爱归根结底是男性或女性之爱，主动或被动之爱，以自我为中心或自我隐藏之爱。确实，在公众眼中，这两种爱似乎是相反的，是相互对立的两种极端。然而，在健康的人身上则不同。在这些个体身上，这种二分对立得到了解决，个体会变得既主动又被动，既自私又无私，既男性化又女性化，既自我关注又自我隐藏。

超越自我

良好的恋爱关系有一个重要的方面，可以称之为需求认同（need identification），也就是将两个人的基本需求层级合并为一个单一的层级。这样做的结果是，一个人觉得另一个人的需求好像就是他自己的需求一样，而且他也觉得自己的需求在一定程度上也是对方的需求。一个人的自我扩大了，将两个人包含在其中。而且在某种程度上，这两个人变成了心理学意义上的一个单元、一个人、一个自我。

过去，人们用理论阐释利他主义、爱国主义乃至爱情关系时，谈过许多关于超越自我的话题。安吉亚尔（Angyal，1965）在一本书中，从专业层面对这一倾向进行了很好的现代化讨论。他在书中谈到了他所谓的"同律性"（homonomy）倾向的各种例子，并将这种倾向与自主、独立、个性等倾向进行了对比。安吉亚尔认为，系统的心理学应该为这些超越自我边界的各种倾向留出一席之地，而越来越多的临床和历史性证据表明，他是对的。此外，很明显，这种超越自我边界的需求可能类似于对维生素和矿物质的需求。也就是说，如果这种需求没有得到满足，人就会生这样或那样的病。我应该说，超越自我的一个最令人满意、最恰当的例子，就是健康的爱情关系（也可参阅 Harper，1966；Maslow，1967）。

趣味与欢乐

尽管健康人的爱与性常常达到狂喜的巅峰，但也可以轻松地将其与儿童和小狗的游戏进行比较。它是欢快、幽默和好玩的。它大体上不是一种努力；它基本上是一种享受和喜悦，完全是另一回事。

尊重对方

所有论述理想或健康之爱的严肃作家，都强调对于对方个性的肯定、希望对方成长的渴望，以及对于对方的个性与独特人格的尊重。对自我实现者的观察非常有力地证实了这一点。他们在很大程度上具备一种罕见的能力，即为伴侣的成功感到高兴，而不是感到威胁。他们确实会以一种非常深刻而基本的方式尊重他们的伴侣，这种尊重具有很多的启示。

尊重他人，意味着承认他人是一个独立的实体，一个自成一体、自主行动的个体。自我实现者不会随意利用、控制或无视他人的意愿。他们会给予这个受尊重的他人一种基本、不可削减的尊严，不会不必要地羞辱这个人。不仅在成年人的关系中如此，在自我实现者与孩子的关系中也是如此。在我们的文化中，几乎没有人会真正尊重孩子，但对他们来说，这是可能的。

有一个有趣的现象，两性之间的这种尊重经常被相反地理解为缺乏尊重。例如，我们很清楚，许多所谓尊重女性的表现，实际上是过去的不尊重留下的后遗症，甚至时至今日，也可能是在内心深处蔑视女性的无意识的表现。例如在女士进入房间时起立，为女士让座，帮助她穿脱外套，让她优先进门，把最好的东西给她，任何东西都让她先挑选等文化习惯——

所有这些现象在历史上和心理动力中都暗含着一种观念，即女性是软弱的，没有能力照顾自己。因为所有这些行为都意味着保护，就像保护弱者与无能者一样。一般而言，非常尊重自己的女性往往会对这些尊重的表现保持警惕，因为她们很清楚，这些行为的含义可能恰恰相反。自我实现的男人往往会真正地在基本的层面尊重和喜欢女人，把她们视为伙伴、平等的人、朋友、完整的人，而不是人类物种中不完整的成员。他们往往更随和、更自然、更随便，并且从传统意义上讲，他们也更不礼貌。

爱本身就是一种奖赏

爱会带来很多好的结果，但这不意味着爱是由这些结果驱动的，也不意味着人们坠入爱河，**是为了**获得这些结果。对于健康的人的那种爱，我们最好称之为一种发自内心的倾慕，一种包容、不求回报的惊叹与享受，就像我们被一幅杰出的绘画所打动一样。在心理学文献中，有太多关于奖赏与目的、强化与满足的讨论，而对于我们所谓目的性体验（与手段性体验相对）或对美好本身的惊叹，却讨论得远远不够。

我的研究对象的那种倾慕与爱情，在大多数时候是不求回报、不带目的的，它本身就是一种具体而丰富的体验。

倾慕不求什么，也不会得到什么回报。它是无目的、无用途的。它更多是被动而非主动的，接近于道家所说的单纯的接受。感到惊叹的人也很少或根本不会对这种体验做什么；相反，这种体验会对他们产生影响。他们会用天真的目光注视，就像孩子一样，既不同意也不反对，既不赞成也不抗议，而是痴迷于这种体验所固有的吸引力，只是让它发生，达到它的效果。这种体验可以被形容为一种**充满渴望的**被动，就像我们任由自己被海浪拍打，只是为了享受其中的乐趣；或者更好的比喻是，就像对缓缓西沉的落日产生了一种不掺杂个人因素的兴趣与惊叹、不包含投射的欣赏。我们无法给夕阳注入什么意义。从这个意义上说，我们不会像在罗夏墨迹测验中那样，把自我投射到这种体验中去，或者试图去塑造这种体验。这种体验也不是任何事物的代表或象征，我们不是因为奖赏或联想才去欣赏它的。这种体验与牛奶、食物或其他身体需求无关。我们可以欣赏一幅画而不想拥有它，可以欣赏一朵玫瑰而不想摘下它，可以欣赏一个漂亮的婴儿而不想绑架他，可以欣赏一只鸟儿而不想关住它，所以一个人也可以倾慕和欣赏另一个人，而不去做些什么，获取些什么。当然，惊叹和倾慕会与其他把两个人联系在一起的倾向同时存在，这不是爱情中的**唯**一倾向，但绝对是其中的一部分。

也许，这一观察结论最重要的启示是，我们与大多数爱情理论产生了分歧，因为大多数理论家认为，人们是被**驱动**着去爱彼此的，而不是因为**吸引**才去爱。弗洛伊德（Freud，1930）谈到过目标抑制的性欲，赖克（Reik，1957）谈到过目标抑制的力量，还有许多人谈到过对自我的不满迫使我们创造出一种投射性幻觉，一个不真实（因为被高估）的伴侣。

但很明显，健康的人坠入爱河，就像欣赏伟大的音乐一样——为它惊叹、被它征服，因而爱上了它。即使他之前没有被伟大的音乐征服的需求，也依然会如此。霍妮在一次演讲中把非神经症的爱定义为关注他人本身，把他人本身视为目的，而不是达到目的的手段。随之而来的反应是享受、倾慕、愉悦、思索和欣赏，而不是去利用。圣伯纳德（St. Bernard）说得很恰当："爱除了它本身以外别无所求，爱就是它自身的果实，爱本身就是一种享受。我爱，是因为我爱；我爱，是为了我可以去爱。"（Huxley，1944）

利他之爱

类似的表述在神学文献中比比皆是。将敬神之爱与人类之爱区分开来的做法，通常建立在这样的假设之上：无私的钦佩与利他的爱，只可能是人类所不能及的能力，而不是人类的自然能力。当然，我们必须反驳这一点。处于最理想状态、充分成长的人，能表现出**许多**在过去曾被认为是超自然能力的特征。

我认为，这些现象最好放在前面几章中提出的各种理论的框架中加以理解。首先，我们考虑一下缺乏性动机与成长性动机之间的区别。我曾提出，我们可以将自我实现者定义为不再以安全、归属、爱、地位和自尊等需求为动机的人，因为这些需求**已经得到了满足**。那么，为什么一个已经满足于爱的人会爱上别人呢？当然和那些缺爱的人的原因不同。缺爱的人爱上别人，是因为他们需要和渴望爱，因为他们缺乏爱，所以必须弥补这种致病的缺陷。

自我实现者没有严重的缺陷需要弥补，因此必须认为，他们已经从需求中解脱出来，能够成长、成熟、发展——发挥和实现他们最高级的个人、物种本性。这些人所做的一切都源于成长，并且会将这种成长毫不费力地表达出来。他们爱别人，是因为他们是有爱心的人，他们的善良、诚实、率真也是如此。也就是说，这是因为他们的天性就是率性、自发的，就像一个强壮的人无须刻意使自己强壮，玫瑰会自然散发香气，猫咪天生就是优雅的，儿童本身就是童稚的。这种附带的现象就像身体的成长、心理的成熟一样，是没有什么动机的。

在自我实现者的爱中，很少有尝试、紧张或努力，而这些东西会在一般人的爱中占据支配的地位。用哲学的语言来说，自我实现者的爱既是"成为"的一个方面，也是"存在"的一个方面，可以称之为存在之爱（B-love），也就是爱对方的存在。

超然与个性

自我实现者会保持一定程度的个性、超然与自主性。乍一看，这似乎与我所描述的那种认同和爱是不相容的，似乎制造了一个悖论。但这只是一个表面上的悖论。我们已经看到，超然、需求认同、与他人建立深刻的相互关系的倾向，是可以在健康的人身上共存的。事实上，自我实现者既是最具个性的人，也是最无私、最有社会意识、最有爱心的人。在我们的文化中，我们会把这些品质放在单一连续体的两端，这显然是一个必须纠正的错误。在自我实现者身上，这些特质结合在一起，这种二分对立也得到了解决。

我们在这些研究对象身上发现了一种健康的自私，一种极大的自我尊重，一种不愿在没有充分理由的情况下做出牺牲的倾向。

我们在他们的爱情关系中能看到，爱的伟大能力与对他人和自己的极大尊重融合在一起。这种融合能在这样的事实上体现出来：不能说这些人会像寻常的恋人那样，在寻常的意义上**需要**彼此。他们可以走得很近，但在必要的时候又能分开，而不会崩溃。他们不会依附彼此，也不会用"钩子"或"船锚"拴住彼此。我有一种明确的感觉，即他们非常享受彼此的陪伴，但又能释然地看待长久的分离或死亡；也就是说，他们会保持坚强。在最强烈、最意乱情迷的爱情中，这些人依然会保持自我，最终仍是自我的主人；尽管他们非常享受彼此的陪伴，但他们仍然以自己的标准生活。

显然，如果这一发现能够得到证实，我们就有必要修改或至少扩展我们文化中对理想或健康爱情的定义。我们习惯性地将爱定义为自我的完全融合、分离感的丧失、对个性的放弃（而不是增强）。虽然这种现象存在，但事实似乎是，在这一刻，个性其实得到了增强，两个人的自我在某种意义上融合了，但在另一种意义上仍然保持着一如既往的分离与强大。我们必须把超越个性与强化个性这两种倾向视为并行不悖。此外，这还意味着超越自我的最好方式，就是拥有强烈的身份认同。

第 13 章

自我实现者的创造性①

扫码收听音频导读

　　我第一次不得不改变我对创造性的看法，大约在 15 年前，当时我正开始研究那些非常健康、高度发展与成熟的人，也就是自我实现者。从那以后，我对创造性的看法就一直在演变，而且我认为，还会继续改变。因此，这应该是一份有趣的进展报告，不仅是因为所讨论的具体主题，也是因为我对于心理学是什么、应该是什么的看法同时发生了变化。

先入之见

　　我不得不放弃这一陈旧观念：健康、天赋、才能和产出能力是一回事。我的研究对象中有很大一部分，尽管在我将要描述的特殊意义上是健康、有创造性的，但他们在通常的意义上并没有很强的产出能力，他们也没有伟大的才能或天赋，更不是诗人、作曲家、发明家、艺术家或有创造性的

---

① 《动机与人格》首次出版的 4 年后，马斯洛在密歇根州立大学主办的创造性研讨会上谈了创造性与自我实现。本章是他 1958 年 2 月 28 日在密歇根州东兰辛市所做演讲的未编辑版本，为了清晰起见，这里添加了标题。

知识分子。而且，很明显，一些人类最伟大的天才肯定不是心理健康的人，比如瓦格纳、凡·高、德加和拜伦。很明显，有些天才是健康的，有些则不是。我很早就不得不得出这样的结论：不仅伟大的才能在一定程度上与善良或健康的性格无关，而且我们对才能知之甚少。比如说，有一些证据表明，伟大的音乐和数学才能更多是遗传的，而不是后天获得的。因此，健康与特殊才能似乎明显是两个独立的变量，可能只有轻微的相关，也可能没有。此时此刻，我们不妨承认，心理学对天才的特殊才能所知甚少。关于这一点，我不再多说了，而是只谈那种更广泛的创造性。这种创造性是每个人与生俱来的普遍特质，与心理健康共生、共变。此外，我很快就发现，我和大多数人一样，一直在从产物的角度考虑创造性，而且我在无意识中将创造性局限在了某些传统的人类活动领域。也就是说，我在无意之中认为，**任何**画家、诗人、作曲家都过着有创造性的生活，理论家、艺术家、科学家、发明家、作家都有创造性，其他人都没有创造性。你要么是这些人，要么不是；你要么有创造性，要么没有。仿佛创造性是某些专业人士的独享特权。

新的思考模式

但是，这种期望被我的各位研究对象打破了。例如，有一位妇女，是没有受过教育的穷苦全职主妇，也是一位母亲。她没有从事过任何这些传统的创造性活动，但她是一位了不起的厨师、母亲、妻子和家庭主妇。虽然没什么钱，但她家总是很漂亮。她是个完美的女主人。她家的菜肴就像宴会上的一样丰盛。她对亚麻织品、银器、玻璃制品、陶器和家具的品位无可挑剔。她在所有这些方面都富有独创、新颖、出乎意料的巧思。我**只能**说她是有创造性的。我从她和像她一样的人身上得出了这样的想法：一流的汤羹比二流的绘画更有创造性；而且，一般而言，烹饪、育儿、持家可能是有创造性的，而作诗却不一定——诗歌可能毫无创意。

关于我的另一位研究对象所投身的事业，最好称之为广义的社会服务，她致力于救治伤者，帮助受压迫者，不仅亲力亲为，还以组织的形式工作。她的"创造"之一就是建立了一个组织，从而得以帮助更多仅凭个人力量难以企及的人。

还有一位研究对象是精神科医生，一位"纯粹"的医生，他从来没写过任何东西，也没有创立过任何理论，做过任何研究，但他以帮助人们过上自己生活的日常工作为乐。此人对待每一位患者，就像对待世上唯一的患者一样。他从不说行话，也不设期望，更没有预设，只有天真与纯真，却又有道家的那种伟大智慧。每位患者都是一个独特的人，因而也都是一个全新的问题，需要以一种全新的方式来理解和解决。即使在处理非常棘手的病例时，他也取得了巨大的成功，这证明了他的"创造性"（而不是刻板的、正统的）工作方法是有效的。我从另一个人那里了解到，建立商业组织也可以是一项创造性活动。从一位年轻的运动员那里，我了解到一次完美的拦截可以像十四行诗一样具有美感，也可以用上同样的创造性精神。换言之，我学到了"创造性"这个词（以及"美感"）不仅可以用来形容产物，也可用来形容人的性格，用来形容活动、过程和态度。此外，我还开始把"创造性"这个词应用到许多标准、传统的诗歌、理论、小说、实验或绘画之外的产物上，以前我对这个词的用法太过局限了。

自我实现的创造性

这样做的结果是，我发现有必要区分"特殊才能的创造性"和"自我实现的创造性"。后者更直接地源于人格，更广泛地体现在生活的寻常事务中，不仅会表现在伟大而明显的产物上，也会体现在许多其他方面，体现在某种幽默感中，体现在创造性地做**任何事情**的倾向中，例如在教学等活动中。

知觉

通常，自我实现的创造性的一个重要方面，就是一种特殊的知觉能力。

"皇帝的新装"这个寓言中的孩子，就体现了这种知觉能力。（这也和"创造性就是产物"的观念相矛盾。）这些人不但能看到泛泛、抽象、分门别类的事物，还能看到新鲜、原始、具体、形象的事物。因此，他们能够更多生活在真实的自然世界中，而不是生活在概念、抽象、期望、信念与刻板印象的语言世界里——大多数人都把后者与现实世界混淆了。罗杰斯所说的"对体验的开放性"很好地描述了这种特点。

表达

相对而言，我所有的研究对象都更为率性自发、善于表达。他们更加"自然"，较少控制、抑制自己的行为；他们的行为似乎能更轻易、更自如地呈现出来，较少受到阻碍和自我批评。这种表达想法与冲动、不被扼杀、不怕别人嘲笑的能力，事实上是自我实现的创造性的一个非常重要的方面。罗杰斯用了一个绝妙的短语来形容这一健康之处："功能完备的人"。

"二度天真"

另一个观察结果是，自我实现者的创造性在许多方面很像**所有**快乐与安全的孩子。这种创造性是自发、毫不费力、天真无邪、轻而易举的，能摆脱刻板印象和陈腐观念。同样，这种创造性似乎主要由天真、自由的知觉与不受抑制的自发性、表达能力组成。几乎任何一个孩子都能自由地去感知，而不带有"应该有什么""必须有什么""一直有什么"的预设。几乎每个孩子都能在没有预先计划或意图的情况下，即兴创作歌曲、诗歌、舞蹈、绘画、戏剧或游戏。

正是从这种如稚童一般的角度上看，我的研究对象才是有创造性的。由于我的研究对象毕竟不是孩子（都是五六十岁的人），所以为了避免误解，就这样说吧，他们保留或恢复了至少两种主要的童真：①他们不用分类的规则思考，或者说具有"对体验的开放性"；②他们非常率性自发、善于表达。这些特点与儿童身上的特点肯定有性质上的不同。如果说儿童是天真的，那我的研究对象就达到了桑塔亚纳所说的"二度天真"。他们天真的知觉能力和表达能力，与成熟老练的心灵结合在了一起。

　　无论是哪种特点，这一切听起来都好像我们在谈论一种基本特点，一种与生俱来的人性，一种所有或多数人在出生时就拥有的潜能，但随着人的文化适应，这种潜能往往会消失、被掩盖或被抑制。

对未知的喜爱

　　我的研究对象具有另一个不同于一般人的特征，而这个特征让他们更有可能具有创造性。相对而言，自我实现者不会被未知、神秘、难以理解的事物吓倒，而且往往会被这些事物吸引。也就是说，他们会专门把这些事物挑出来，冥思苦想，沉迷于其中。用我自己的描述来说："他们不会忽视、否认、逃避未知事物，不会假装这种事物是已知的，不会过于草率地进行整理、切分或分类。他们不会紧抓着熟悉的事物不放，他们对真理的追求也不是出于一种对于确定性、安全感、明确及秩序的迫切需要，就像我们在戈尔德斯坦对脑损伤患者的研究中（Goldstein，1939），或强迫性神经症患者身上看到的夸张现象一样。如果整体客观情况需要，他们也可以自然地接受无序、草率、混乱、杂乱、模糊、怀疑、不确定、不明确、近似、不精确或不准确（在科学、艺术或一般生活的某些时刻，所有这些情况都是非常有益的）。"

　　因为怀疑、试探、不确定而必须暂缓做出决定，这对于大多数人来说都是一种折磨，但对另一些人来说，可能是一种令人愉快、刺激性的挑战，是生活中的高潮，而不是低谷。

二分对立的消解

　　我观察到的一个现象困扰了我很多年，但我现在开始明白了。这就是我所说的，在自我实现者身上，二分对立的现象消解了。简而言之，我发现，我不得不换一种方式来看待许多对立与两极现象，而许多心理学家都理所当然地认为，这些对立和两极是一条直线连续体的两端。例如，以最先困扰我的二分对立现象为例，我无法确定我的研究对象是自私的还是无私的。在这里，你可以看出，我们多么容易自然而然地落入非此即彼的思维方式。这两者应该是此消彼长的——这就是我思考这个问题的方式。但迫于事实的压力，我不得不放弃这种亚里士多德式的逻辑。我的研究对象在某种意义上非常无私，在另一种意义上又非常自私。这两种特点融合在了一起，非但不是不相容的，而且是合情合理的，是一种动态的统一或综合，正如弗洛姆在他关于自爱（即健康的自私）的经典论文中所描述的一样。就这样，我的研究对象把两种对立的现象融合在了一起，这让我意识到，把自私和无私看作矛盾、互斥的，本身就是一种人格发展程度较低的特征。在我的研究对象身上，还有许多其他的二分对立也成了统一现象。认知与意动的对立（心与脑、愿望与事实的对立）变成了以意动"建构"认知，本能与理性的对立也出现了同样的现象。职责变成了快乐，快乐与职责融合在了一起，工作与玩耍之间的界限变得模糊了。当利他变成了自利的快乐时，自利的享乐主义又怎么可能与利他主义对立呢？最成熟的人也有着最强烈的童真。这些人有着最强大的自我、最鲜明的个性，也恰恰是最容易放下自我、超越自我、以问题为中心的人。

这正是伟大的艺术家所做的事情。他能把互不协调的色彩、相互冲突的形状、各种不和谐的元素组合在一起，形成一个统一的整体。这也是伟大的理论家所做的事情。他能把令人困惑、不一致的事实放在一起，让我们看到它们确实是一体的。伟大的政治家、伟大的治疗师、伟大的哲学家、伟大的父母、伟大的爱人、伟大的发明家也是如此。他们都会整合，能够把独立甚至对立的事物整合为一个整体。

我们在这里谈的是整合的能力，也谈的是一个人内在的整合，与他整合自己在外在世界所做的一切事情的能力之间的相互作用。创造性在多大程度上是建设性、综合、统一、整合的，在一定程度上取决于个人内在的整合程度。

没有恐惧

在试图弄清我的研究对象为什么有这些特点时，我发现，这在很大程度上都是因为他们相对缺乏恐惧。当然，他们的文化适应程度较低。也就是说，他们似乎不那么害怕别人会说什么、要求什么或嘲笑什么。正是这种对于深层自我的认可与接纳，使他们能够勇敢地体会世界的真实本质，也使他们的行为更加自发（控制、抑制、计划、"意志"和刻意都较少）。他们不那么害怕自己的想法，即使这些想法是"离谱"、愚蠢或疯狂的。他们不太害怕他人的嘲笑或反对。他们允许自己被情绪淹没。相比之下，普通人和神经质的人会因为恐惧而封闭内心中的许多东西。他们会控制、抑制、压抑、压制。他们不认可深层的自我，并认为别人也是如此。

我所说的实际上是，我的研究对象的创造性似乎是由于他们更完整、更整合而产生的附带现象，而完整与整合就是自我接纳的题中应有之义。一般人内心深处的力量与防御和控制的力量之间在进行着一场内战，而在我的研究对象身上，它们似乎已经止息兵戈了，他们也没有那么分裂了。因此，他们有更多的自我可供使用、享受和创造。他们较少浪费时间和精力来保护自己免受自己的伤害。

高峰体验

后来我做了一项关于"高峰体验"的调查，支持并丰富了上述结论。我所做的是询问许多人（不仅是健康的人）关于他们生活中最美妙、最激动的体验。这最初是为了建立一个广泛的、涵盖一切现象的理论，以解释认知的变化。各种关于创造性体验、审美体验、恋爱体验、顿悟体验、性高潮体验和神秘体验的具体文献，都描述过这种认知的变化。我用"高峰体验"这个词来概括所有这些体验。在我看来，每一种这样的体验都会以相似的方式改变一个人和他对世界的感知。令我印象深刻的是，这些变化似乎经常类似于我所描述过的自我实现，或者至少类似于一个人内部分裂的各部分的短暂统一。

事实的确如此。但在这个问题上，我也认识到，我必须放弃曾经持有的一些自然而然的信念。比如说，我必须比以前更加尊重谢尔登（Sheldon）所说的那种体质差异，查尔斯·莫里斯（Charles Morris）也有这样的体会。不同的人会从不同的事件中获得高峰体验。但无论他们从哪里获得高峰体验，都会以同样的方式描述那种主观体验。我可以向你们保证，当我听到一个女人讲述她分娩的感受时，我感到非常吃惊——她所用的词语，与巴克（Bucke）描述宇宙意识（cosmic consciousness）、赫胥黎描述所有文化与所有时代的神秘体验、盖斯林（Ghiselin）描述创造性过程、铃木大拙描述禅宗顿悟体验时所用的词是一样的。这也让我看到，可能存在各种不同的创造性、各种不同的健康等。

然而，与我们当前主题有关的主要发现是，高峰体验的一个重要方面就是人内在的整合，以及随之而来的人与世界之间的整合。在这些存在状态中，人会变得统一。他内在分裂的部分、两极分化和解离的现象往往会消解；他内心的战争既不会打赢也不会打输，而是被超越了。在这种状态下，这个人会对体验变得开放得多，也会变得自发得多，身心功能也会完备得多。正如我们所见，这就是自我实现的创造性的基本特征。

高峰体验的另一方面是彻底（但暂时）失去恐惧、焦虑、抑制、防御和控制，并且放弃了自我克制、延迟和约束。对解体和消亡的恐惧，对被"本能"压垮的恐惧，对死亡和精神失常的恐惧，对屈服于无度的快乐与情绪的恐惧，往往都会暂时消失或中止。由于恐惧会扭曲人的认知，所以这也意味着我们的感知会更加开放。

我们可以把这种体验看作纯粹的满足、纯粹的表达、纯粹的喜悦。但既然这种体验"存在于这个世界上"，它就代表了弗洛伊德的"快乐原则"与"现实原则"的融合。

请注意，这些恐惧都是我们自己内心深处的恐惧。在高峰体验中，仿佛我们接纳并拥抱了深层的自我，而不会控制它、害怕它。

比如说，不仅这个世界，而且人自身也会变得更加统一、整合、一致。

这就是在用另一种方式说，他变成了更加完整的自己，变得更特殊、更独特。因此，他可以更轻易地表达自我，可以更率性自发而毫不费力。这样一来，他所有的力量都聚集在一起，能得到最有效的整合与协调，这种组织与协调比平时要完美得多。因此，无论什么事情都能异常轻松而不费力地完成。抑制、怀疑、控制、自我批评都会逐渐减少甚至消失不见，而他则变成了自发、协调、高效的有机体，像动物一样运作，没有冲突或分裂，没有犹豫或怀疑，如乘风破浪一般，竟然毫不费力，以至于做事就像游戏一样，游刃有余，像个大师。在这样的时刻，他的力量达到了顶峰，他（事后）可能会为自己意想不到的技能、自信、创造性、感知能力和出色的表现感到震惊。这时一切都那么容易，一切都令人享受其中、开怀大笑。在其他时候不可能做的事情，此时也可以大胆尝试。

简而言之，他会变得更加完整和统一，更加独特和特殊，更有活力，更加自发，更能完美地表达而不加抑制，更加轻松和强大，更加大胆和勇敢（把恐惧和怀疑抛在脑后），更能超越自我和忘我。

几乎我所询问的每个人都能记住这样的经历，所以我不得不得出一个试探性的结论：许多人（也许有更多的人）都能暂时进入整合状态，甚至进入自我实现的状态，因而具有自我实现的创造性。（当然，由于我的抽样非常随意、不够充分，因此我必须非常谨慎。）

创造性的层次

经典的弗洛伊德理论对于我们的目的没有太大用处。事实上，该理论还与我们的数据有一定程度的矛盾。该理论在本质上是（或曾经是）本我心理学，探讨的是本能冲动及其变化；归根结底，弗洛伊德的基本论证可以说是在探讨冲动与对冲动的防御之间的关系。但是，要理解创造性（以及玩要、爱、热情、幽默、想象和幻想）的来源，有比被压抑的冲动更重要的东西，那就是所谓原发性过程——它在本质上是认知过程，而不是意动过程。一旦我们把注意力转向人类的深度心理机制，我们就会立即发现精神分析的自我心理学［克里斯（Kris）、米尔纳（Milner）、埃伦茨维希（Ehrenzweig）等人的心理学］、荣格心理学和美国的自我与成长心理学之间有很多共同点。

普通、有常识、适应良好的人的正常适应过程，意味着不断成功地拒绝人性深处中的许多内容，既包括意动内容，也包括认知内容。要很好地适应现实世界，就意味着一个人的分裂。这意味着此人背弃了他自己身上的许多东西，因为那些东西是危险的。但我们现在看得很清楚了，他这样做，也让他失去了很多东西，因为这些深层的东西是他所有快乐的源泉，也是他玩耍、爱、大笑，以及对我们来说最重要的创造等能力的源泉。在保护自己不被内心的地狱所伤害的过程中，他也切断了与内在天堂的联系。在极端的情况下，我们会看到一个强迫性的人：无趣、紧绷、僵化、僵硬、拘谨、慎重、不能笑、不能玩、不能爱、不能犯傻、不能信任、不能幼稚。他的想象力、直觉、温柔、情绪往往都被扼杀或扭曲了。

原发性层次

归根结底，精神分析治疗的目标是整合，是通过顿悟来治愈基本的分裂，这样被压抑的东西就能进入意识或前意识。但由于我们研究了创造性的深层来源，所以我们在此同样可以做一些修改。我们与原发性过程的关系，与我们和不可接受的愿望之间的关系并不完全相同。我能看到的最重要的区别是，我们的原发性过程并不像被禁止的冲动那样危险。在很大程度上，原发性过程并没有受到压抑或审查，而是如沙赫特（Schachtel，1959）所证明的那样，被我们遗忘了，或者被我们拒绝、压制（而非压抑）了，因为我们必须适应残酷的现实——这个现实需要的是有目的、务实的奋斗，而不是幻想、诗歌、戏剧。或者，用另一种方式来说，在一个富裕的社会里，对原发性思维过程的阻抗肯定要小得多。众所周知，教育过程很少能减轻对"本能"的压抑，却大大有助于我们接纳和整合原发性过程，将其融入意识与前意识。艺术、诗歌、舞蹈方面的教育，原则上都能在这方面大有作为。动力心理学的教育也是如此。多伊奇和墨菲（Deutsch &

Murphy，1967）的《临床访谈》（*Clinical Interview*）就是一个这样的例子，该书用原发性过程的语言写作而成，可以被视为一种诗歌。玛丽昂·米尔纳（Marion Milner，1967）的杰作《论为什么不会作画》（*On Not Being Able to Paint*）就完美地印证了我的观点。

我一直试图概述的那种创造性，在即兴创作中体现得淋漓尽致，比如爵士乐或儿童式绘画中的即兴创作，而那些"伟大"的作品或艺术却不能体现这种创造性。

继发性层次

首先，创作伟大的作品需要伟大的才能，而我发现，这种才能与我所关注的东西无关。其次，伟大的作品不仅需要灵光一现、高峰体验，还需要艰苦的努力、长期的训练、不留情面的批评和完美主义的标准。换言之，在自发之后需要深思熟虑；在全然接纳后需要接受批评；在直觉之后要严谨地思考；在大胆创新后要谨慎前行；在幻想与想象之后需要现实的检验。此时出现的问题是："这是真的吗？""对方能理解吗？""结构合理吗？""经得起逻辑的检验吗？""它在现实世界中表现如何？""我能证明吗？"

然后是比较、判断、评估、冷静深入的事后思考、选择与拒绝。

甚至可以这样说，继发性过程取代了原发性过程，阿波罗精神取代了狄俄尼索斯精神，"男性气质"取代了"女性气质"。现在，向着我们内心深处的自动退行终止了，灵感或高峰体验中必要的被动性和接受性，现在必须让位于主动性、控制与努力。高峰体验会**降临**在一个人身上，但这个人**创作**了伟大的作品。可以说这是"男性化阶段"接替"女性化阶段"的过程。

严格地说，我只研究了第一个阶段，这个阶段是无须努力的，它既是一个整合的人的自发表达，也是一个人内部的短暂统一。只有当一个人能触及自己内心深处时，只有当他不害怕自己的原发性思维过程时，这个阶段才会到来。

整合的创造性

我把那种源自原发性过程，并更多使用原发性过程（而非继发性过程）的创造性称为"原发性创造性"。我把那种主要建立在继发性思维过程的创造性称为"继发性创造性"。后一种创造活动，包括很大一部分的现实世界中的成果，比如桥梁、房屋、新车，甚至包括许多科学实验和文学作品，这些东西本质上都是在巩固和利用他人的思想。这两种创造性的区别，就像突击队和后方的宪兵、拓荒者和定居者之间的区别。那种很好地融合了**两种**创造过程，或者先后使用这**两种**过程的创造性，我将称其为"整合的创造性"（integrated creativity）。伟大的艺术、哲学或科学成果就是从这种创造性中诞生的。

我认为，所有这些论述的要点可以概括为，强调了创造性理论中的整合（或一致性、同一性、整体性）的作用。消解二分对立，将其转化为更高级、更具包容性的统一体，就相当于治愈一个人内部的分裂，使他变得更统一。我一直在谈论的"分裂"是人内部的分裂，它相当于一种内战，即人的一部分对抗另一部分。无论如何，只要是自我实现的创造性，它似乎就会更直接地来自原发性与继发性过程的融合，而不是来自消解对被禁止的冲动与愿望的抑制性控制。当然，由于害怕这些被禁止的冲动而产生的防御，也可能会对内心深处的**所有**内容发起一场全面、不加区分、惊慌失措的战争，从而压抑了原发性过程。但这种不加区分的压抑在原则上似乎是不必要的。

创造性与自我实现

总而言之，自我实现的创造性首先强调的是人格，而不是人格的成就，并且认为这些成就是人格释放出来的附带现象，因而是人格的继发性结果。这种创造性强调大胆、勇气、自由、自发、洞察力、整合、自我接纳等性格特征。有了这些特征，才可能有我一直在谈论的那种广义的创造性；这种创造性会在创造性的生活、创造性的态度和有创造性的人中表现出来。

我还强调了自我实现的创造性所具有的表达性或存在性，而不是其解决问题或产出成果的特性。自我实现的创造性是"释放"出来的，就像辐射一样，不管遇到什么问题，都会影响到生活的方方面面，就像一个快乐的人会毫无目的、毫不刻意甚至毫无意识地释放出快乐之情一样。这种创造性会像阳光一样，照射到各个地方，既可以让（可生长的）万物生长，也会浪费在岩石或其他不可生长的事物之上。

讲到最后，我很清楚地意识到，我一直在试图打破被广为接受的创造性的概念，却无法提出一个漂亮、定义清晰、明确的替代性概念。正如穆斯塔卡斯（Moustakas）所说，自我实现的创造性很难定义，因为它有时似乎就是健康本身的同义词。既然自我实现或健康最终必须被定义为完整人性的实现，或者人的存在，那么自我实现的创造性就几乎是基本人性的同义词，或者是基本人性的一个必不可少的方面，或者是它的一个决定性特征。

04
第四部分

人类科学的方法论

MOTIVATION AND
PERSONALITY
(Third Edition)

CHAPTER 14

第14章

新兴心理学的问题①

扫码收听音频导读

一个问题的表述往往比它的解决方法更为重要，解决方法可能仅仅是一个数学或实验技巧的问题。提出新问题、新的可能性，从新的角度看待老问题，需要有创造性的想象力，这才是科学的真正进步。

——阿尔伯特·爱因斯坦

L. 英费尔德（L. Infeld）《物理学的进化》
（*The Evolution of Physics*，1938）

现在另一种科学哲学开始崭露头角。这是一种积极的、以价值为基础的知识与认知的概念，既包括原子论，也包括整体论；既包括重复性的概念，也包括独特的概念；既包括机械的概念，也包括人的、个人的概念；

---

① 我对本章只是稍做修改，因为大多数提议仍然是中肯的；而对于学生来说，看看15年来在这些方向上有了多大进展，也是很有趣的。（原书编者注：距马斯洛写下这条注释已经过去了15年，其中有些问题已经成了公认的研究领域，还有许多问题仍然发人深省，没有答案。）

既包括固定的概念，也包括变化的概念；既包括实证性概念，也包括超越性概念。本章初步考察了这种研究人类心理的新方法所产生的问题。

学习

人是如何变得明智、成熟、善良、品位出众、有创造性、性格良好的？人是如何学会适应新环境、发现善、寻求真、识别美好与真诚的？也就是说，人是如何学习内在品质的（而非学习外在行为的）？

答案是，从独特的经历中学习，从悲剧、婚姻、生儿育女、成功、胜利、爱情、生病、死亡等事情中学习。

从痛苦、疾病、抑郁、不幸、失败、衰老、亡故中学习。

许多被认为是联想学习的过程，实际上是内在的学习，是现实所需，而不是关联性、随意、偶然的学习。

对于自我实现者来说，重复、似是而非、随意指定的奖励会变得越来越不重要。普通的广告对他们大概不起作用。牵强的联想、权威的暗示、趋炎附势的引诱，以及简单、毫无意义的重复，都不太容易打动他们。这些甚至可能造成负面影响，也就是说，让他们更不可能购买这种产品，而不是更可能购买。

为什么教育心理学那么关注手段（如成绩、学位、学分、文凭），而不关注目的（如智慧、理解、良好的判断力、良好的品位）？

我们对于情感态度、品位和偏好的学习了解得还不够。我们一向忽视"心灵的学习"。

在实践中，教育往往会迫使儿童变得不那么捣蛋、烦人，从而使大人称心如意。积极导向的教育更关注儿童的成长和未来的自我实现。关于如何教导孩子坚强、自我尊重、正气凛然、抵制压迫和剥削、抵制宣传和盲目的文化适应、抵制暗示与一时的风尚，我们到底知道些什么？

我们对无目的、无动机的学习（也就是潜伏学习、纯粹出于内在兴趣等的学习）所知甚少。

知觉

知觉是一个太过局限的研究领域，仅局限在错误、感知扭曲、错觉等现象的研究上。韦特海默会称之为对"心理盲目性"的研究。为什么不增加对直觉、阈下知觉、无意识和前意识知觉的研究呢？难道这个领域不能加入对良好品位的研究，对真诚、真实、美好的研究？对审美知觉的研究呢？为什么有些人能感知到美，而有些人却不能？我们还可以把通过希望、梦想、想象、创造性、组织和排序对现实进行建设性操纵的能力纳入知觉的范畴。

还应包括无动机、无关注点、忘我的知觉，欣赏、惊叹、敬仰、无选择的觉察。

对刻板印象的研究有很多，但对新鲜、具体、柏格森所说的现实的研究却很少。

也很少有人研究弗洛伊德所说的"自由悬浮的注意"（free-floating attention）。

是什么因素促使健康的人能够更有效地感知现实，更准确地预测未来，更容易地感知人的真实面目，并且使他们能够忍受或享受未知、无结构、模糊、神秘的事物？

为什么健康的人的愿望和希望几乎不会扭曲他们的知觉？

人越健康，他们的各项能力之间的关联就越强。各种感觉通道之间也存在这种现象，这就使得通感（synaesthesia）研究是一种比单独研究各种独立感觉更加基础的研究。不仅如此，感觉系统作为一个整体，与有机体的运动系统也有联系。这些相互关系需要更多的研究：统一的意识、存在认知（B-cognition）、启发、超个人与超人类感知、神秘体验与高峰体验的认知方面等。

情绪

积极情绪（即快乐、平静、安详、平和、满意、接纳）还没有得到充分的研究。同情、怜悯、仁爱也是如此。

乐趣、快乐、玩耍、游戏、运动也没有得到充分的理解。

狂喜、极乐、热情、兴奋、欢愉、欢喜、幸福、神秘体验、宗教与政治中的转换体验、性高潮产生的情绪也没有得到充分的理解。

心理病态者与健康的人的挣扎、冲突、受挫、悲伤、焦虑、紧张、内疚、羞耻等的区别也研究得不够。对于健康的人来说，这些都是或可能是好的影响因素。

对于情绪的组织效应和其他好的、有益的效应，研究得也不如情绪的瓦解效应多。在哪些情况下，情绪与知觉、学习、思维等过程的效率**提升**有关？

认知的情绪方面研究得还不够多。例如顿悟带来的欢欣鼓舞、理解带来的平静，以及深刻理解不良行为带来的接纳与宽恕。

爱情与友谊的情感方面、它们带来的满足和快乐还应该有更多的研究。

在健康的人身上，认知、意动和情感更多起到协同作用，而不是独立或互斥的。我们必须弄清为什么会这样，及其背后的机制是什么。比如，健康人的下丘脑与大脑之间的相互关系是不同的吗？我们必须知道，意动与情感的动员作用是如何帮助认知的，认知与意动的协同作用是如何支持情感、情绪的，等等。心理世界的这三个方面应该在相互联系的前提下加以研究，而不是单独研究。

心理学家毫无道理地忽略了鉴赏能力。吃喝、吸烟或其他感官满足带来的简单享受，应该在心理学中占有一席之地。

建立乌托邦背后的冲动是什么？什么是希望？我们为什么要想象、投射，为什么要设想天堂、美好生活、更好的社会？

景仰到底意味着什么？惊叹呢？惊奇呢？

为什么不研究激励人心的事物？我们怎样才能激励人们付出更多的努力，追求更远大的目标？

为什么快乐消失得比痛苦快？有没有办法重新激发快乐、满足和幸福感？我们能否学会珍惜我们的幸福，而不是把它视为理所当然？

动机

应该研究父母的这些冲动：为什么父母会爱孩子，为什么他们会想要孩子，为什么他们会为孩子牺牲这么多？或者，更确切地说，为什么别人眼中的牺牲，对父母来说却不算是牺牲？为什么婴儿是可爱的？

应该研究正义、平等、自由权利，以及对自由权利、自由意志与正义的向往。人们为什么会为正义付出巨大的代价，甚至放弃生命？为什么有些毫无所得的人会去帮助那些被压迫、遭受不公正对待、不幸的人？

人类在某种程度上渴望达成他们的目标、意图和目的，而**不是**被盲目的冲动和驱力所驱使。后一种情况当然也会发生，但那不是唯一的情况。完整的认识要看到这两种情况。

到目前为止，我们只研究了受挫的致病作用，却忽视了它的"致健康"作用。

内稳态、平衡、适应、自我保护、防御和适应仅仅是消极的概念，必须有积极的概念作为补充。"一切似乎都是为了活着，很少是为了让生活值得过下去。"H. 庞加莱（H. Poincaré）说，他的问题不在于谋生，在于生活而不感到无聊。如果我们把机能心理学定义为，从自我保护的角度研究有用性，那么由此可知，**超越性**机能心理学，就是从自我完善的角度研究有用性。

人们忽视了高级需求，也忽视了低级需求和高级需求之间的差异，这就注定了他们会感到失望：他们在需求得到满足之后仍然想要更多。对健康的人来说，满足并不会导致欲望的消失，在一段短暂的满足后，取而代之的是高级的欲望和高级的挫折水平，并且伴随着同样的不安和不满。

口味、偏好和品位，与赤裸裸、生死攸关、令人绝望的饥饿是不同的。

应当研究追求完美、真理和正义的渴望（这种渴望是否就像扶正倾斜的挂画、完成未完成的任务、执着于未解决的问题的冲动一样？）。还应当研究建立乌托邦的冲动、想要改善外部世界、拨乱反正的愿望。

许多人还忽视了认知需求。比如说，不但学院派心理学家是如此，弗洛伊德（Aronoff，1962）也是如此。

还应该研究审美的意动方面，即审美的需求。

我们尚未充分理解殉道者、英雄、爱国者、无私者的动机。弗洛伊德学派的"不过是……"（nothing-but）还原论并不能解释健康人身上的现象。

我们对于是非的心理学、伦理和道德的心理学又有多少了解？

关于科学、科学家、知识、求知、求知背后的冲动、哲学冲动的心理学，仍然有待研究。

欣赏、沉思、冥想也有待研究。

人们在讨论性的时候，就好像在讨论如何躲避瘟疫。过度关注性的危险，掩盖了一个明显的事实，那就是性可以是或应该是一种非常愉快的消遣，也可能是一种非常深刻的治疗和教育体验。

智力

我们是否必须满足于当下对于智力的定义？这种定义根据现实情况是什么样，而不是现实情况应该是什么样而得出。智商的整个概念与智慧无关，是一个纯粹的技术概念。例如，戈林[①]的智商很高，但他实际上是个愚蠢的人，肯定也是个恶毒的人。我们不认为把高智商这个具体概念单提出来有什么大问题。唯一的问题是，在如此自我设限的心理学中，那些更为重要的话题，如智慧、知识、顿悟、理解、常识、良好的判断力都被忽视了，而研究者青睐智商这种概念，只是因为它在技术上更令人满意。当然，对于人本主义者来说，智商是个非常令人恼火的概念。

提高智商的影响因素是什么？是有效的智力、常识、良好的判断力吗？我们对于损害这些因素的东西了解得很多，对于改善它们的做法却知之甚少。能否开发一种改善智力的心理治疗？

智力的有机概念应该是什么？

智力测验在多大程度上受文化的影响？

认知与思维

观点的改变、转换、精神分析的顿悟、突然的理解、对原则的感知、启发、开悟、觉醒都是有待研究的现象。

应该研究智慧。出众的品位、高尚的道德、善良等品质之间有什么关系？

---

① 即赫尔曼·威廉·戈林（Hermann Wilhelm Goering），臭名昭著的德国纳粹头子。——译者注

应该研究纯粹的知识对性格与治疗的作用。

对创造性、生产效率的研究，应该在心理学中占有重要地位。在思维方面，我们应该更关注对新颖性、创新性、新思想产生的研究，而不是像过去的思维研究一样，为预先确定的谜题寻找解决方法。既然最好的思维是有创造性的，那么为什么不去研究最好的呢？

应该研究科学与科学家的心理学、哲学与哲学家的心理学。

最健康的人（如果他们也很聪明）不仅具有杜威所说的思维，即由于某种破坏平衡的问题或麻烦引起的思维——这种思维在问题解决后就会消失，还有自发、娱乐性、好玩的思维，这种思维经常毫不费力、自动展开或产生，就像肝脏分泌胆汁一样。这样的人**喜欢**做会思考的动物，不需要在不胜其烦时才去思考。

思维并不总是有方向、有组织、有动机或有目标的。幻想、做梦、象征、无意识思维、幼稚的思维、情绪化思维、精神分析的自由联想，这些思维都各有各的建设性。健康的人在这些思维的帮助下能得出许多结论，做出许多决定。尽管这些思维在传统看来是与理性相悖的，但它们其实与理性是协同起作用的。

还应该研究客观性、中立性、对现实本质的被动反应（不掺杂任何个人、自我的要素）、以问题为中心而非以自我为中心、道家的客观性等概念。还应该研究爱的客观性（love-objectivity）与旁观者的客观性（spectator-objectivity）之间的异同。

临床心理学

总的来说，我们应该学着把未能达成自我实现的**任何**情况视为心理病态。普通人、正常人与精神病态者都有病态之处，只是前者的问题没那么极端，也没那么紧迫。

应该积极地看待心理治疗的目的和目标。（当然，也应该积极看待教育、家庭、医疗、宗教和哲学的目标。）应该强调好的、成功的生活经历的治疗价值，比如婚姻、友谊、经济上的成功等。

临床心理学不同于变态心理学。临床心理学也可能是对成功、幸福、健康的人的个案研究。临床心理学不但能研究疾病，也能研究健康的人；既能研究弱者、懦夫、残忍的人，也能研究强者、勇敢者和善良的人。

变态心理学不应仅局限于研究精神分裂症，还应该研究愤世嫉俗、专制独裁、快感缺失、价值观丧失、偏见、仇恨、贪婪、自私等主题。从价值观的角度来看，这些都是典型的重病。**从专业的角度来看**，早发性痴呆、躁狂抑郁症、强迫症等都是严重的人类疾病，也就是说，它们都会限制效率。但是，如果希特勒、墨索里尼因严重的精神分裂症而崩溃，那将是一件幸事，而不是诅咒。从积极、以价值为导向的心理学的角度来看，我们应该研究那些使人在价值的意义上变坏、受限的障碍。因此，对社会而言，仇恨肯定比抑郁症更重要。

我们花了大量时间研究犯罪。为什么不同时研究遵纪守法、认同社会、慈善与社会良知？

除了研究美好的生活经历（如婚姻、成功、生儿育女、恋爱、教育等）的心理治疗作用，我们还应该研究糟糕经历的心理治疗作用，尤其是悲剧的作用，也应该研究疾病、剥夺、挫折、冲突等的作用。健康的人似乎能把这样的经历转化为有益的东西。

应该有对兴趣的研究（与之相对的是对无聊的研究）。应该研究那些有活力、向往生命、抗拒死亡、有热情的人。

我们目前关于人格动力学、健康和适应的知识，几乎完全来自对病人的研究。研究健康的人不仅能纠正这种偏颇，直接告诉我们什么是心理健康，而且我们相信，这种研究还能教给我们许多关于神经症、精神病、心理病态和一般心理病理的知识，远比我们现在所知的更多。

应该有对能力、功能、技能、技艺的临床研究。还应该研究天职、感召和使命感。

应该对天赋和才能进行临床研究。我们在智力不足的人身上花费的时间和金钱远远多过聪明人。

人们通常所理解的挫折理论，就是缺陷心理学的一个很好的例子。太多的育儿理论用弗洛伊德的想法来看待孩子，认为孩子是一个完全保守的有机体，固守已经实现的适应；而没有进行新的适应、按照自己的方式成长和发展的冲动。

时至今日，心理诊断技术仍然用于诊断病态，而不是甄别健康。对于创造性、自我力量、健康、自我实现、催眠、疾病抵抗力等概念，无论是罗夏墨迹测验、主题统觉测验还是明尼苏达多项人格测验都没有良好的常模。大多数人格问卷仍然以最初的伍德沃斯（Woodworth）模型为基准；这些问卷罗列了许多疾病的症状，如果**没有**这些列表中的症状，就能得到好的、健康的分数。

心理治疗改善了人的状况，但因为我们没有研究他们在治疗后的人格，我们错失了一个看到人们最佳状态的机会。

应该研究高峰体验者和非高峰体验者，也就是研究那些有高峰体验和无高峰体验的人。

动物心理学

动物心理学一直在强调饥饿与口渴。为什么不研究更高级的需求？事实上，我们不知道白鼠有没有什么东西能与我们对爱、美、理解、地位等较高级的需求相比。根据动物心理学家现有的技术，我们怎么可能知道呢？我们必须放下这种**绝望**大鼠的心理学。这些大鼠被逼迫到了饥饿的边缘，或者被疼痛或电击逼迫到了极端的情况，而人类很少会身处这些情况。

（研究者对猴子和猿类也做过一些类似的研究。）

比起死记硬背、盲目联想的学习，高级智力与低级智力，复杂智力与简单智力等方面的研究，我们应该更加强调对于理解和顿悟的研究；我们忽视了动物表现可能存在的上限，而去研究动物的平均水准。

当赫斯本德（Husband，1929）证明大鼠能像人类一样学会走迷宫时，我们就应该彻底抛弃迷宫研究，不再用它来研究学习。我们本来就知道人类的学习能力比大鼠强。任何不能证明这一点的技术，就像在一个天花板很低的房间里，给弯腰的人量身高一样。我们测量的是天花板的高度，而不是人的高度。迷宫研究只能测量较低的天花板，而不能测量学习和思维能力可能达到的高度，即便是在大鼠身上也是如此。

研究高等动物而非低等动物，大概会让我们更了解人类心理。

我们应该始终牢记，动物研究从一开始就注定了我们会忽视人类特有的能力，例如殉道、自我牺牲、羞耻、象征、语言、爱、幽默、艺术、美、良知、内疚、爱国、理想，以及诗歌、哲学、音乐或科学方面的创造。动物心理学对于了解人类与所有灵长类动物所共有的特征是必要的。在研究那些其他动物所**不具有**的人类特征时，或者在研究人类具有极大优越性的特征（如潜在学习）时，动物心理学就毫无用处了。

社会心理学

社会心理学不应该只研究模仿、暗示、偏见、仇恨和敌意。这些力量在健康的人身上是次要的。

应该研究民主理论、无政府理论，民主的人际关系，民主领袖，民主国家的权力、民主人民与民主领袖的权力，无私领袖的动机，健全的人为何**不喜欢**拥有支配他人的权力。社会心理学在很大程度上被低上限、低级动物的权力观念所主导。

竞争研究得比合作、利他、友善、无私更多。

对自由和自由人民的研究，在今天的社会心理学中几乎没有一席之地。

文化是如何改善的？离经叛道的人能带来哪些好的影响？我们知道，没有离经叛道的人，文化就永远无法进步或改善。为什么没有对这些人做更多的研究？为什么人们常常认为这些人是病态的？为什么不认为他们是健康的？

在社会领域，兄弟情谊和平等主义就像阶级、阶层与支配一样值得关注。为什么不研究消费者合作组织、生产者合作社、意向性社群与乌托邦社群？

在研究文化与人格的关系时，研究者往往把文化当作主要推动力，仿佛文化是塑造的力量，是不可阻挡的。但是，更强大、更健康的人可以也的确在抵制文化的影响。对有些人来说，文化适应只在一定程度上起作用。我们需要研究**不受**环境影响的自由。

民意调查建立在这样的基础之上：不加批判地接受对于人类可能性的悲观看法。例如，假定人们的投票是由自私或纯粹的习惯所决定的。这是事实，但只适用于那 99% 不健康的人。健康的人至少会在一定程度上根据逻辑、常识、正义、公正、现实等因素投票或作出判断——即使从狭隘而自私的角度考虑，这样做违背了他们自己的利益。

民主国家的领导人寻求的往往是服务大众的机会，而不是统治他人的权力。为什么人们在很大程度上忽视了这个事实？尽管在美国和世界的历史上，这种现象都是一股极其重要的力量，但它仍然被完全忽视了。很明显，杰斐逊从来都不想要权力或领导权，因为这种权力可能会带来私利；他反而觉得应该奉献自己，因为这样他就能做好需要做的工作了。

应该研究职责、忠诚、对社会的义务、责任和社会良知。还应该研究好公民、诚实的人。我们花了那么多时间研究罪犯，为什么不研究这些人？

应该研究斗士，研究为原则、正义、自由、平等而奋斗的人，研究理想主义者。

应该研究偏见、不受欢迎、剥夺、挫折带来的益处。即便是对于偏见这样的病态现象，心理学家也很少去充分了解它的多面性。遭到排斥肯定也有一些**好**结果。如果文化是可疑、病态或糟糕的，那就更是如此。虽然被这种文化排斥可能会带来极大的痛苦，但是对一个人来说是好事。自我实现者往往会退出他们不认可的亚文化，从而主动地放逐自己。

我们对圣人、骑士、行善者、英雄、无私领袖的了解，不如对暴君、罪犯、精神病态者的了解多。

习俗有好的一面，有可取之处。这些是好的习俗。应该研究健康社会和病态社会中的不同习俗观念。"中产阶级"的价值观也应加以研究。

善良、慷慨、仁慈和慈善在社会心理学教材中的篇幅太少了。

像富兰克林·罗斯福或托马斯·杰斐逊这样富有的自由主义者，他们不计个人私利，为了公平与正义而奋斗，完全违背了自己的经济利益。

虽然有很多关于反犹太主义、反黑人主义、种族主义和仇外心理的文献，但很少有人认识到，也存在亲犹太主义、亲黑人主义，以及对弱势群体的同情。这种现象表明，我们更关注敌意而不是利他主义、同情心，或者对于遭受恶劣对待者的关心。

我们应该研究体育精神、公平、正义感、对他人的关心。

在人际关系或社会心理学的教科书中，对爱、婚姻、友谊和治疗关系的研究，很可能成为范例，在以后的教科书中加以讨论。然而，今天的教科书很少认真对待这些研究。

抵制销售、广告、宣传和他人的观念，维护自主性，抵制暗示、模仿、权威的能力，在健康人身上很强，在普通人身上却较弱。应用社会心理学家应该更深入地研究这些健康的表现。

社会心理学必须摆脱各种文化相对主义。这种文化相对主义过分强调人的被动性、可塑性和无定形性，而过少地强调自主性、成长倾向和内在力量的成熟。社会心理学既要研究被动者，也要研究能动者。

心理学家和社会学家要为人类提供实证的价值体系，否则没有人能承担这一任务。仅这一项任务就会产生上千个问题。

从积极开发人类潜能的角度来看，心理学在第二次世界大战期间彻底失败了。很多心理学家只把心理学作为一种技术来使用，只允许心理学应用于已知的事物。这场战争几乎没有为心理学理论增添什么新的东西，不过以后也许会有进展。这意味着许多心理学家和其他科学家与那些目光短浅的人为伍了，这些人只强调打赢战争，却忽视了战后和平。他们完全忽视了整场战争的意义，把战争变成了一场技术的游戏，而不是一场价值观斗争——实际上它是，或者至少应该是。心理学中几乎没有什么东西能阻止那些人犯下这个错误，比如说，没有什么哲学观念能把技术与科学分开，没有什么价值理论能让他们清楚地理解，民主的人到底是什么样的，这场战斗是为了什么，战斗的重点是什么或应该是什么。他们通常只关注手段问题，而不是目的问题，他们既可以为民主国家所用，也可以为纳粹所用。他们的工作甚至在防止自己国家的独裁主义的增长方面都收效甚微。

社会制度（其实是文化本身）通常被视为塑造、强迫、抑制的因素，而不是满足需求、制造幸福、促进自我实现的因素。"文化是一系列问题，还是一系列机会？"［出自 A. 米克尔约翰（A. Meiklejohn）］大概是因为学者只和病态心理打交道，所以才会把文化看作塑造的因素。对健康人的研究表明，文化是满足需求的源泉。家庭大概也是如此，也常常只被人视为一种塑造、训练和铸造的力量。

人格

所谓适应良好的人格或良好的适应，为进步与成长的可能性设置了较低的上限。牛、奴隶、机器人可能都适应良好。

人们通常把儿童的超我视为对于恐惧、惩罚、丧失爱、抛弃等因素的内摄。对于安全、被爱、被尊重的儿童和成人的研究表明，内在的良知可以建立在爱的认同、取悦他人和使他人快乐的愿望，以及真理、逻辑、正义、一致性、权利与职责的基础上。

健康的人的行为较少受到焦虑、恐惧、不安全感、内疚、羞耻的影响，更多由真理、逻辑、正义、现实、公平、健康、美好、正确等因素决定。

关于无私的研究在哪里？关于不嫉妒的研究呢？意志力呢？性格力量呢？乐观呢？友善呢？现实主义呢？自我超越呢？大胆与勇气呢？不嫉恨的品质呢？真诚呢？耐心呢？忠诚呢？可靠呢？责任心呢？

当然，对于一门积极的心理学而言，最重要、最明显的选题是研究心理健康（以及其他健康，如审美健康、价值健康、身体健康等）。但是，积极的心理学也要求我们更多地研究好人、安全的人、自信的人、具有民主性格的人、幸福的人、安详的人、冷静的人、平和的人、有同情心的人、慷慨的人、善良的人、创造者、圣人、英雄、强者、天才，以及其他优秀的人类典范。

是什么产生了善良、社会良知、乐于助人、睦邻友好、认同、宽容、友善、对正义的渴望、正义的愤慨等对社会有益的品质？

我们有很丰富的关于心理病理的词汇，但关于健康或超越性境界的词汇却很贫乏。

剥夺和受挫有一些好的作用。因此对公正处分和不公正处分的研究是有必要的，对自律的研究也是有必要的。自律源于直接接触现实，从现实的内在奖励与惩罚中学习，从现实的反馈中学习。

应当研究特性与个性（**不是**传统意义上的个体差异）。我们必须发展一门人格的特异性科学。

人是如何变得不同，而不是相似的（如何适应文化、被文化同化等）？

什么是为事业奉献？是什么造就了热爱奉献、有献身精神的人？是什么让一个人把自己与超越自我的事业或使命联系在一起？

应该研究满足、快乐、平静、安详、平和的人格。

自我实现者的品位、态度和选择在很大程度上是内在、由现实决定的，而不是相对、外在的。因此，这是一种追求是、真、美的品位，而不是追求非、伪、丑的品位。他们生活在一个稳定的价值体系中，而不是生活在一个完全没有价值观（只有潮流、时尚、他人意见、模仿、建议和权威）的机器人的世界里。

自我实现者的挫折层次与对挫折的容忍度可能高得多。他们的内疚层次、冲突层次、羞耻层次也是如此。

通常对亲子关系的研究，似乎**只**把这种关系当作一系列问题，**只**把它当作一个犯错误的机会。这种关系主要是一种乐趣和愉悦，是一种很好的享受机会。青春期也是如此，往往被人当作洪水猛兽。

第15章

关于科学的心理学研究

扫码收听音频导读

对科学的心理学解释始于这样一种醒悟：科学是人类创造的，而不是一种自主、非人类的，或者自成一体、有着内在规则的"事物"。科学源于人的动机，它的目标是人的目标，它由人创造、更新与维持。科学的法则、组织和表达方式，不仅依赖于科学所发现的现实的本质，也依赖于做出发现的人的人性本质。心理学家，尤其是有过临床经验的心理学家，会自然、自发地以个人化的方式研究任何问题——他们会研究人（而不是研究人提出的抽象概念），不但会研究科学，还会研究科学家。

有些人在误导人们相信事实并非如此，坚持不懈地试图把科学说成完全自主、自我调节的东西，并将科学视为一种不掺杂个人因素的游戏，认为它具有内在、随机、类似国际象棋的规则。心理学家必须认为这种看法是不现实、错误的，甚至是违反实证原则的。

我们要认清科学首先是一种人为的造物，必须从心理学的角度加以审视。在本章中，我希望详细说明这种认识的某些重要启示与后果。

研究科学家

对科学家的研究显然是科学研究的一个基本甚至必要的方面。科学作为一种传统，在一定程度上是人性某些方面放大的投影，因此这些人性方面的知识有了任何增长，都会使科学知识自动成倍地增长。比如说，每一门科学和其中的每一个理论，都会受到下列知识增长的影响：①偏见与客观性的本质；②抽象过程的本质；③创造性的本质；④文化适应的本质，以及科学家抵制文化适应的本质；⑤愿望、希望、焦虑、期望对于知觉的污染；⑥科学家的角色或地位的本质；⑦我们文化中的反智主义；⑧信仰、信念、信心、确定性等的本质。

科学与人类的价值观

科学建立在人类价值观的基础上，有着自己的价值体系（Bronowski，1956）。人类的情绪、认知、表达、审美需求促进了科学的起源，赋予了它目标。满足这些需求中的任何一种，都是一种"价值"。对爱、安全的需求是如此，对真理或确定性的需求也是如此。简洁、简约、精巧、精简、精确、整洁的审美满足，既是数学家和科学家的价值追求，也是工匠、艺术家或哲学家的价值追求。

除了上述价值追求，科学家还拥有一些我们文化中的基本价值观，而且可能永远都必须秉持这样的价值观，至少在一定程度上如此。例如，诚实、人道主义、尊重个体、服务社会、民主地尊重个人做出决定的权利（即使他犯错），保护生命与健康、缓解痛苦、该赞扬就赞扬、共享荣誉、体育精神、"公平"等。

显然，"客观"与"实事求是的观察"是需要重新定义的词语。"排除价值取向"最初的意思是，排除神学或其他先入为主的权威主义教条。排除这些教条，在今天和在文艺复兴时期一样必要，因为我们仍然希望我们观察的事实尽量不受污染。如果说，有组织的宗教在今天对美国的科学只有微弱的威胁，那么我们仍要对抗强大的政治、经济教条。

理解价值观

然而，为了防止我们对自然、对社会、对自身的看法被人类的价值观"污染"，我们现在所知的唯一方法，就是时刻意识到这些价值观，理解这些价值观对看法的影响，并借助这种理解做出必要的修正。（我所说的污染是指，在我们想了解现实决定因素的时候，误把心理决定因素与现实决定因素混为一谈。）对价值观、需求、愿望、偏见、恐惧、兴趣与神经症的研究，必须成为所有科学研究的一个基本方面。

上面的说法还必须包括所有人类最普遍的倾向：抽象、分类、发现异同、有选择性地关注现实等一般倾向，以及根据人类自己的兴趣、需求、愿望和恐惧重新组织现实的倾向。通过这种方式，我们把知觉按照不同的范畴和类别组织起来，可能这在某些方面是有益、有用的，在另一些方面则是有害的。因为，尽管这样做能把现实的某些方面凸显出来，但也把现实的另一些方面掩盖起来了。我们必须明白，虽然大自然给了我们分类的线索，而且有时事物确有"天然的"分界线，但这些线索往往是微不足道、模棱两可的。我们常常不由自主地对自然事物进行分类，或者把类别的观念强加于事物之上。我们这样做，不仅是在遵从大自然的建议，也是在遵从我们自己的人性、无意识的价值观、偏见与兴趣。尽管理想的科学要尽量减少理论中的人类决定因素，但我们绝不可能通过否认这些因素的影响来达到这个目标，只有通过充分地了解它们。

所有这些关于价值观的令人不安的讨论，是为了更有效地达成科学的目标，即通过研究掌握知识的人，来提高我们对自然的认识，净化我们对已知事物的认识。知道了这一点，那些忧心忡忡的纯粹的科学家应该能感到安心了（Polanyi，1958，1964）。

人类与自然的法则

人类的心理规律和非人类的自然规律在某些方面是相同的，在某些方面又完全不同。 人类生活在自然世界中，这并不意味着他们的规则与法则必须与大自然相同。生活在现实世界中的人，当然必须对现实让步，但这本身并不否定人类拥有不同于自然的内在法则。愿望、恐惧、梦想、希望——这些东西的运作方式都与鹅卵石、电线、温度或原子不同。建立哲学也不同于建造桥梁。研究家庭的方法必然不同于研究晶体。我们所有关于动机与价值观的讨论，并不意味着要将非人类的性质主观化或心理学化，然而，我们**必须把人**性心理学化。

这种非人类的现实，不依赖于人的愿望和需求，既不仁慈也不邪恶，没有意图、目的、目标或功能（只有生物才有意图），也没有意动或情感倾向。如果所有人类都消失了（这并非不可能），这个现实还会继续存在。

从**任何**角度来看，无论是为了满足"纯粹"、客观的好奇心，还是为了预测和控制现实以实现人类的直接目标，了解现实的本来面目（而不是我们所希望看到的现实）都是有益的。康德声称我们永远不可能完全了解非人类的现实，他当然是正确的，但我们有可能接近这个现实，更真切（而不是更不真切）地了解现实。

科学的社会学

我们应该更加关注科学与科学家的社会学研究。 如果科学家在一定程度上由文化变量所决定，那么科学家的成果也是如此。科学在多大程度上需要其他文化的人的贡献；科学家在多大程度上必须超脱于文化之外才能更有效地观察；科学家在多大程度上必须作为一个国际主义者，而不是作为某一国的人民（比如美国人）；科学家的成果在多大程度上由他们的阶级、阶层所决定——为了更全面地了解文化对于感知自然的"污染"效应，我们就必须提出并回答这类问题。

认识现实的不同方法

科学只是认识自然、社会和心理现实的一种手段。有创造性的艺术家、哲学家、人文作家，甚至挖沟的工人也可以是真理的发现者，他们应该和科学家一样受到同样的鼓励。[①]我们不应该认为这些认识手段是相互排斥的，甚至不应该认为它们是彼此独立的。那些同时是诗人、哲学家，甚至是梦想家的科学家，几乎肯定比那些思维狭隘的同事更为高明。

如果我们秉持这种心理多元化的思想，把科学看作各种才能、动机和兴趣的组合，那么科学家和非科学家之间的界限就变得模糊了。专门批判和分析科学概念的科学哲学家与同样对纯理论感兴趣的科学家之间的差别，肯定比后者与专门研究技术的科学家之间的差别小。有的剧作家或诗人能够提出有条理的人性理论，他们与心理学家之间的差别，肯定比心理学家与工程师之间的差别小。科学史学家既可能是历史学家，也可能是科学家，是哪一种并不重要。临床心理学家或者仔细研究个案的医生从小说家那里获得的启发，可能比从醉心于抽象理论与实验的同事那里得到的更多。

我不知道有什么办法能将科学家和非科学家明确区分开来。我们甚至不能把对科学实验的追求作为评判标准，因为在领着薪水的科学家当中，从来没做过，也永远不会做真正的实验的人比比皆是。有些在大专教化学的人自诩是化学家，可他从没在化学方面有过什么新发现，他只不过是读读化学期刊，像按照菜谱做菜一样重复别人的实验。与一个对家里的地下室产生浓厚兴趣、系统思考的聪明的 12 岁学生，或是与一个核实广告商说辞、心怀疑虑的消费者相比，他可能更不像科学家。

---

① 也许，可以说当今理想的艺术家和理想的科学家之间的主要差别是：首先，前者往往精通具体事物（独特、特殊、个别的事物）的知识，是具体事物的发现者，而后者则是一般规律（概括、抽象的事物）的专家；其次，艺术家更像是发现问题、提出问题、做出假设的科学家，而不像是解决问题、核查事实、制造确定性的科学家。后一类功能处理的是可验证、可检验的东西，这通常是专属于科学家的责任。

研究所的所长哪里像是科学家？他的时间可能已经完全用于行政和组织工作，而他却乐于称自己为科学家。

如果说，理想的科学家要集创造性的假设者、谨慎的检查者与实验者、哲学体系的建构者、历史学者、技术专家、组织者、教育－写作－宣传工作者、申请者和鉴赏家于一身，那么我们就很容易理解，理想的科研团队可能至少应该由这九名不同职能的专家组成，**而不需要一个全面的科学家**！

尽管这些论述说明了科学家—非科学家的二分法过于简单，但我们也必须考虑到一个普遍性的发现，即从长远来看，过度专业化的人通常在任何方面都没什么大用，因为他整个人都深陷痛苦。与一般的残疾人相比，一般、全面的健康人能把大多数事情都做得更好；如果一个人试图通过抑制冲动和情绪，来成为**过于**纯粹的思想者，那他反而只能成为一个病人，以病态的方式思考，也就是说，他只会成为一个糟糕的思想者。总而言之，我们可以相信，一个有一点艺术修养的科学家，与毫无艺术修养的同事比起来，是一个更好的科学家。

如果我们观察个案，这一点就变得非常清楚了。伟大的科学家通常都有广泛的兴趣，他们都不是狭隘的技术专家。从亚里士多德到爱因斯坦，从达·芬奇到弗洛伊德，这些伟大的发现者都是多才多艺的人，对人文、哲学、社会和美学都感兴趣。

我们必须得出这样的结论：科学的心理多元化观点告诉我们，通往知识与真理的道路很多；无论是作为一个人，还是出于一个人的某个方面，有创造性的艺术家、哲学家、人文作家都可以成为真理的发现者。

心理健康

在其他条件相同的情况下，我们可以认为，快乐、安全、安详、健康的科学家（或艺术家、机械师、行政人员），比不快乐、不安全、有烦恼、不健康的人能够成为更好的科学家（或艺术家、机械师、行政人员）。神经症患者会扭曲现实，对现实提出要求，把不成熟的理念强加于现实，害怕未知、新奇的事物，过多地受自身内在需求的影响，以至于不能很好地反映现实，太容易受惊，太渴望得到他人认可，还有许多诸如此类的问题。

这一事实至少能给我们三个启示。第一，科学家（或者更确切地说，一般的真理探索者）应该是心理健康的，而不应该是不健康的，这样才能把工作做到最好。第二，我们可以认为，随着文化的进步，公民健康水平的提高，追求真理的水平也应该提高。第三，我们应该相信心理治疗能改善科学家的个人能力。

我们已经认可这一事实：更好的社会条件往往会促使我们追求学术自由、终身教职、更高的薪水等方面的利益，从而有助于求知者。[①]

---

① 对于那些认识到这是一个革命性的说法，并感到有义务深入阅读的读者，我建议他们去努力阅读该领域内最伟大的著作——迈克尔·波兰尼的《个人知识》（Polanyi，1958）。如果你没有读过这本书，就不能认为自己为下个世纪做好了准备。如果你没有时间、意愿或体力来阅读这本巨著，那么我推荐我的《科学心理学》。这本书的优点是简短易读，并表达了类似的观点。本章、这两本书及其他相关书籍，充分代表了新的人本主义时代精神，这种精神也反映在科学领域内。

CHAPTER 16

第 16 章

聚焦手段与聚焦问题

人们越来越多地注意到了"正经"科学的缺陷与罪恶。然而，除了林德（Lynd，1939）的精彩分析，人们一直忽视对这些失败根源的讨论。本章会试图表明，正统科学，尤其是心理学的诸多缺陷，其实是通过聚焦手段或技术的方法来界定科学的结果。

所谓**聚焦手段**，我指的是一种这样的倾向：认为科学的本质在于它的工具、技术、程序、仪器和方法，而不在于它的问题、议题、功能或目标。在最简单的层面，聚焦手段的倾向，把科学家与工程师、医生、牙医、实验室技术人员、玻璃吹制工、尿液分析师、机械维修工等混淆了。在最高级的智力层面，聚焦手段的倾向通常表现为把科学与科学方法混为一谈。

对技术的过度强调

总是强调方法的精巧、手段的完美，以及技术与仪器，往往会带来这样的结果：贬低了问题与一般创造性的意义、生命力和重要性。几乎所有的心理学博士生都会明白这在实践中意味着什么。一个在方法上无可指摘的实验，无论其意义是否微不足道，都很少受到批评。一个大胆、开创性的问题，就因为它可能"失败"，往往在开始研究之前就被批评得体无完肤。的确，科学文献中的批评通常只会针对方法、技术、逻辑等方面。在我看过的文献中，我不记得有任何一篇论文批评另一篇文章缺乏重要性、浅薄或无关紧要。[1]

因此，越来越多的人说，论文研究的问题本身并不重要，只要论文写得好就行。简而言之，论文无须再贡献新知。博士生需要了解他们领域内的技术和过去累积的数据。人们通常不会强调，好的研究想法也是值得称道的。因此，完全、明显没有创造性的人也可能成为"科学家"。

在较低的层次——高中和大学的科学课程上也能看到类似的结果。老师会鼓励学生把科学看作直接操作科学仪器的活动，看作"菜谱"一般的书籍里的机械性操作程序；简而言之，跟随他人的引导，重现别人已有的发现。没有人会教导学生：科学家不同于技术人员，也不同于科学书籍的读者。

我们很容易误解这些争论的要点。我不想贬低方法的重要性，我只想指出，即使在科学中，手段也很容易与目的混淆。当然，工作中的科学家必须关注他们的技术，但这只是因为技术可以帮助他们达成目的——回答重要的问题。一旦他们忘记了这一点，就会变成弗洛伊德所说的那个人——把所有时间花在擦拭眼镜上，而不去戴上眼镜看世界。

聚焦手段往往会把技术人员和"仪器操作工"推上科学的指导地位，而不让"问题提出者"和问题解决者挑起大梁。我不想制造一种极端、不真实的二分对立，但仍然要指出，那些只知道**如何做**的人，与那些还知道**该做什么**的人之间是有区别的。前者总是人数众多，他们会不可避免地成

---

[1] "即使是学者也可能在小问题上大费周章，写作大型专著。他们称之为原创研究。重要的是他们的发现是以前尚未为人所知的——倒不是说这些东西值得去知道。其他专家迟早会引用这些发现。各所入学的专家出于某些难以捉摸的原因，以聚土成丘的耐心，为彼此写作论文。"（Van Doren，1936，p. 107）"体育爱好者"成了坐在一旁**观看**运动员的人。

为科学界的牧师，成为方案、程序（也可以说是仪式与典礼）方面的权威。虽然这些人在过去只不过是一个小问题，但现在科学已经成了关乎国内外政策的问题，所以这些人可能造成真正的危险。这种趋势格外危险，因为外行人理解操作者，远比理解创造者和理论家更容易。

聚焦手段往往会导致不分青红皂白地高估量化研究，将其作为目的本身。这么说肯定是没错的，因为聚焦于手段的科学更强调陈述的**方式**，而不那么强调陈述的内容。因此，方法的精巧与精确与研究意义的重要性和广泛性对立起来了。

聚焦手段的科学家往往会不由自主地削足适履，让自己的问题去适应自己的技术，而不是反过来。他们最先问的问题往往是"用现有的技术和设备能解决哪些问题"，而不是"我能研究的最紧迫、最重要的问题是什么"（这才是应该更多提出的问题）。否则，我们该如何解释，为什么大多数平庸的科学家一生都在钻研一个狭小的领域，这个领域的边界不是由世界的基本问题决定的，而是由一件仪器或一项技术的极限决定的？在心理学界，很少有人会觉得"动物心理学家"或"统计心理学家"的概念有什么滑稽之处。只要能用上他们的动物或统计方法，这些人就不介意研究任何问题。归根结底，这肯定会让我们想起那个著名的醉汉，他丢了钱包却不去丢钱包的地方寻找，反而跑到路灯下找，"因为那里光线更好"；也可能会让我们想起这样一位医生的故事，他让所有患者都产生了癫痫症状，因为他只知道怎么治这种病。

聚焦手段往往会把科学分为三六九等，在这种等级制度下，物理学比生物学更"科学"，生物学比心理学更"科学"，心理学比社会学更"科学"，这是非常有害的。只有在技术严谨、成功与精确的基础之上，才可能产生这种高下之分。从聚焦问题的科学角度来看，这样的等级制度是永远不会产生的，因为谁能说，关于失业、种族偏见或爱的问题，其内在价值不如恒星、钠或肾功能的问题重要？

聚焦手段往往会导致对科学做出过于明确的划分，在学科之间筑起高

墙，将其划分为孤立的领域。当雅克·洛布（Jacques Loeb）①被问及他是神经学家、化学家、物理学家、心理学家还是哲学家时，他只回答说："我是个解决问题的人。"这当然应该是一个更常见的回答。如果科学界有更多像洛布这样的人，那将是一件好事。但是，这样的迫切需求显然被我们的哲学理念阻挠了。这种哲学理念把科学家变成了技工和专家，而不是勇敢的求索者，把科学家变成了**有知识**的人，而不是**有疑问**的人。

如果科学家把自己看作提问者、问题解决者，而不是专业化的技工，那么现在就会有一股潮流涌向最新的科学前沿，涌向我们所知最少，却应该所知最多的心理与社会的问题。为什么学科之间的交叉、交流如此之少？为什么每有100个从事物理或化学研究的科学家，就只有十几个研究心理问题的科学家？哪种做法对人类更好，是让1000个聪明人去制造炸弹（或精益求精地制造更好的青霉素），还是让他们去研究民族主义、心理治疗或剥削的问题？

在科学中聚焦手段，会在科学家和其他真理寻求者之间，在他们寻求真理的各种方法与真知之间制造巨大的鸿沟。如果我们把科学定义为对真理、顿悟和理解的追求，以及对重要问题的关注，那么我们一定很难把科学家与诗人、艺术家和哲学家区分开来。②他们提出的可能是同样的问题。当然，归根结底，我们应该诚实地对他们做出语义上的区分，而且必须承认，我们做出这种区分的判断依据是，他们采用的研究方法以及他们防范错误的技术手段是不同的。然而，如果科学家与诗人、哲学家之间的鸿沟不像今天这样大，对科学来说显然会更好。聚焦手段只会把这些人归入不同的领域；聚焦问题则会认为他们是相互帮助的合作者。多数伟大的科学家的传记表明，后一种情况比前者更接近事实。许多伟大的科学家本身也是艺术家和哲学家，他们从哲学家那里得到的支持，往往与他们从科学同行那里得到的支持一样多。

---

①　雅克·洛布的研究涉及多个领域且影响深远，尤其在人工单性生殖实验方面。——译者注

②　你必须热爱问题本身。——里尔克（Rilke）

　　我们已经知道了答案，所有的答案，我们不知道的是该提什么问题。——A. 麦克利什（A. MacLeish），《麦克利什的哈姆雷特》（*The Hamlet of A. MacLeish*），霍顿·米夫林出版公司。

聚焦手段与科学的正统观念

聚焦手段往往会不可避免地产生一种科学的正统观念，而这种观念又会制造一种异端邪说。科学中的议题与问题很少能以正统方法阐述、归类或归入某个井井有条的系统。过去的问题已不再是问题，而是答案。未来的问题还没有出现。但是，对过去的方法和技术进行阐述与分类是可能的。这就是所谓"科学的方法规则"。这些规则被顶礼膜拜，被传统、忠诚和历史包裹着，往往会成为当下研究的束缚（而不仅仅是建议或帮助）。在缺乏创造性、谨小慎微的守旧之人手中，这些"规则"实际上变成了一种要求：我们**只能**像我们的先辈解决他们的问题那样，去解决我们现在的问题。

这样的态度对心理科学和社会科学来说尤其危险。要真正恪守科学原则的戒律通常是指，要使用物理学和生命科学的技术。因此，许多心理学家和社会科学家倾向于模仿旧技术，而不是创造和发明新技术。可是他们的科研进展水平、他们的问题、他们的数据在本质上不同于物理学，这就要求他们必须创造新技术。科学的传统可能是一种危险的祝福。忠诚则绝对是危险的。

科学正统观念所带来的一种主要危险是，它往往会阻碍新技术的发展。如果科学的方法规则已经形成，剩下的就只有遵照这些规则去做。新方法、新的做事方法不可避免地会受到怀疑，并且通常会遭受敌意，例如精神分析、格式塔心理学、罗夏测验的遭遇。这种意料之中的敌意可能也在一定程度上导致了这样一个事实：我们尚未发明出新的心理科学和社会科学所需要的那种关系的、整体的和综合的逻辑学、统计学和数学。

通常，科学的进步是协作的产物。不然，有限的个人又怎么能做出重要甚至伟大的发现呢？如果没有合作，就不会有进步，直到有一个不需要帮助的巨人站出来。正统观念就意味着拒绝非正统的帮助。因为很少有天才（无论持正统还是异端观念的人），所以就意味着只有正统科学才能持续、平稳地发展。我们可能会认为，异端观念会被搁置很长一段时间，令人厌倦，遭受忽视和反对，然后突然冲出重围（如果这种观念是正确的），反过来成为正统。

聚焦手段的做法所培养的正统观念带来的另一个危险（可能是更重要的危险）是：正统观念倾向于越来越多地限制科学的研究范畴。 正统观念不仅阻碍了新技术的发展，也往往会阻碍人们提出许多新问题——读者现在可能已经意识到了个中原因：这些问题不能用现有的技术来回答（比如关于主观性、价值观和宗教的问题）。正是这种愚蠢的理由，才导致了我们不必要的认输，导致了说法上的矛盾，导致了"不科学的问题"这种概念，就好像有些问题是我们不敢问，也不敢回答的。当然，任何读过并了解科学史的人，都不敢说有些问题是无法解决的，他只会说有些问题尚未得到解决。采用后一种说法，我们就有明确的动力去行动，去进一步发挥聪明才智与创造性。若是采用当前正统科学的说法，我们用（我们所知的）科学方法能做什么呢？我们被鼓励去做完全相反的事情——自愿地自我设限，放弃人类感兴趣的广大领域。这种趋势可能走向最令人难以置信、最危险的极端。甚至在最近美国国会建立美国研究基金会的讨论中，一些物理学家建议将心理学和社会科学排除在外，不予支持，理由是它们不够"科学"。如果不是因为顶礼膜拜完美而成功的技术，完全忽视科学的提问本质，忽视科学根植于人类的价值观与动机，怎么会说出这样的言论？作为一名心理学家，我该如何理解这句话，如何理解我的物理学家朋友们的其他类似的嘲讽？我该用他们的技术吗？可这些技术对我的问题毫无用处。那样做怎么能解决心理学问题呢？这些问题不应该得到解决吗？或者说，科学家应该完全退出这个领域，把它还给神学家吗？或者说，这里面有没有人身攻击的意味？这是不是在暗示心理学家很愚蠢，而物理学家很聪明？但是，有什么理由能让人说出这种无稽之谈呢？凭印象？那我就必须说说我的印象：在每一个科学群体中，傻瓜的数量都半斤八两。哪种印象更合理？

导致这种现象的原因是，这些人暗中把技术放在了最主要的位置上——也许是唯一的位置。除此之外，我恐怕找不出其他可能的解释了。

聚焦手段的正统观念鼓励科学家"谨慎行事"，而不是大胆创新。这就使得科学家的日常工作似乎是按照铺设好的道路一寸一寸地前进，而不是在未知领域开辟新的道路。这种观念迫使人们采取保守而非激进的方法来解决未知问题。这往往会使他们变成"定居者"而不是"拓荒者"。①

科学家应该做的是（至少应该偶尔做一次）在未知、混乱、模糊、难以控制、神秘、尚未得到阐释的领域中砥砺前行。这是聚焦问题的科学要求科学家尽量多做的事情。这就是为什么科学家不应该用强调手段的方法来研究科学。

过分强调方法与技术，会让科学家认为：①自己比实际情况更加客观、更不主观；②他们不需要关心价值观。方法在伦理上是中立的；议题与问题则可能不中立，因为它们迟早会涉及各种关于价值观的棘手争论。避免价值观问题的一种方法，就是强调科学的技术，而不强调科学的目标。事实上，科学中产生聚焦于手段的取向的主要原因之一，似乎很可能就是科学家在处心积虑地做到尽可能客观（无价值观）。

但是，正如我们在第 15 章所看到的，科学过去不是，现在不是，也不可能是完全客观的，即不依赖于人的价值观。此外，甚至科学是否应该努力做到客观（也就是说，做到**完全**客观，而不是做到人类能力所及的客观），也是非常值得商榷的。本章所列出的所有错误，都证明了试图忽视人性缺点的危险。神经症患者不仅为他们徒劳的努力付出了巨大的主观代价，讽刺的是，他们的思考能力也变得越来越差。

由于这种独立于价值观的幻想，价值标准变得越来越模糊。如果聚焦手段的理念是极端的（它们很少是极端的），如果这种理念是始终如一的（它们不敢如此，因为会导致明显的愚蠢结果），那么就没法区分重要和不重要的实验。只可能有技术上执行得好的实验与技术上执行得不好的实

---

① "天才是装甲部队的先锋；他们闪电般地进入无人区，这必然使他们的侧翼得不到保护。"（Koestler，1945，p. 241）

验。① 如果只使用方法上的标准来衡量研究，那么最微不足道的研究就可能像最富有成果的研究一样，应该得到同等的敬意。当然，实际上不会有这么极端的情况，但这只是因为科学家追求的不只是方法上的尺度与标准。然而，尽管这种错误很少以如此明目张胆的形式出现，但它经常以不太明显的形式存在。科学期刊上这种例证比比皆是，这些例证也说明了，不值得做的事情，就不值得做好。

如果科学只不过是一套规则与程序，那么科学与国际象棋、炼金术、"伞学"② 或牙科实务之间又有什么区别呢？③

---

① "一名科学家之所以被称为'伟大'，与其说是因为他解决了一个问题，不如说是因为他提出了一个问题，而这个问题的解决……会带来真正的进步。"（Cantril，1950）

② 所谓"伞学"（umbrellaology），是哲学家约翰·萨默维尔（John Sommerville）在 1941 年提出的一项思想实验中的概念。他让学生根据一系列关于伞的具体数据，来判断"伞学"能否代表科学。——译者注

③ 牛津大学基督圣体学院的理查德·利文斯通（Richard Livingstone）爵士给技术人员下了这样的定义："除了工作的最终目的，以及工作在宇宙秩序中的位置，对工作的一切了如指掌的人。"另外一个人以类似的方式把专家定义为"谬以千里却能避免所有小错误的人"。

扫码收听音频导读

CHAPTER 17

第 17 章

刻板印象与真实认知

即使理性承认它不了解呈现在面前的事物，它也相信，它的无知仅仅是因为它不知道这个新事物应该归入哪种历史悠久的类别之中。我们应该把这个事物放进哪个随时能开的抽屉里？我们应该给它穿上哪件已经剪裁好的衣裳？它是属于这一类，还是那一类，抑或是另外一类？所谓"这""那"和"另外"，都必定是已经有界定、已经为人所知的东西。对于一个新的事物，我们可能不得不创造一个新的概念，也许还要创造一种新的思维方法——我们对这种念头深恶痛绝。然而，哲学史已经告诉我们，概念的体系之间永远存在冲突，不可能把真实存在的事物塞进现成概念的外套之中，我们必须量体裁衣。

——亨利·柏格森

《创造进化论》（*Creative Evolution*）

在心理学领域中，有两种截然不同的认知方式：一种是刻板的认知，一种是新颖、谦卑、包容、道家所崇尚的认知。后者是针对具体、特殊、独特事物的认知，既没有先入之见和期望，也不受愿望、希望、恐惧或焦虑的干扰。大多数认知行为似乎都是陈腐、心不在焉的，是对刻板印象的再认与归类。这种在既定规则下的懒惰分类，与全神贯注、真实具体地感知独特现象的多面性之间有着深刻的区别。只有通过后面这种认知，才能充分欣赏与体会任何体验。

在本章中，我将根据上述的理论考虑，来讨论一些关于认知的问题。我特别希望传达一些信念：许多被人们认为是认知的东西，实际上是认知的替代品，是一种二手的把戏，一种我们生活在一个不断变化、充满过程的现实中所必须使用的手段，但我们不愿意承认这个事实。因为现实是动态的，而一般西方人的头脑只能很好地认识静态的东西，所以我们所关注、感知、学习、记忆和思考的大部分东西，实际上都是现实事物的静态、抽象概念，或者是理论上的构念，而不是现实本身。

为了避免本章内容被当作反对抽象与概念的争论，容我澄清一下，我们的生活不可能离开概念、概括和抽象。重要的是，这些概念、概括和抽象必须基于经验，而不是像气球一样空洞无物。它们必须根植于具体的现实，并与现实紧密相连。它们必须包含有意义的内容，而不仅仅是文字、标签和抽象概念。本章讨论的是病态的抽象、"还原为抽象概念"以及抽象的危险之处。

注意

注意与知觉是完全不同的概念，注意相对更强调选择、准备、组织和动员等行动。这些行动不一定是纯粹而全新的反应，不一定完全由人所注意的现实的本质所决定。人们普遍认为，注意也是由个体本性、个人的兴趣、动机、偏见、过往经历等因素所决定的。

　　然而，更重要的是，我们有可能会发现，有两种不同的注意反应：对于独特事件的全新、特殊的关注，以及在外部世界中识别出注意者脑中已有、刻板、分门别类的类属。也就是说，注意可能不只是在世界上再认或发现我们已经放在那里的东西——一种对尚未发生的体验的预判。可以说，这种注意是对过去的一种合理化总结，或者是维持现状的一种尝试，而不是对变化、新奇、流动的事物的真正认识。如果仅仅关注我们已知的事物，或者将新事物强行歪曲成熟悉的形态，我们就会产生这样的注意。

　　这种刻板的注意形式，给有机体带来的好处与坏处一样明显。很明显，我们不需要全神贯注就能对体验进行分类，这就意味着节省精力。分类显然比全身心地注意更加轻松。此外，分类也不需要集中精神，不需要调动有机体的**全部**资源。我们都知道，感知和理解重要或新异的问题需要集中注意力，这个过程是非常费力的，因此相对较少出现。这一结论的证据是，人们普遍喜欢平铺直叙的读物、精简的小说、杂志文摘、俗套的电影、老掉牙的谈话，并且在一般情况下会回避真正的问题，或者至少对老套的伪解决方案有着强烈的偏好。

　　归类或分类是一种不完全、象征性、名义上的反应，而不是完整的反应。它使我们能做出自动化的行为（如一心多用），因此我们能够以类似反射的方式从事较低级的活动，从而把自己解放出来从事较为高级的活动。简而言之，我们不需要注意或关注体验中的熟悉元素。[①]

　　这里面有一个悖论，因为这两种说法都是对的：①我们往往**不会**注意那些不符合已有类别的事物（即陌生的事物）；②不同寻常、不熟悉、危险、有威胁的东西是**最**引人注意的。一种不熟悉的刺激既可能是危险的（黑暗中的噪声），也可能是不危险的（窗户上的新窗帘）。我们会对不熟悉的危险事物给予充分的注意；对熟悉的安全事物给予最少的注意；对不熟

---

① 有关的实验例证，请参阅巴特利特（Bartlett，1932）的优秀研究。

悉的安全事物给予中等的注意，也可能将其转化为熟悉的安全事物，这就是分类。①

我们有一种奇怪的倾向，那就是新异、陌生的东西要么根本不会引起我们的注意，要么会引起我们极大的关注。从这个倾向可以得出一个有趣的推论。似乎我们当中有很大一部分（不那么健康的）人只会注意有威胁的体验。仿佛注意只是对危险的反应，是在向我们发出警告，必须做出紧急反应。这些人会忽视那些没有威胁、不危险的体验，好像这些体验不值得注意，不值得做出任何其他反应，无论是认知反应还是情绪反应。对于这些人来说，生活要么是危险的境遇，要么是两次遇险之间短暂的喘息之机。

但对于有些人来说，生活并非如此。这些人不只会对危险情况做出反应。也许他们感到更加安全、自信，他们完全可以注意到不危险但令人感到愉悦、刺激之类的体验，对这种体验做出反应，甚至为之感到兴奋。已有研究者指出，这种积极的反应，无论是轻微的还是强烈的反应，无论是微弱的快意还是不可抑制的狂喜（就像紧急反应一样），都是一种自主神经系统的动员反应，涉及了内脏与有机体的其余各部分。这两类体验的主要区别在于，一种似乎能带来内在的愉悦，另一种则是不愉快的。通过这种观察，我们发现，人类不仅会被动地适应世界，还会积极地享受世界，甚至主动投身于世界的各种体验中。有一种因素似乎能解释大部分的这些差异，我们可以粗略地称这种因素为"心理健康"。对于相对焦虑的人来说，注意更多是一种专门的应急机制；在他们看来，在某种程度上，世界往往可以简单地分为危险区与安全区。

---

① "从出生到死亡，最令人愉快的事情莫过于将新事物同化为旧事物——面对每个充满威胁的异类和不速之客，尽管它们在我们熟知的概念之中显得如此扎眼，但当它们出现的时候，我们能够看穿它们不同寻常的外表，就像认出乔装打扮的老朋友一样，给它们贴上标签……对于那些让我们彻底摸不着头脑的事物，我们既不感到好奇，也不感到惊异，因为我们没有相关的概念可供参考，也没有相关的标准来衡量它们。"（James，1890，Vol. II，p. 110）

也许，弗洛伊德提出的"自由悬浮的注意"这一概念，与分类注意形成了最为鲜明的对比。[①]请注意，弗洛伊德推崇被动注意而不是主动注意。他的理由是，主动注意往往是对现实世界强加的一系列期望。如果现实的力量足够微弱，这样的期望就可能淹没现实。弗洛伊德建议我们顺应、谦卑、被动，只关注现实告诉了我们什么，只允许现实材料的内在结构决定我们感知到了什么。这就等于在说，我们必须把体验看作独一无二的东西，与世界上任何其他事物都不同，我们唯一能做的必须是理解体验的本质，而不是看它是否符合我们的理论、方案和概念。归根结底，这是在建议我们要以问题为中心，而不是以自我为中心。如果我们要理解体验本身的内在本质，我们就必须尽可能地放下自我、自我的经历、自我的先入之见、自我的希望和恐惧。

用众所周知（甚至有些刻板）的方式，区分一下科学家与艺术家认识体验的方法，也许会有所帮助。如果我们允许自己想象一下真正的科学家和艺术家这样抽象的概念，那么在比较他们认识任何体验的方法时，这样说也许是没错的：从根本上讲，科学家会试图对体验进行分类，将这种体验与所有其他体验联系起来，将其置于一个单一的世界观中，寻找这种体验与所有其他体验的相似与不同之处。科学家倾向于给这种体验命名或贴上标签，倾向于把它放在应有的位置上，简而言之，倾向于给它分类。艺术家最感兴趣的是体验的独特性和特殊性。他们把每一种体验都当作独

---

① "一旦注意力有意识地集中到一定程度，人就会从面前的材料中进行选择；人的头脑就会特别清晰地专注于一个点，而另一些事物就会因此被忽略。在这个选择过程中，人会按照自身的期望行事。然而，这正是人不应该做的事情。如果人按照自己的期望去做选择，就可能只会发现已知的事情，除此之外一无所获。如果一个人按照自己的喜好行事，那么他感知到的任何东西肯定都是虚假的。不要忘记，无论一个人所听到的事物有何意义，多半只有在事后才能有所觉察。

"因此，我们会看到，由于我们要求患者不加批判或选择地谈论他所想到的一切，那么就必然要遵守平均分配注意的原则。如果医生不这样做，他就放弃了患者服从'精神分析基本规则'所能带来的大部分益处。对医生而言，这个规则可以这样表述：应该把一切有意识的努力排除在注意力之外，应该让'无意识记忆'充分发挥作用。或者从技巧的角度简单明了地讲：只需要倾听，不需要费心去记住任何特别的东西。"（Freud，1924，pp. 324–325）

一无二的。每个苹果都是独特、各不相同的。每位模特、每棵树、每个脑袋……没有完全相同的。正如一位评论家对某位艺术家的评价："他看见了别人熟视无睹的东西。"他们对于把体验分类，或者把体验放进任何"心理卡片目录"毫无兴趣。他们的任务是"看到"新鲜的体验，如果他们有天赋，就能以某种方式把那种体验捕捉下来，这样也许那些不那么敏锐的人也能"看到"这种新鲜的体验了。齐美尔（Simmel）说得很好："科学家**看见**了某物，是因为他**认识**某物；然而，艺术家**认识**某物，是因为他**看见**了这个东西。"

就像所有刻板印象一样，这些刻板印象也是危险的。本章的隐含观点是，科学家应该有更强的直觉，更多的艺术气息，更懂得欣赏和尊重原始、直接的体验。同样，像科学家那样研究和理解现实，应该也能深化艺术家对于世界的反应，让这些反应变得更有效、更成熟。本章对艺术家和科学家的劝诫其实是一样的："要完整地看待现实。"

知觉

刻板印象只是一个概念，它不仅会出现在研究偏见的社会心理学中，也会出现在知觉的基本过程中。知觉可能不是对真实事件内在本质的体会与觉察。知觉更多是一种为体验分类、命名、贴标签的过程，而不是审视体验的过程，因此它应该另有一个称呼，而不应该叫真正的知觉。我们在刻板知觉中所做的事情，就像在说话时使用陈词滥调一样。例如，我们在首次见到一个人时，可以对他做出全新的反应，尝试将他理解、感知为一个独特的个体，与其他任何人都不太一样。然而，在更多的时候，我们所做的只是给这个人贴上标签，把他放在某个类别里。我们把此人归入某个类别，并没有把他看作一个独特的个体，而是看作某类别中某种概念的例子，或者此类别的一个代表。换言之，如果我们实话实说，以刻板印象感知事物的人应该可以被比作一个档案管理员，而不是一台照相机。

在刻板知觉的诸多例子里，我们可以列举出以下几个知觉倾向。

1. 倾向于发现熟悉、陈旧的东西，而不是不熟悉、新颖的东西。
2. 倾向于发现模式化、抽象化的东西，而不是事物的真实样貌。
3. 倾向于发现有组织、有结构、具有单一属性的事物，而不是混乱、无组织、模棱两可的事物。
4. 倾向于发现有名称、可命名的事物，而不是无名称、无法命名的事物。
5. 倾向于发现有意义而非无意义的东西。
6. 倾向于发现常规而非不常规的东西。
7. 倾向于发现意料之中而非意料之外的东西。

此外，如果我们遇到不熟悉、具体、模糊、未命名、无意义、非常规或意料之外的事情，我们就会表现出一种强烈的倾向——去扭曲、强行改造或捏造这件事情，使它变成更熟悉、更抽象、更有组织的形式等。我们倾向于将具体事件视为某类事件的代表，而不是看到事件本身，看到它的独特性和特殊性。

在罗夏测验中，以及在格式塔心理学、投射测验和艺术理论的文献中，都可以找到上述每一种倾向的大量例证。在艺术理论的领域中，早川（Hayakawa，1949，p. 103）举了一个美术老师的例子。这位老师会"习惯性地告诉他的学生，他们之所以无法画出任何一条单独的手臂，是因为他们把它想象成一**条**手臂；因为他们把它想象成手臂，所以他们就认为自己知道它应该是什么样的"。沙赫特（Schachtel，1959）的书中也有许多很有意思的例子。

显然，如果一个人要把给予刺激的对象放进一个已经建构好的分类系统，那他对这个刺激物的了解就无需很多；若要了解和欣赏这个对象，他就需要有更多的了解。真正的知觉，需要把对象看作独一无二的，对它进行全方面的思考、研究，充分体会它、理解它，这样所花的时间，显然比贴标签和归类所需的几分之一秒要多得多。

分类也可能远不如全新的知觉那样有效，这主要是因为分类可以在几分之一秒内完成，这一特性在前面已经说过。只有最显著的特性才能用来决定我们所做的反应，而这些特性可能会误导我们。因此分类知觉会使我们犯错。

这些错误格外重要，因为分类知觉也会让我们不太容易纠正先前犯下的错误。被归入某一类别的事物或人，往往会一直留在那个类别里，因为任何与刻板印象矛盾的行为，都会被我们简单地视为例外，无须予以重视。例如，如果我们出于某种原因，相信一个人是不诚实的，那么，如果在某个牌局上，我们试图揭穿他作弊，却未能成功，那我们通常会依然称他为骗子，并且认为他此次没有作弊，只是出于临时的原因，也许是因为害怕被发现，或者是因为懒惰等原因。如果我们对他的狡诈深信不疑，那么即使我们**从未**发现他有什么不诚实的行为，也不会影响我们的看法。我们可能会认为，他只不过是一个恰好不敢在我们面前作弊的小骗子。或者，我们会觉得他的矛盾行为颇为有趣，因为这不符合他的本质特征，只不过是装出来的表面现象罢了。

事实上，刻板印象这个概念可能很好地回答了一个古老的问题：为什么即便真理就在眼前，人们还会年复一年地相信谎言。我们知道，我们习惯上认为，这种对证据视而不见的现象，可以完全用压抑，或者更概括地讲，用动机因素来解释。这句话毫无疑问是正确的。问题是，这种说法是不是全部的真相，它本身是不是一个充分的解释。我们的讨论表明，对证据视而不见还有其他原因。如果我们自己受到了刻板态度的对待，那我们就会隐约地感觉到刻板印象的过程可能造成的冒犯。如果有人将我们与许多人随意地归为一类，而我们觉得自己与这些人有诸多不同，那我们就会感到被冒犯，不被重视。关于这种感受，没有人能比威廉·詹姆斯说得更好："知识分子对于一个对象所做的第一件事，就是把它与其他东西归为一类。但是，任何对我们极端重要的东西，能够让我们为之奉献的东西，也必然会让我们感到它是独一无二、无与伦比的。如果一只螃蟹听说我们不假思索、毫无歉意把它们归为甲壳纲动物，不再过多理会，它可能会感

到义愤填膺。'我可不是那种东西。'它会说，'我就是**我，我**是独一无二的。'"（James，1958，p. 10）

学习

习惯就是试图用以前成功的办法来解决现在的问题。这必然意味着：①将当前问题归为某一类问题；②针对这一类特定问题，选择最有效的解决方案。因此，分类是不可避免的。

习惯现象恰如其分地阐明了一个说法，这个说法也适用于分类注意、分类知觉、分类思维、分类表达等现象。这个说法就是：这些现象实际上是在试图"固定住这个世界"。事实上，世界总在不断变化，所有事物都处在变化过程之中。从理论上讲，世上没有任何静止之物（尽管从实用的角度来讲，许多事物是静止的）。如果我们认真对待理论，那么每一种体验、每一个事件、每一种行为在某种程度上（无论重要与否）都不同于以往在世界上出现过的（或将再次出现的）任何其他体验、行为等。[①]

因此，正如怀特海（Whitehead）[②]一再指出的那样，把我们关于科学的理论和哲学以及常识都完全建立在这个基本而不可避免的事实之上，似乎是合情合理的。事实上，我们大多数人都不会这样做。从前有一种观念认为，空间是空洞的，永恒的事物在其中漫无目的地四处移动。尽管我们最为成熟老练的科学家和哲学家在很久以前就抛弃了这种陈旧的观念，但这

---

① "世上无相同之物，也没有不变的事物。如果你清楚地意识到这一点，就完全可以认为有些事情是相似的，而有些事情是不变的——也就是按照习惯行事。这样并无大碍，因为差异要成为差异，就必须造成影响，而有些差异有时却不会有什么影响。只要你意识到差异总是存在的，而且你必须判断差异是否造成了影响，那你就能信任自己的习惯，因为你知道什么时候应该放下习惯。没有什么习惯是万无一失的。对于那些不管环境如何，都不会依赖习惯或者不会固守习惯的人来说，习惯是有用的；但对于那些不太明智的人来说，习惯往往会让他们变得效率低下、愚蠢和危险。"（Johnson，1946，p. 199）

② 英国数学家、哲学家和教育理论家。——译者注

些在口头上被抛弃的观念依然存在，我们许多不那么理智的反应就建立在这种观念之上。尽管我们已经接受也必须接受这个世界是不断变化发展的，但我们很少在情感上接受或者满怀热情地接受。我们在内心深处仍信奉牛顿的思想。

因此，我们可以认为，所有分类的行为，都是在试图让这个不断运动变化、处于过程之中的世界定住、停滞、停止下来，以便让我们能够应对这个世界。因为，好像只有在这个世界停止运动时，我们才能应对它。这种倾向的一个例子，就是持静态原子论的数学家为了以静止的方式来处理运动和变化的问题而发明的一种巧妙技巧——微积分。为了说明本章的目的，举心理学上的例子更为贴切。然而，有必要强调的是，习惯乃至于所有重复性的学习（reproductive learning）都是一种倾向的例子：静态思维者倾向于定住处于过程中的世界，使其暂时静止，因为这些人无法处理或应对不断变化的世界。

因为归类就是人由于害怕未知而仓促得出静态结论的行为，所以归类是为了减少和回避焦虑。有些人乐于接受未知事物，或者类似于未知事物的东西，他们能容忍模棱两可的情况（Frenkel-Brunswik，1949），因此他们的知觉的动机较少。我们最好把动机与知觉之间的密切联系视为某种心理病理现象，而不是健康的现象。坦率地说，这种联系是轻微患病的有机体的症状表现。在自我实现者身上，这种联系是微乎其微的；在神经症和精神病患者身上，这种联系达到了最大的程度，比如表现为妄想和幻觉。我们可以这样描述这种差异：健康人的认知相对来说是无动机的；而病人的认知相对来说是有动机的。

因此，正如詹姆斯（James，1890）很久以前所指出的那样，习惯是保守的机制。为什么呢？一个原因是，任何习得的反应，只要它存在，就会阻碍人们对于同一问题习得其他反应。还有另一个原因，这个原因同样重要，但通常被学习理论家忽略了：学习不仅涉及肌肉反应，也涉及情感偏好。我们不仅学会了说英语，而且学会了喜欢和偏爱英语

（Maslow，1937）。[1]因此学习并不是一个完全中立的过程。我们不能说："如果这个反应是错的，我们就很容易遗忘它，或者用正确的反应替代它。"因为通过学习，我们在某种程度上选定了自己的立场，托付了自己的忠诚。因此，如果我们想学好法语，但我们唯一的老师口音很差，那还不如不学，等到有好老师时再学可能更好。出于同样的原因，我们必须反对那些在科学上对假设和理论持轻浮态度的人。他们会说："即便是错误的理论也比没有理论更好。"如果我们上面的考虑有些道理，那实际情况绝非如此简单。正如一句西班牙谚语所说："习惯起初是蛛网，但后来会变成绳索。"

这些批评决不适用于所有学习，只适用于原子论、重复性的学习，也就是再认与回忆孤立、缺乏普遍意义的反应的过程。从许多心理学家的文章来看，他们似乎认为，过去对现在产生影响的唯一方式，或者说，过去的经验教训有效解决当前问题的唯一方式，就是通过原子论、重复性的学习。这是一个天真的假设，因为在这个世界上，人们真正学到的许多东西（比如过去最重要的影响），既不来自原子论的学习，也不来自重复性的学习。过去最为重要的影响，最有影响力的学习类型，就是我们所谓的性格学习（character learning）或内在学习（intrinsic learning）（Malow，

---

① **选集的学问**

自从有位选集家收录天下美文——

莫尔斯、博恩、波特、布利斯、布鲁克便名扬四海

随后所有的选集家

都必定引述莫尔斯、博恩、波特、布利斯、布鲁克的作品

倘若轻率的编者肆意妄为

选编了你我的作品

却自作主张

抛弃了莫尔斯、博恩、波特、布利斯与布鲁克等名家经典

满心鄙夷的评论家路过时

你我的诗句都会一同呼喊：

"这算什么文选！

竟敢遗漏莫尔斯、博恩、波特、布利斯与布鲁克！"（Guiterman，1939）

1968a）。这种学习的结果，是所有的经验对于我们的性格造成的影响。因此，经验不是像收集硬币一样，一个接一个获得的；如果经验能产生深刻的影响，它们就会改变整个人。因此，有些悲惨经历的影响能让不成熟的人变得更成熟、更明智、更宽容、更谦虚，使他能更好地解决成年生活中的**任何**问题。与此相反的理论认为，这个人并没有因为悲惨的经历而发生什么改变，只不过以一种特殊的方式，学会了一种处理或解决某种特定问题（如母亲去世）的方法。这样的例子，远比那些常见的例子（把一个无意义音节与另一个音节联系起来）重要得多，有用得多，也更具代表性。在我们看来，后者的实验除了与其他无意义音节有关，与世界上的任何事物都没有关系。①

　　如果世界处于过程之中，那么每一刻都是新的、独特的。从理论上讲，**所有**的问题都必然是全新的。根据过程理论，典型的问题是以前从未遇到过的问题，也就是说，从本质上讲，这种问题不同于任何其他问题。根据这个理论，与过去问题非常类似的问题，我们应该将其视为特例，而不是范例。如果事实如此，那么向过去的经验寻求特殊问题的解决方案，可能既危险又有益。我相信，实际的观察将证明，这一点不但在理论上是正确的，在实践中也是正确的。无论如何，不管一个人的理论倾向如何，他都不会反驳这样一个事实：生活中至少有**一些**问题是全新的，因此必须寻找全新的解决方案。

---

①　"正如我们曾经试图证明的那样，记忆并不是一种把回忆放进抽屉里，或者记在登记簿上的能力。根本没有登记簿，也没有抽屉。更确切地说，甚至不存在这样一种能力，因为能力只会在人有意愿、有余力的时候间歇性地发挥作用。然而将过去的事件一件件积累起来的工作却永无停息……

　　"但是，尽管我们可能没有明确的认识，我们仍会模糊地感觉到，我们的过去仍然会影响当下的我们。我们的本质（确切地说，我们的**性格**）不就是我们从出生以来的所有经历的凝结吗？不，应该说，在我们出生以前，经历就在影响我们了，因为我们生来就有一些先天的性情。毫无疑问，我们只会利用我们过去的一小部分来思考，但我们的欲望、意志与行动却蕴含着全部的过去，包括我们灵魂最原始的倾向。因此，我们的整个过去，会在冲动中显现出来，会以观念的形式被我们所感知。"（Bergson，1944，pp. 7–8）

从生物学的角度来看，习惯在适应过程中起到了双重作用，因为习惯既是必要的，也是危险的。习惯必然暗含一些不正确的前提，即世界是不变、静止的；然而我们常把习惯视为一种人类最有效的适应工具，这就必然意味着世界是不断变化、动态的。习惯是一种已经形成的、对于某种情境的反应或对于某个问题的回答。由于习惯已经形成，所以它会对变化产生一定的惰性和阻力。但是，当情况发生变化时，我们对情况的反应也应该改变，或者应该做好迅速改变的准备。因此，习惯的存在可能比完全没有反应更糟糕，因为习惯一定会妨碍、延缓我们对新情况形成新的必要反应。

如果我们从另一角度来描述这一悖论，可能有助于把这个问题说得更清楚。我们可能会说，养成习惯是为了在处理反复出现的情况时节省时间、精力和脑力。如果某个问题会以相似的形式反复出现，我们当然可以用某种习惯性的答案来节省大量的脑力。只要这种重复的问题出现，习惯性的答案就会自动跑出来解决问题。因此，习惯是对重复、不改变、熟悉的问题所做出的反应。这就是为什么我们可以说，习惯是一种对"好像"的反应——"好像这个世界是静止、不变、恒定的。"有些心理学家坚信习惯是一种极为重要的适应性机制，他们一致强调重复的作用。这些心理学家无疑证实了上面的解释。

很多时候理应如此，因为毫无疑问，我们的许多问题实际上是重复、熟悉、相对不变的。从事所谓高级活动（即思考、发明、创造）的人，会发现这些活动需要预先养成无数精细的习惯。这些习惯能自动解决日常生活中的琐碎问题，这样创造者就能把精力解放出来，投入所谓的高级问题上。但这种行为涉及一个矛盾，甚至一个悖论。事实上，世界不是静止、熟悉、重复、不变的；相反，世界是不断变化的，永远都是新的，总是在发展成另一番样子，总是在演变和变化。我们不需要争论这种说法能否概括世界的各个方面；我们可以假设世界的某些方面是不变的，而另一些方面不是，从而避免不必要的形而上学的辩论。如果我们承认这一点，那我们也必须承认，无论习惯对于处理世上不变的方面多么有用，当有机体必须处理世上变化、动荡的方面，处理前所未有的独特、新异的问题时，习惯必定是一种障碍和阻力。[1]

这里有一个悖论。习惯既是必要的，也是危险的；既是有用的，也是有害的。习惯无疑能为我们节省时间、精力和脑力，但让我们付出了巨大的代价。习惯是适应的主要利器，但也妨碍了适应。习惯是问题的解决方案，但从长远来看，它们是新颖、不分类的思维方式的反面，也就是说，习惯与解决新问题是背道而驰的。虽然习惯有助于我们适应世界[2]，但它们经常妨碍我们的创新和创造。也就是说，习惯往往会阻止我们改造世界，使其适应自身。最后要说的是，出于懒惰，习惯往往会**代替**真实而全新的注意、知觉、学习和思维。

思维

在思维领域，分类行为包括：①只能看到刻板的问题；②只会使用刻板的技术来解决这些问题；③在遇到生活中的所有问题之前，就准备好了一系列现成、固定的解决方案和答案。这三种倾向加在一起，几乎可以保

---

[1]　"这幅图景描绘的是一个人面对着这样的一个世界——在这个世界上，他们只有学会越来越多的微妙反应，来适应世界无穷无尽的多样性，并设法摆脱当前环境的绝对影响，他们才能生存下来，成为主人。"（Bergson，1944，p. 301）

"在自由得到确立的时刻，我们的自由就会制造出越来越多的习惯。如果这种自由不能不断努力、自我更新，那么习惯就会扼杀自由：自由被自动化的习惯所妨碍。最鲜活的思想一旦被表达为惯例，就会变得死气沉沉。言辞与思想背道而驰，文字会扼杀精神。"（Bergson，1944，p. 141）

[2]　这里可以补充一点：除非有一套分类系统（参照系），否则我们很难进行重复性记忆。感兴趣的读者可以参考巴特利特的优秀著作（Bartlett，1932），了解这一结论的实验支撑。沙赫特（Schachtel，1959）对这个问题也有精彩的论述。

证你永远不会有创造和创新能力。[①]

刻板的问题

首先要说的是，强烈倾向于分类的人所做的第一件事，通常是回避或忽视一切问题。最极端的例子就是那些强迫症患者。他们会监管和整理生活中的每一个角落，因为他们不敢面对任何意料之外的事情。任何不能用现成答案回答的问题，即任何需要人们拿出自信、勇气和安全感的问题，都会让这些人感到严重的威胁。

如果**不得不**看见问题，他们所做的第一件事就是找到这个问题的归属，将其视为熟悉类别的代表（因为熟悉的事物不会导致焦虑）。这样做是为了发现"这个特定问题可以被归入哪一类以前遇到过的问题"或者"这个问题属于哪个范畴——它能被塞进哪个范畴里去"。当然，只有发现问题的相似性，才可能做出这种归类反应。我不想深究相似性这个难题，只要指出这一点就够了：这种对于相似之处的感知，不一定是以顺应、被动的方式去觉察现实的内在本质。因为不同的个体会根据独特的分类标准来分类，但**都**能成功地把体验变成刻板印象。这些人不喜欢不知所措，他们会把所有不容忽视的体验归类，哪怕他们觉得有必要删减、捏造、歪曲这些体验。

刻板的技术

一般而言，分类有一个主要优点，那就是随着我们成功找到了问题的

---

① "清晰而有序的思维，能让思考者去处理可预见的情况。这种思维是维持社会现状的必要基础。但这是不够的。要处理不可预见之事，取得进步，成就激动人心的事业，就不能只有清晰、有序的思维。如果生活被束缚在陈规之中，生活的质量就会倒退。将体验中模糊而无序的要素整合起来的能力，对于走向新生活是至关重要的。"（Whitehead，1938，p. 108）

"生活的本质就在于既定秩序的失败。宇宙拒绝在全然一致性的影响下陷入停滞。然而，通过这种拒绝，宇宙走向了新的秩序，而这种新秩序成了重要体验的基本前提。我们必须解释我们对秩序结构的追求，必须解释我们对秩序新颖性的追求，也必须解释如何衡量成功与失败。"（Whitehead，1938，p. 119）

归属，我们就会自动得到一系列处理此问题的技术。这并不是我们进行分类的唯一原因。寻找问题归属的倾向有着很深的动机，我们可以在医生身上看到这一现象。比如说，与面对一组莫名其妙的症状相比，医生在面对已知但无法治愈的疾病时会感到更轻松。

如果我们以前多次处理过同样的问题，那么解决此类问题的"机器"就仿佛已上好了油，随时准备投入使用。当然，这就意味着我们有一种强烈的倾向——按照以前的方法来做事，并且正如我们所见，习惯性的解决方案既有优点也有缺点。我们可以再次提到易于执行、节省精力、自动化、情感偏好、避免焦虑等优点。其主要缺点是丧失了灵活性、适应性和创造性。也就是说，这种做法的常见后果是把这个动态的世界假定为静止的。

刻板的结论

这个思维过程最著名的例子大概就是合理化了。就我们的目的而言，这个过程以及类似的过程，都可以被定义为，预先准备好现成的想法或既定的结论，然后从事大量的智力活动，来支持这种结论，或者寻找支持这一结论的证据。（"我不喜欢这个家伙，我要找到充分的理由来解释这一点。"）这是一种空有思考表象的活动。这不是最理想的思考，因为它得出的结论不考虑问题的性质。眉头紧锁、热火朝天地讨论，努力寻找证据，这些行动都是烟幕弹。在思考开始之前，结论就已经注定了。在通常情况下，就连思考的表象都不存在，人们可能只会简单地**相信**某种结论，甚至没有做出思考的姿态。这可比合理化更省事。

一个人可以靠一套现成的观念生活。这种观念可能完全是在人生的前十年里形成的，从来没有，也永远不会有丝毫改变。这样的人的确可能智商很高。因此，他也许能够花费大量时间在智力活动上，从世上挑选出任何能支持他现成想法的各种证据。我们不能否认，这种活动可能偶尔对世界有些用处。然而，在建设性、创造性思维与最熟练的合理化思维之间做出语言上的区分，似乎也是十分有益的。与对现实世界的盲目、对新证据的忽视、对知觉与记忆的歪曲、对不断变化的世界失去调节和适应能力，以及表明心智已停止发展的其他迹象相比，合理化偶尔带来的好处微不足道。

但合理化并不是我们能找出的唯一例证。当我们用一个问题来刺激联想，以便从一系列想法中选出最适合特定场合的联想时，我们也是在进行分类。

似乎分类思维与重复性的学习有着特殊的适配性与关联性。我们完全可以把我们已经列举出的三类思维过程视为习惯性活动的特殊形式。这种活动显然涉及对过去的某种参照。在这种情况下，问题解决只不过是一种根据过去的经历，对所有新问题进行分类和解决的技术。因此，这种类型的思考往往只是在重新排列、组合先前养成的重复性习惯与重复性记忆。

如果我们能看到，更符合整体－动力论的思维方式与知觉过程（而非记忆过程）有着更明显的关联，那么这种思维方式与分类思维的不同之处就更加清晰了。整体性思维所做的主要是尽可能清楚地感知当前问题的内在本质。这种思维会仔细研究问题本身、问题的特点，就像以前从没遇到过这样的问题一样。这样做是为了找出问题的内在本质，"在问题**中**发现其解决之道"（Katona，1940；也可参见 Wertheimer，1959）；而联想思维会更多地去寻找一个问题与先前其他问题的相关或相似之处。

从实用的角度来看，这一原则可简化为一种行动上的"座右铭"："我不知道，我们来看看是怎么回事。"也就是说，这种人在面临新情况时，他不会不假思索地按照某种预先确定的方式做出反应。这个人就好像在说："我不知道，我们来看看是怎么回事。"同时他能敏锐地感觉到，**当下**情况的任何方面，都可能与以往有所不同，并随时准备做出相应的适当反应。

这并不是说整体思维不使用过去的经验。当然要用。关键是使用的方式不同，前文关于性格学习或内在学习的讨论已经对此有过描述。毫无疑问，联想思维是会产生的。争论的焦点在于，应该把哪一种思维作为中心、作为范式、作为理想的模式。整体 – 动力理论家认为，如果思维活动具有任何意义，那么根据其定义，它就必须具有创造性、独特性、独创性和创新性的意义。思考是人类创造新事物的技术，这表明思考必须是革命性的，因为它偶尔会与已经得出的结论发生冲突。如果思考与现有的智力成果发生冲突，那么这种思考就是习惯、记忆或我们已经学到的东西的**对立面**——原因很简单，这种思考**必然**与我们已经学到的东西发生矛盾。如果我们过去所学的东西和习惯能很好地发挥作用，那我们就会自动、习惯性地做出熟悉的反应。也就是说，我们不必思考。从这个角度来说，思考是学习的对立面，而不是学习的一种。如果允许我们稍微夸张一些，思考就可以被定义为**打破**习惯、**无视**过去经验的能力。

另一种动力论观点涉及人类历史上的伟大成就所体现的那种真正的创造性思维。这种思维的特点是大胆、无畏、勇敢。如果这些词形容得不太贴切，那也差不太多了，因为只要想想胆怯的孩子和勇敢的孩子之间有何不同，我们就可以看出这一点。胆怯的孩子必须紧紧依偎着母亲，因为母亲代表了安全、熟悉和保护；大胆的孩子敢于冒险，也能离家更远。与怯懦地依偎在母亲身边的孩子类似，怯懦的思维过程也紧紧地依附于习惯。大胆的思考者（这个形容似乎有些多余，就好像说一个思考者会思考一样）必须能够摆脱过去、习惯、期望、学习、习俗和惯例，在走出安全而熟悉的港湾时不感到焦虑。

还有些例子体现了另一种刻板的结论：有些人的观点是通过模仿和（或）权威形象的暗示而形成的。这通常被认为是健康人性的基本倾向。也许更准确的说法是，这是轻度心理病态的例子，或者至少是非常接近心理病态的例子。在涉及足够重要的问题时，这种倾向主要是对于非结构化情境（没有固定的参照系）的反应；做出这种反应的人往往过于焦虑、过于守旧或者过于懒惰（没有自己的观点的人，不知道自己有什么观点的人，不信任自己观点的人）。[1]

在最基本的生活领域中，我们所得出的相当大一部分的结论和问题解决方案似乎都是这样的：我们在思考的时候，我们会用眼角的余光观察别人得出了什么结论，好让我们也能得出相同的结论。显然，这样的结论并不是真正意义上的思考的结果；也就是说，不是由问题的性质所决定的，而是我们从别人（我们信任他们胜过信任自己）那里整个照搬过来的刻板结论。

不出所料，这样的现象在一定程度上能帮助我们理解，为什么美国的传统教育远远达不到它的目标。我们在此只强调一点：教育很少教个体去直接审视第一手的现实；相反，教育给了学生一副完整、现成的眼镜，让学生透过这副眼镜去看待世界的方方面面，规定了他们应该相信什么、喜欢什么、赞同什么、对什么感到内疚。这种教育很少重视每个人的个性，很少鼓励他们以自己的方式大胆地看待现实，或者鼓励他们打破常规、与众不同。几乎在任何一所大学里，都能找到高等教育中充斥着刻板思维的证据：所有不断变化、难以言喻、神秘深奥的现实被整齐地划分为三个学期，并且由于某种神奇的巧合，每个学期恰好都是 15 周；而现实世界就像橘子瓣一样，可以完完整整地掰下来，分为完全独立、互不相干的学科。[2]如果有一个例子能完美地说明人是如何把一系列类别**强加**给现实，而不是

---

[1]　弗洛姆（Fromm，1941）对这种情况的动力做了很好的讨论。安·兰德（Rand，1943）的小说《源泉》（*The Fountainhead*）对这个主题也有讨论。在这个话题上，《1066 年及诸多往事》（*1066 and All That*，Yeatman & Sellar，1931）既有趣又有教育意义。

[2]　"我们把科学作为一种固定而稳定的东西教给学生，而不是作为一种知识体系——其生命力与价值取决于它的流动性，取决于当新的事实或新的观点表明存在另一种可能性时，就能随时修改其最金贵的知识结构。"

　　"我是这所大学的主人；

　　凡是我所不知道的，

　　都算不得知识。"（Whitehead，1938，p. 59）

根据现实情况来分类的，那就是这个例子。

这是显而易见的。不那么明显的是，我们应该如何应对这种情况。许多人在审视了刻板思维之后都大力提倡的一种观点是：减少对于分类化思维的痴迷，更多地关注新鲜的体验，关注具体而特殊的现实。在这一点上，我们不可能比怀特海说得更好。

我自己对于我们传统教育方法的批评是：过于注重智力分析，过于注重获取模式化的信息。我的意思是，我们应该更多地养成具体评价个别事实的习惯，更多地看到这些事实带来的各种价值的全部相互作用，而我们忽略了这一点，只强调抽象的概念，忽视了不同价值的这种相互作用。

目前，我们的教育一边深入研究少数抽象概念，一边粗略研究大量抽象概念。我们的学术生活太过单一，太过迂腐了。一般的学术训练应该增进对具体事物的认识，应该满足年轻人有所作为的渴望。即使是这样的教育，其中也应该有一些分析，但只要说明不同领域的思维方式就足够了。在伊甸园里，亚当先看见了动物，然后才给它们命名；在传统的教育制度下，孩子先给动物命名，然后才看见动物。

这种专业训练只能触及教育的一个方面。它的重心在于智力，它的主要工具是书籍。训练的另一方面应该侧重于直觉，而不是脱离整体环境的分析。这种训练的目的，是以最少的剖析达成最直接的理解。我们最需要的一种概括性思维，就是对各种价值的评价。（Whitehead，1938，pp. 284-286）

语言

语言首先是一种体会与交流抽象信息的绝佳手段，也就是说，是一种很好的分类手段。当然，语言也会试图界定和表达特殊或具体的事物，但由于最终的理论目的，常常以失败告终。^① 对于特殊的事物，语言能做的就是赋予它一个名称。这个名称终究不能描述这种事物，也不能向人传达这种事物，而只能给它贴上标签。充分了解特殊事物的唯一方法，就是充分、亲身体验它。即使给这种体验命名，也可能会妨碍我们进一步体验它。

语言会将体验强行分类，因而它是现实与人类之间的屏障。简而言之，我们要为语言的好处付出代价。

如果这种说法符合理论上最理想的语言，那么当语言完全放弃描述特殊事物，完全退化为老调、套话、格言、口号、陈词滥调、战斗宣言和绰号时，情况肯定糟糕得多。在那种情况下，语言显然就会彻底成为一种消除思想、麻木感知、阻碍心智成长、使人呆滞愚钝的手段。因此，语言实际上具有"隐藏思想而非交流思想的功能"。

因此，在使用语言的同时，我们务必要意识到它的缺陷。我的一个建议是，科学家应该学会尊重诗人。科学家往往认为他们自己的语言很精确，而其他语言不精确；而诗人的语言往往充满矛盾，哪怕不比科学家的语言精确，但至少更为真实，有时诗人的语言甚至更为精确。例如，如果一个人有足够的才华，他就可以用非常凝练的方式说出一位知识渊博的教授需要 10 页纸才能说清的话。下面这个林肯·斯蒂芬斯（Lincoln Steffens，in Baker，1945，p. 222）所创作的故事，就说明了这一点。

"撒旦和我，"斯蒂芬斯说，"沿着第五大道同行，我们看到有个人突然停住脚步，从空中摘下了一块'真理'——就凭空摘下了一块活生生的'真理'。"

---

① 诗歌就是在尝试传达（至少是表达）特殊的体验，而大多数人"没有那种技能"来表达这种体验。这是一种用语言来表达情感体验的方式，而这种体验在本质上是难以言喻的。诗歌试图用图式化的标签来描述新奇而独特的体验，但这种标签本身既不新奇也不独特。在这种绝望的处境中，诗人能做的就是用这些语言来类比、比喻、形成新的语言模式等。尽管诗人无法描述体验本身，但他们能借助那些方法在读者身上引发类似的体验。他们有时能够成功，这简直就是奇迹。

"你看到了吗？"我问撒旦，"你难道不担心吗？难道你不知道，这足以毁灭你吗？"

"没错，可我并不担心。我来告诉你为什么。真理现在是一个美丽的活物，但这个人会先给它命名，然后组织、编排它，到那时它就死了。如果他让真理活着，它就会毁灭我。我不担心。"

语言的另一个特点也会制造麻烦，这个特点就是，它处于时空之外——至少某些特定的词语是这样的。在 1000 年的时间里，"英格兰"（England）这个词并没有像这个国家本身那样成长、衰老、发展、演化或改变。然而，我们只会用这样的词语来描述时空之内的事件。"永远都有一个英格兰"是什么意思？正如约翰逊所说："现实的手奋笔疾书，而唇舌却永远来不及念出它写下的文字。语言结构不如现实结构那般易变。正如我们听到的雷声不再轰鸣，我们谈起的现实也已不复存在。"（Johnson，1946，p. 119）

理论

建立在分类概念基础上的理论几乎总是抽象的，也就是说，这些理论会强调现象的某些性质，将这些性质说得比其他性质更重要，或者至少更值得注意。因此，任何这样的理论，或任何其他的抽象概念，都容易贬低、忽略或忽视现象的某些性质，也就是说，容易忽视一部分真理。由于有了这些排斥与选择的原则，所以任何理论都只能给出不完整、偏向实用主义的世界观。也许所有理论结合在一起，也不能全面解释现象与世界。与理论家和知识分子相比，对艺术和情感更敏锐的人，似乎更容易获得丰富的主观体验。甚至可以说，所谓神秘体验完美而极致地体现了人们对于特定现象所有特征的充分欣赏。

通过对比，我们上述的考虑应该能说明，特殊化的个别体验还应具有另一个特点，那就是它的非抽象性。这并不等于戈尔德斯坦所说的具体性。脑损伤患者在做出具体行为时，实际上并没有看到一个物体或体验的所有感官特征。他们看到并且只能看到一个感官特征，这种特征是由特定情境决定的。例如，一瓶酒就**只**是一瓶酒，而不是别的东西，不是武器，不是装饰品，不是镇纸，也不是灭火器。如果我们把抽象思维定义为出于各种原因，选择性地注意一个事件无数特征中的某些特征（而不是其他特征），那么戈尔德斯坦的患者可以说就是在抽象地思考。

因此，对体验进行分类与欣赏，利用体验与享受体验，用一种方式认识体验与用另一种方式认识体验，这些行为之间存在着某种差别。探讨神秘体验与宗教体验的作家都强调了这一点，而专业的心理学家却很少强调这一点。例如，阿尔多斯·赫胥黎说："随着一个人的成长，他的知识在形式上会变得更加概念化、系统化，其事实性和功利性的内容也会大大增加。但他直接领悟事实的能力会有所退化，直觉能力也会变得迟钝甚至丧失。如此一来，他的长进就被抵消了。"（Huxley，1944，vii）。[①]

然而，由于我们与自然之间肯定不只有欣赏的关系，而在生物学意义上，欣赏实际上是所有这些关系中最不要紧的关系，所以我们不能因为理论与抽象的危险性，而使自己犯下愚蠢的错误，去丑化理论与抽象。它们有着巨大而明显的优点，特别是从交流和实际改造世界的角度来看。如果我们的职责是提出建议，我们大概应该这样说：如果知识分子、科学家等人能记住，他们通常进行的认知过程并不是研究者唯一的武器，那他们的认知能力将变得更为强大。他们还有其他武器。如果人们常把它们贬低为诗人和艺术家的武器，那是因为他们没有认识到，这些被忽视的认知方式能让人们接触到真实世界的另一部分，这部分是专门从事抽象思考的知识分子所不能企及的。

此外，正如我们将在第 18 章中所看到的，建立整体性的理论也是可行的。在建构这种理论的时候，人们不会将事物解剖分析、彼此割裂，而

---

① 关于神秘主义的参考资料，请参阅阿尔多斯·赫胥黎的《长青哲学》（*The Perennial Philosophy*，1944）以及威廉·詹姆斯的《宗教经验之种种》（*The Varieties of Religious Experience*，1958）。

是要看到事物之间完整的相互关系，要将它们看作包含在整体之中的各个方面，还要把事物看作背景之中的主体，或者在不同的尺度上去看待事物。

扫码收听音频导读

CHAPTER 18

第 18 章

心理学的整体论 ①

---

① 本章提出了一系列理论性的结论，这些结论直接源于自尊与安全感在人类人格中的组织作用的研究。下面的论文与测验就记载了这种作用。

The authoritarian character structure, *J. Social Psychol.*, 1943, *18*, 401–411.

A clinically derived test for measuring psychological security-insecurity, *J. Gen. Psychol.*, 1945, *33*, 21–51. (with E. Birsh, E. Stein, and I. Honigmann). Published by Consulting Psychologists Press, Palo Alto, Calif., 1952.

Comments on Prof. McClelland's paper. In M. R. Jones (ed.), *Nebraska Symposium on Motivation, 1955,* Lincoln: University of Nebraska Press, 1955.

The dominance drive as a determiner of the social and sexual behavior of infra-human primates, I, II, III, IV, *J. Genet. Psychol.*, 1936, *48*, 261–277; 278–309 (with S. Flanzbaum); 310–338; 1936, *49*, 161–198.

Dominance-feeling, behavior, and status, *Psychol. Rev.*, 1937, *44*, 404–429.

Dominance-feeling, personality, and social behavior in women, *J. Social Psychol.*, 1939, *10*, 3–39.

Dominance-quality and social behavior in infra-human primates, *J. Social Psychol.*, 1940, *11*, 313–324.

The dynamics of psychological security-insecurity, *Character and Pers.*, 1942, *10*, 331–344.

Individual psychology and the social behavior of monkeys and apes, *Int. J. Individ. Psychol.*, 1935, *1*, 47–59.

Liberal leadership and *personality, Freedom*, 1942, *2*, 27–30.

Some parallels between the dominance and sexual behavior of monkeys and the fantasies of patients in psychotherapy, *J. Nervous Mental Disease,* 1960, *131*, 202–212 (with H. Rand and S. Newman).

Self-esteem (dominance-feeling) and sexuality in women, *J. Social Psychol.*, 1942, *16*, 259–294.

A test for dominance-feeling (self-esteem) in women, *J. Social Psychol.*, 1940, *12*, 255–270.

整体－动力方法

心理学的基本数据

很难说这个基本数据到底是什么，但很容易说它不是什么。有许多人尝试说它"只不过"是某物，但这些还原的努力全都失败了。我们知道，心理学的基本数据不是肌肉的抽搐，不是反射，不是神经元，甚至不是可观察到的外显行为。这种数据是一种大得多的单元，而且越来越多的心理学家认为，它至少是与适应行为或应对行为一样大的单元，必然会涉及一个有机体、一种情境、一个目标或目的。考虑到我们关于无动机反应与纯粹表达的论述，即便这种观点也显得太过局限了。

简而言之，我们最后得出了一个矛盾的结论：心理学的基本数据就是心理学家试图将心理学分解为要素或基本单元的原始复杂现象。如果我们以任何方式使用基本数据这一概念，那它肯定是一种特殊的概念，因为它指的是一种复合体而不是单一体，是一个整体而不是一个部分。

如果我们仔细思考这个悖论，很快就会明白，寻找基本数据这种行为本身，就反映了一整套的世界观，一种以原子论看待世界的科学哲学：在这个世界上，复杂事物都是由简单的要素构成的。这类科学家的首要任务，就是把所谓复杂事物还原为所谓简单事物。要做到这一点，就要通过分析，通过越来越精细的分解，直到得出不可再简化、还原的东西。至少在一段时间内，这项任务在科学的其他领域中取得了相当大的成功。但在心理学中却不那么成功。

这个结论揭露了所有还原论在理论上的基本性质。我们必须认识到，这样的还原论**不**符合一般科学的基本性质。它只是反映或体现了科学中原子论的、机械的世界观，我们现在已有充分的理由去质疑这种世界观。抨击这种还原论做法，并不是抨击一般的科学，而是抨击一种对待科学的态度。然而，我们开篇提出的问题仍然没有答案。现在让我们换个问法，不要问"心理学的基本（不可还原的）数据是什么"，而是问"心理学研究的主题是什么"，以及"心理数据的本质是什么，如何研究这些数据"。

整体论方法

如果不能把个体还原为他们的"简单部分"，那我们该如何研究他们呢？我们可以证明，这是一个比某些拒绝还原论的人所认为的要简单得多的问题。

首先必须明白，我们反对的并不是一般的分析，而只是我们称为"还原"的特殊分析方法。我们完全没有必要否认分析、部分等概念的有效性。我们只需要重新定义这些概念，以便使我们能更有效、更富有成果地开展工作。

如果我们举个例子，比如脸红、颤抖或口吃，就很容易看出，我们可以用两种不同的方式来研究这种行为。我们可以把这种行为当作一种孤立、个别的现象来研究，认为它本身能独立存在、独立地加以理解。或者，我们可以把这种行为作为整个有机体的一种表达方式加以研究，试图从它与有机体，以及有机体其他表达方式之间丰富的相互关系去理解它。要研究胃这种器官，可以有两种方式。如果我们用这两种研究方式来做个类比，就能更清楚地看到其中的区别：①我们可以研究解剖台上孤立的胃；②我们也可以在原本的位置上研究胃，也就是说，在活的、正常的有机体中研究它。解剖学家现在认识到，这两种方法得到的结果在许多方面是不同的。用第二种方式获得的知识，比体外研究所获得的结果更有效、更有用。当然，现代解剖学家并没有看不起解剖和孤立研究胃的这种做法。他们会使用这种技术，但前提是对人体内的胃有足够的了解，知道人体不是孤立器官的集合，认识到死去的人体的组织形式与活着的人体是不同的。简而言之，解剖学家会做他们过去所做过的一些事，但他们会用一种不同的态度来做这些事，而且他们还会做别的事——他们会使用传统技术以外的技术。

我们也可以用这样两种不同的态度来研究人格。我们可以认为我们研究的是一个独立的实体，也可以认为我们研究的是整体的一部分。我们可以称前一种方法为还原分析法，称后者为整体分析法。在真实的实践中，对人格进行整体分析的一个基本特征是，先对整个有机体有初步的研究或理解，然后再研究整体的某个部分在整个有机体的组织与动力中起到了什么作用。

本章所依据的两个系列的研究（自尊综合征研究与安全感综合征研究），都采用了这种整体分析法。其实，这些研究可能不太像是在研究自尊或安全感本身，而更像是在研究自尊和安全感在整体人格中的作用。用方法论的术语来说，这意味着研究者觉得有必要把每个研究对象作为完整、有功能、会适应的个体来理解，然后才能试图具体考察研究对象的自尊。因此，在提出任何关于自尊的具体问题之前，研究者会先探讨研究对象与其家庭的关系、与他所处的亚文化的关系、处理主要生活问题的一般方式、对未来的希望，以及他的理想、受挫和冲突。这个过程会一直持续下去，直到研究者觉得，通过这些简单的技术，他已经尽可能地了解了研究对象。只有到那时，他才会觉得自己能够理解特定行为对于自尊的实际心理意义。

我们可以举例说明，这种背景信息对于正确解释特定行为是必要的。一般来说，有许多决定宗教信仰的因素。在一个特定个体身上，如果要弄清他的宗教情感是否意味着他觉得自己必须依赖某种其他的外在力量，那我们就必须知道这个人在宗教方面所受的影响、支持和反对宗教信仰的外在决定力量，无论他的宗教情感是肤浅的还是深刻的，是外在的还是真诚的。简而言之，在分析宗教在人格中的作用之前，我们必须清楚地知道宗教对于研究对象个人来说意味着什么。单纯的去教堂的行为其实可以有任何意义，因此对我们来说几乎毫无意义。

另一个例子可能更引人注目，因为同样的行为可能意味着完全相反的心理活动。这个例子就是政治经济上的激进主义。如果仅从行为本身来看，也就是仅仅孤立、脱离背景地看待行为，我们在研究行为与安全感的关系时，就会得到最令人困惑的结果。有些激进分子极有安全感，而另一些激进分子则极缺乏安全感。但是，如果我们把这种激进行为放入整体背景中加以分析，就能轻易地了解到，有些人之所以激进，可能是因为生活不顺利，因为他们愤愤不平、失望、沮丧，因为他们没有别人所拥有的东西。对这类人的仔细研究往往会表明，他们通常对自己的同胞怀有敌意，这种敌意有时是有意识的，有时是无意识的。对于这类人，有一种恰如其分的说法：他们往往会把自己个人的困境看作全世界的危机。

但是还有另一种激进分子，尽管他们的投票、行为和谈吐都与我们刚刚描述的激进分子相同，但他们是一类非常不同的人。对于这些人来说，激进行为可能有着完全不同甚至相反的动机或意义。这些人有安全感、快乐、满足于自己的生活。但是，出于对同胞深切的爱，他们觉得有必要改善不幸者的命运，与不公正作斗争，即使这种不公没有直接影响到他们。这些人可以用十几种方式来表达这种渴望：个人的慈善事业、宗教劝导、耐心的教育或者激进的政治活动等。他们的政治信仰往往不受收入变化、个人苦难等因素的影响。

简而言之，激进行为是一种表达形式，可能源于完全不同的潜在动机，来自完全相反的性格结构。对一个人来说，这种行为可能主要源于对同胞的恨；对另一个人来说，则可能主要源于对同胞的爱。如果单独研究激进行为本身，就不太可能得出这样的结论。[①]

这里提出的一般观点，属于整体论而不是原子论，强调的是功能而不是分类，是动态的而不是静止的，是动力论而不是因果论，是有目的的而不是简单、机械的。我发现，那些具备动力论思维的人，会觉得整体论比原子论、目的性思考比机械性思考更容易接受。我们将这种观点称为整体－动力论观点。用戈尔德斯坦的话来说，也可以称之为有机论（Goldstein，1939，1940）。

---

① 有一种常见的整体论技术（我们通常不会这么叫它）就是在编制人格测验时用的迭代（iteration）技术。我也在自己对人格综合征的调查研究中用过这种技术。我们从一个模糊的整体印象入手，把整体的结构分为各个部分、部件等。通过这样的分析，我们会发现原先的整体概念有些偏颇之处。然后，我们用更准确、更有效的方式重组、重新定义、重新描述这个整体，并再次用前面的方式来分析它。这一次，这种分析就可能得出一个更好、更准确的整体，再如此循环下去。

与这种解释方式相反的是一种有组织、单一的观点。这种观点同时也是原子论、强调分类、静态、因果、简单机械的。原子论的思考者觉得静态思维比动态思维更自然，机械性思维比目的性思维更容易接受。我们可以称这种一般性观点为武断的普遍－原子论。毫无疑问，我们可以证明，这些片面的观点不仅**倾向于**联系在一起，而且它们在逻辑上**必然**联系在一起。

因果论的局限性

此时，我们有必要专门谈一谈因果论的概念，因为它是普遍－原子论的一个方面。在我们看来，这个方面非常重要，而心理学研究者却常常谈得不够清晰，或者完全把它忽略了。这个概念是普遍－原子论观点的核心，是普遍－原子论的一个自然的甚至必然的结果。如果一个人把世界的本质看作独立实体的集合，那么就要解释一个非常明显的现象，即这些实体仍然是相互联系的。一旦人们试图解决这个问题，就会产生像台球相撞一样的因果关系：一个独立事物会影响另一个独立事物，而涉及的实体仍然会保持它们基本的独立身份。只要旧的物理学一直为我们的世界提供解释，人们就很容易维持这样的观点，而且这种观点几乎是不容置疑的。但物理学和化学的进步使我们必须修正这种看法。比如，如今更进步的说法是多重因果关系。人们认识到，世界内部的相互关系太过错综复杂，无法用台球相撞这样简单的现象来描述。但人们给出的答案往往只是将原始的理念复杂化了，而不是对其进行基本的重组。事情并不只有一个原因，而是有许多原因，但人们以为这些原因以相同的方式起作用——彼此孤立、相互独立地起作用。现在台球不会只被另一个台球击中，而是被 10 个台球同时击中，我们只需要用一个更复杂的计算方法来理解发生了什么。用韦特海默的话来说，基本的方法仍然是将孤立的实体添加到"总和"（and-sum）中去。在对复杂事件的基本设想方面，人们认为没必要做任何改变。无论这种现象多么复杂，在本质上都不算什么新鲜事。这样一来，"原因"这一概念就被不断地扩展，以适应新的需要，最后似乎与旧概念只剩下历史上的关联了。其实，尽管新旧概念看起来不同，但它们在本质上仍然是相同的，因为它们依然反映了相同的世界观。

尤其是在解释人格现象方面，因果论彻底地失败了。我们很容易证明，在任何人格综合征中，还存在因果关系以外的关系。也就是说，如果我们要用因果论的措辞，我们就必须说，综合征里的每个部分，不但与每个其他部分互为因果，而且与其他部分的任意组合互为因果。不但如此，我们还必须说，每个部分都是整体的原因和结果。如果我们只采用因果论的概念，那就只能得出这种荒谬的结论。即使我们引入循环因果（circular causality）和反向因果（reversible causality）的新概念，试图适应新的情况，我们也不能充分地描述综合征内部的关系，也不能充分描述部分与整体的关系。

这并不是因果论的措辞给我们带来的唯一麻烦。还有一个更困难的问题，那就是如何描述综合征整体与"外部"施加在它身上的所有力量之间的相互作用或相互关系。例如，研究者已经证明，自尊综合征倾向于发生整体的改变。如果我们试图改变约翰尼的口吃问题，并专门（只）研究这一点，那我们就会有两种可能的结果：①我们根本没有改变任何东西；②我们不仅改变了约翰尼的口吃，还改变了他的整体自尊，甚至改变了他整个人。外部的影响通常倾向于改变整个人，而不只是他的一部分。

在这个问题上，还有其他一些特点是无法用普通的因果论来描述的。有一种现象特别难以描述。我所能找到的最接近的说法是，这就好像有机体（或任何其他综合征）"吞下了原因，把它消化了，然后释放出了结果"。当一种有效的刺激（比如一段创伤经历）冲击了一个人的人格时，这种体验就会产生一定的后果。但这些后果与最初的原因几乎没有一对一或直接的关系。实际情况是，如果这种体验是有效的，就会改变整体人格。现在这个人格与从前不同了，它的表达和表现方式也不同以往。假设这种结果是使一个人的面部抽搐略微恶化了，那抽动次数增加的这 10%，是由创伤情境引起的吗？如果我们的回答是肯定的，且希望保持逻辑的一致性，那么显然我们就必须说，每一个影响过有机体的有效刺激，同样导致了这10% 的抽搐增加。因为每一种这样的体验都会被有机体吸收，就像食物通过消化吸收，成为有机体本身一样。我一小时前吃的三明治，是我现在写下这些话的原因吗？原因是我喝的咖啡、我昨天吃的东西，还是几年前的写作课、一周前读过的那本书？

显然，任何重要的表达，比如写一篇自己非常感兴趣的论文，都不是由任何特定事情引起的，而是整个人格的表达或作品，而人格又可以说是这个人经历过的所有事情的结果。对于心理学家而言，把刺激或原因当作某种被人格所吸收的东西（通过再调整的方式），就像把刺激看作对有机体的击打或推动一样，似乎是非常自然的。最后的结果不是相互分离的因果，而是一个新的人格（无论新到什么程度）。

还有另一种方法能证明传统的因果概念在解释心理学现象时的不足，这种方法就是证明有机体不是一个被动的主体，不是被动地接受原因或刺激对它的影响。相反，有机体是一个主动的主体，它与原因建立了复杂的相互关系，并且会对原因产生影响。对于读过精神分析文献的人来说，这是很常见的观念。我有必要提醒读者，我们可能会对刺激视而不见，也可能会扭曲刺激。如果刺激被扭曲了，我们也可以重建或重塑刺激。我们可以主动寻求刺激。也可以回避刺激。我们可以把刺激筛选出来，选出我们想要的。最后，我们甚至还可以在需要的时候创造刺激。

因果概念建立在原子论世界观的假设之上：在这个世界里，尽管各个实体会相互作用，但它们是孤立的。然而，人格与它的表达、结果或影响它的刺激（原因）是分不开的。因此，就心理学数据而言，我们必须用另一个概念来代替因果。①这个概念——整体–动力论，不能简单地陈述出来，因为它涉及观念的根本性重组，因此必须一步一步地阐释。

---

① 更老练的科学家和哲学家现在已经用"功能性"关系的解释代替了因果概念。也就是说，A 是 B 的函数；或者说，如果 A 发生，那么 B 就会发生。在我们看来，他们这样做，似乎是放弃了"原因"这一概念的核心方面，也就是说，放弃了必然性，放弃了"根据原因采取行动"的想法。简单的线性相关系数就是功能性陈述的例子。然而线性相关系数却经常被用于与因果关系作**对比**。如果"原因"这个词的意思与原来完全相反，那保留这个词就没有意义了。无论如何，这样我们就面临着必要关系或内在关系的问题，以及变化会如何发生的问题。这些问题必须予以解决，而不是放弃、否认或消除。

人格综合征的概念

假如我们有一种更有效的分析方法，那么我们该如何进一步研究整个有机体呢？显然，这个问题的答案，必然取决于要分析的数据的组织性质。那么我们现在必须要问：人格是怎么组织的？要全面回答这个问题，必须先分析综合征的概念。

医学用法

在试图描述人格相互关联的本质时，我们从医学上借用了"综合征"一词。在医学领域中，综合征通常是指一起发生的症状复合体，因此这些症状被赋予了一个统一的名称。这样使用这个词，有优点也有缺点。比如，综合征通常意味着疾病与异常，而不是健康或正常。我们不打算在这种特定的意义上使用这个词，而是认为它是一个一般的概念，只是指一种组织类型，而不涉及这种组织的"价值"。

此外，在医学上，综合征常常仅用于表达"相加"的意义，是一个症状列表，而不是作为一种有组织、相互依存、有结构的症状群。当然，我们会在后一种意义上使用该词。最后，在医学里，综合征这个词是在因果关系的语境下使用的。人们认为任何综合征都有一个假定、单一的原因。一旦发现了类似原因的东西，比如肺结核中的微生物，研究者就会心满意足，认为他们的工作结束了。他们这样做，实际上忽略了许多我们认为是重中之重的问题。这类问题的例子有：①结核分枝杆菌普遍存在，但肺结核却不常见；②该综合征的许多症状常常不会出现；③这些症状可以相互替换；④在特定个体身上，该疾病的轻微或严重程度是无法解释和预测的；等等。简而言之，我们应该研究与结核病的产生相关的所有因素，而不仅仅是研究最引人注目或最有力的一个因素。

我们对人格综合征的初步定义是，一种由看似各不相同的特异性（行为、想法、行为冲动、知觉等）所组成的有结构、有组织的复合体。然而，如果我们仔细而有效地研究这些特异性，就会发现它们有一个共同的特性，可以用多种方式表现出类似的动力意义、表达方式、"味道"、功能或目的。

在动力意义上可以互换的部分

由于这些特异性具有相同的来源、功能或目的，所以它们是可以相互替换的，实际上可以被视为心理上的同义词（"说的是相同的事情"）。例如，一个孩子发脾气和另一个孩子尿床可能是由于同样的原因（例如被排斥），也可能是为了达到相同的目的（例如获得母亲的关注或爱）。因此，尽管这两个孩子在行为上有很大的不同，但他们的心理动力可能是相同的。[①]

在一个综合征中，我们可以看到一组看似不同的感受与行为，或者至少它们有着不同的名称。然而，这些感受和行为却是相互重叠、相互交叉、相互依赖的，可以说它们在动力上是同义词。因此，我们既可以研究它们作为部分或特异性时的多样性，也可以研究它们的统一与整体性。语言问题在这里是个难题。我们该如何称呼这种多样性中的一致性？有多种可能的选择。

人格的味道

我们可以引入"心理味道"（psychological flavor）的概念。我们借用了菜肴的例子——菜肴是不同要素的集合，但又有自己的特色（如汤、杂烩、炖菜等）。[②]炖菜是多种要素的混合，但它有一种独特的味道。这道菜的味道渗透到了炖菜的所有要素之中，可以离开单独的食材来谈论这种味

---

① 可以从行为的差异性与目标在动力上的相似性来定义可互换性。也可以用概率来定义可互换性。在个人身上，如果症状 A 与症状 B 在综合征 X 中出现和不出现的概率是一样的，则可以说它们是可互换的。

② "我不得不讲述这个故事，但不会像画一条从左到右的线一样，从出生讲到死亡；而是像 边沉思，一边把玩手里的纪念品一样讲故事。"（Taggard，1934，p. 15）

道。或者，如果我们看一个人的面相，可能很容易看出，他鼻子畸形，眼睛太小，耳朵太大，但依然很英俊。（有一句俏皮话是这样说的："他的脸很丑，但在他身上看起来很好。"）同样，我们既可以用相加的方式考虑独立的要素，也可以考虑整体。尽管这个整体是由部分组合而成的，但它的"味道"不同于任何部分给整体所带来的东西。我们在这里可以得出的综合征定义是，它是由具有共同心理味道的多种要素组成的东西。

心理意义

解决定义问题的第二种方法，可以从心理意义的角度出发。这是当前动力心理病理学中大量使用的一个概念。如果说疾病的症状具有相同的意义（盗汗、体重下降、呼吸时发出某种声音等症状都代表了结核病），这就表明这些症状都是上述同一假定原因的不同表现。或者，在心理学的讨论中，孤立感和不受欢迎的感受都代表了不安全感，因为我们将这些感受归入了这个更大、内涵更丰富的概念。也就是说，如果两种症状都是同一整体的部分，那么它们的含义就是一样的。这样一来，我们可以用类似循环论证的方式，把综合征定义为各种现象的有组织的集合，而这些现象都具有相同的心理含义。可互换性、味道和意义等概念尽管有用（比如在描述一种文化的模式时），但在理论和实践上会遇到某些困难，从而促使我们进一步寻找满意的措辞。如果我们把动机、目标、意图或应对目标等功能性概念纳入我们的考虑，就能解决其中一些困难。（但仍有一些问题需要表达、无动机等概念才能解决。）

对问题的反应

从机能心理学的角度来看，统一的有机体总是面临着特定的问题，并且总是在用有机体本性、文化和外部现实所允许的各种方式来解决这些问题。因此，机能心理学家会通过有机体在这个充满问题的世界中所给出的答案，来看待所有人格组织的关键原则或核心。换言之，我们应该根据人格所面临的问题，以及它试图解决这些问题的方式，来理解人格的组织。

大多数有组织的行为，都必定是为了某件事而做出的。[①] 在讨论人格综合征时，如果两种特定的行为对某一问题具有相同的应对目标，也就是说，如果它们对于同一问题所达成的效果相同，那我们就应该认为这两种行为属于同一综合征。因此，以自尊综合征为例，我们可以说它是有机体对于如何获得、失去、保持和捍卫自尊等问题所给出的有组织的回答。同样，安全感综合征就是有机体对于如何获得、失去和留住他人的爱等问题所给出的有组织的回答。

如果用动力论的方法分析单一的行为，我们常会发现不止有一种应对目标，而是有好几种，因此我们在此无法为行为给出最终、简单的解释。此外，对于一个重要的生活问题，有机体常常有不止一个答案。

我们还可以补充一点，撇开有关性格表达的事实不谈，行为的目的无论如何也不可能成为**所有**综合征的主要特征。

我们不能脱离有机体来谈论人格组织的目的。格式塔心理学家已经充分证明了人格组织在知觉、学习和思考的材料中普遍存在。当然，我们不能说这些材料都具有我们所说的应对目标。

一般而言，可以说格式塔心理学家都同意韦特海默的原始定义，即如果整体的各个部分之间存在着可证明、相互依赖的关系，那么这个整体就是有意义的。我们对于综合征的定义，与韦特海默、柯勒（Köhler）、考夫卡（Koffka）等人对于"完形"[②] 的各种定义之间存在着某些明显的相似之处。根据我们的定义，厄棱费尔（Ehrenfels）提出的两个准则也是相似的。

部分天然具有整体的意义

对于有组织的精神现象，厄棱费尔提出的第一个准则就是，如果将独

---

① 例外情况请参见第 6 章"无动机行为"。

② "格式塔"即"完形"（Gestalt）的音译，意思就是"整体"。——译者注

立的刺激（如旋律中的单个音符）单独呈现给人们，那么这些人的体验就会缺少某种东西——缺少个体在受到有组织的整体刺激（如全部的旋律）时所能体验到的东西。换言之，整体不是各部分的总和。所以综合征也不是孤立、还原的各部分相加得到的总和。[1] 但这与我们的定义有一个重要的区别。如果我们不用还原论的方式，而是用整体论的方式去理解部分，那么根据我们对综合征的定义，可以在任何部分中看到整体的主要特征（意义、味道或目标）。当然，这是个理论上的说法，我们可能会发现实操上的困难。大多数时候，只要理解特定行为所属的整体，我们就能发现这种行为的"味道"或目标。然而，这种说法有许多例外情况，这使得我们相信，目标或味道不仅天然存在于整体之中，也存在于部分之中。例如，我们常常可以从单一的部分推断总体的情况。例如，我们只需听一个人笑一次，就几乎可以肯定他感到不安全；我们也可以从人们对衣着的选择，了解到许多他们自尊的大致状况。当然，我们也承认，这种来自部分的判断，通常不如来自整体的判断有效。

部分的转置

厄棱费尔提出的第二个准则是，整体中的要素是可以转置的。因此，即使某一段旋律以不同的调子演奏出来，其中所有的单独音符都不相同，但旋律依然能保持原样。这就类似于综合征中的要素所具有的可互换性。具有相同目标的要素是可以互相替换的，或者说它们具有动力上的相似性；在一段旋律中起着相同作用的音符也是如此。[2]

关注人类有机体

格式塔心理学家主要研究现象世界的组织形式，研究主要存在于有

---

[1]　然而问题是，综合征是不是其各部分以整体论的方式相加的总和？经过还原的部分相加只能得到一个总和；然而，我们完全可以认为，整体的部分相加能得到一个有组织的整体——如果用特定的方式来界定这句话中各个术语。

[2]　但是，柯勒对厄棱费尔准则有所批评（Köhler，1961，p. 25）。

机体之外的各种"材料"的"场"（field）的组织形式。然而，正如戈尔德斯坦所充分证明的那样，人类有机体本身就具有高度的组织性，其内部要素也具有高度的相互依赖性。动机、目的、目标、表达和意向等基本现象都会清楚地体现在有机体中。从应对目标的角度来定义人格综合征，立即使我们有可能将机能主义，格式塔心理学，目的主义［purposivism，不是目的论（teleology）］，精神分析师、阿德勒学派等人支持的心理动力学，以及戈尔德斯坦的有机整体论等孤立的理论统一起来。也就是说，正确定义的综合征概念，可以成为统一世界观的理论基础——我们将这种世界观称为整体 – 动力论，并且一直在将它与普遍 –原子论作对比。

人格综合征的特点

可互换性

在前文讨论过的动力意义上，综合征的各部分是可以互换、等效的。也就是说，尽管两个部分或症状在行为上有所不同，但由于它们具有相同的目标，所以它们可以相互替代，起到同样的作用，有着相同的出现可能性，或者说，能够以相同的概率或置信度来对它们做出预测。

从这个意义上讲，癔症患者的症状显然具有可互换性。在经典案例中，瘫痪的腿可以通过催眠或其他暗示技术"治愈"，但这种症状后来几乎总会被其他症状所替代——可能是瘫痪的手臂。在弗洛伊德学派的文献中，也有很多等效症状的例子。例如，对马的恐惧可能意味着（或者代替了）对父亲的一种被压抑的恐惧。在一个有安全感的人身上，所有的行为表达都是可以互换的，因为它们都表达了同一个意义，那就是安全。在前面提到的有安全感的激进主义的例子里，帮助人类的普遍愿望最终既可能表现为激进行为，也可能表现为慈善行为、对邻居的善举、对乞丐和流浪汉的施舍。如果我们只知道一个人是有安全感的，其他情况一概不知，那么我们可以非常肯定地预测，他会以**某种**方式表达出善意或社会兴趣；至于究竟以哪种方式，我们是无法预知的。这种等效的症状或表达，可以说具有可互换性。

循环决定

对于这种现象，最贴切的描述来自心理病理学的研究，例如霍妮（Horney，1937）的恶性循环（vicious circle）概念，这就是循环决定的一个特例。霍妮的概念试图描述一种综合征内不断变化的动态相互作用，即任何一个部分总是在以某种方式影响所有其他部分，同时也受到所有其他部分的影响，这整个过程是同时进行的。

彻底的神经症的依赖，意味着肯定有些期望受阻了。彻底的依赖就意味着一个人承认了自己的软弱与无助，这就使得依赖中已经包含了某种愤怒；在此之上，期望的必然受阻又制造了更多的愤怒。然而，这种愤怒倾向于直接针对他所依赖的那个人——他希望能借助这个人的帮助来避免灾祸，因此这种愤怒会立即导致内疚、焦虑、对报复的恐惧等情绪。但这些情绪状态，恰恰是导致他需要彻底依赖他人的原因之一。审视这样的患者，我们就会发现，**在任何时刻**，这些因素都是共存的，都在不断变化，相互强化。虽然遗传分析可能证明某种特点先于另一种特点出现，但动力论分析永远不会证明这一点。所有因素都互为因果。

或者，有些人可能会试图借助专横与傲慢的态度来维持他们的安全感。除非他们感到被排斥、不受欢迎（不安全），否则他们不会采取这种态度。但正是这种态度让人们更加不喜欢他们，这又反过来强化了专横态度的必要性，以此类推。

在种族偏见中，我们可以很清楚地看到这种循环决定。憎恨者会指出某种不受欢迎的特质，来作为他们仇恨言行的借口，但这些不受欢迎的群体所具有的这些特质，几乎都在一定程度上是仇恨与排斥的产物。[①]

如果要用更熟悉的因果说法来描述这一概念，我们应该说 A 和 B 互为因果。或者我们可以说，它们是相互依赖、相互支持或相互强化的变体。

对改变的阻抗

无论安全感的水平如何，都很难提高或降低。这种现象类似于弗洛伊德所说的阻抗，但其应用范围更广、更普遍。因此，我们发现健康和不健康的人都有坚持自身生活方式的倾向。倾向于相信人性本善的人，会和相信人性本恶的人一样不愿意改变自己的人性观。在实操中，我们可以将这种对改变的阻抗定义为，心理实验者在试图提高或降低个体的安全感水平时遇到的困难。

人格综合征有时可以在最不可思议的外部变化中保持相对稳定。在经历过极大的艰辛和痛苦的移民中，有许多保持安全感的例子。对受轰炸地区人们的精神面貌的研究也向我们证明了，大多数健康的人对于外界的恐怖有着惊人的抵抗力。统计数据表明，抑郁和战争并没有导致精神病发病率的大幅增加。[②]安全感综合征的变化常与环境的变化极不同步，有时似乎完全没有人格上的变化。

有一位从德国流亡过来的人，他本来非常富有，来到美国时一无所有。然而，经过鉴定，他却有着安全型的人格。仔细询问之下，研究者才发现，

---

① 我们在这些例子里只描述了同步的动力。关于整个综合征的起源或决定的问题，关于循环决定最初是如何产生的问题，则是一个历史问题。即使通过遗传分析表明某个特定因素在这个链式过程中首先出现，也不能保证这个因素在动力分析中具有基础的或首要的重要地位（Allport，1961）。

② 这些数据经常受到误解，因为人们常用这些数据来驳斥任何环境或文化决定心理病态的理论。这样的争论只说明人们对动力心理学有误解。我们真正可以提出的主张是，心理病态是内部冲突与威胁的直接后果，而不是外部灾难的直接后果。或者，至少在外部灾难与个体的主要目标、防御系统有关时，才会对其人格产生动力上的影响。

他对人性的基本观念并没有改变。他仍然觉得，只要给人一个机会，人在本质上就是可靠、善良的，而他所目睹的卑劣行径，可以用各种方式解释为外部因素引起的现象。对那些在德国认识他的人的访谈显示，在他落魄之前，他一直都是这样的人。

我们还可以通过患者对心理治疗的阻抗看到许多这样的例子。有时，经过一段时间的分析，患者会突然发现某些信念的错误前提与恶性后果。即便如此，患者仍有可能不依不饶地坚持那种信念。

改变后的复原

如果综合征被迫发生改变，我们常会观察到，这种改变只是暂时的。例如，创伤经历通常只会产生短暂的影响，然后有机体就可能自发地调整回原先的状态。或者，创伤造成的症状可能很容易地消失了（Levy，1939）。有时，我们可以推断，这种综合征的倾向是一个更大的变化系统中的一个过程，这个变化系统也涉及了其他的综合征倾向。

下面的例子很典型。一个在性方面懵懂无知的女人，在嫁给一个同样无知的男人之后，第一次性经历让她非常震惊。她的整体安全感综合征发生了明显的变化，从普通水平降到了低水平。调查发现，在综合征的大多数方面，在她的外在行为、人生观、梦境、对人性的态度等方面都发生了整体性变化。此时，她得到了支持与安慰，并且用非专业的方式谈论了这个问题，并且在四五个小时的沟通中，对方给她提供了一些简单的建议。可能是由于这些沟通，所以她慢慢地好转了，变得越来越有安全感，但再也没有恢复到以前的样子。她的经历给她留下了一些轻微而持久的影响，也许在一定程度上是她那相当自私的丈夫维持了这种影响。比这种持久的后遗症更令人惊讶的是，尽管她经历了这一切，却依然强烈地倾向于坚持婚前的想法与信念。还有一个女人，她的第一任丈夫精神失常了，在她再婚的时候，她也出现了类似的剧烈变化，但她的感受也缓慢而彻底地恢复到了原来的样子。

我们对那些大致身心健康的朋友有一种一般的期望：只要给他们足够的时间，他们就能从任何打击中恢复过来。这就体现了这种倾向是普遍存在的。配偶或子女的死亡、经济破产以及任何其他类似的基本创伤经历，都可能会让一个人在一段时间内严重失衡，但他们通常会几乎完全复原。只有长期处于糟糕的外部环境或人际环境中，才会使健康的性格结构产生永久性的变化。

整体的改变

如前文所述，这种整体改变的倾向可能是最容易看到的。如果综合征的任何部分发生了变化，正确的调查实际上一定会表明，综合征的其他部分也会朝着相同的方向，发生一些随之而来的变化。这种伴随的变化，往往会在综合征的几乎所有部分中出现。这些变化经常遭到忽视，原因很简单：因为我们没有预料到这些变化，所以也没有去寻找它们。

应该强调的是，这种整体改变的倾向，就像我们谈到过的所有其他倾向一样，只是一种倾向，而不是必然的。在某些情况下，某种刺激似乎具有特定的局部效应，而没有造成可见的普遍影响。然而，如果我们排除了明显、表面的异常现象，这种情况是很少见的。

在 1935 年一项未发表、通过外部手段提高自尊的实验中，研究者要求一位女性研究对象在大约 20 种特定而相当平常的情境下**表现**出强势的样子。（例如，她要坚持买某个牌子的商品，而店员总是不卖给她。）她按照指示完成了实验，并且在三个月后接受了全面的调查，以衡量她的人格变化。[①]毫无疑问，她的自尊发生了普遍的变化。例如，她的梦的特点已经改变了。她第一次给自己买了修身、暴露的衣服。她的性行为也变得更自发了，足以让她的丈夫注意到这种变化。她还第一次和别人一起去游泳，而以前她总是羞于在他人面前穿泳衣。她在其他情况下都很自信。这些变化不是在暗示下发生的，都是自发的变化，而她根本没有意识到这些变化的意义。

----

① 　如今，这种做法算是一种行为疗法。

行为的改变可以造成人格的改变。

有一个非常缺乏安全感的女人，在数年的幸福婚姻之后，她的安全感普遍上升了。研究者初次见到她时（婚前），她感到很孤独，没有人爱她，也不可爱。她现在的丈夫最终让她相信他爱她（对于一个缺乏安全感的女人来说，这是一项艰巨的任务），然后他们结婚了。现在她不仅感到丈夫爱她，而且觉得自己很**可爱**。她接受了友谊，这是她在以前做不到的。她对人类的普遍厌恶也大多消失了。她变得和蔼可亲，研究者初次见她时她可不是这个样子的。某些特定的症状已经减轻或消失了，其中包括反复出现的噩梦、对聚会与陌生人群体的恐惧、慢性轻微焦虑、对于黑暗和令人厌恶的力量的特殊恐惧，以及残忍的幻想。

内部一致性

即使一个人在大多数情况下缺乏安全感，但由于各种原因，某些体现出安全感的特定行为、信念依然会持续存在。因此，尽管一些十分缺乏安全感的人往往会长期做噩梦、焦虑的梦，或者其他不愉快的梦，但在这些人中，仍有相当一部分人的梦境通常并不是不愉快的。然而，对于这些人来说，环境发生相对轻微的变化，就会诱发不愉快的梦。这些不一致的要素似乎具有一种特殊的张力，总是要把它们拉到与综合征其余部分一致的位置上。

低自尊的人往往很谦虚或害羞。因此，他们中的许多人通常不会在别人面前穿泳衣，即使穿了泳衣也会觉得很难堪。然而，有一个女孩，她的自尊显然很低，但她不仅在海滩上穿泳衣，而且还穿着很暴露的泳衣。后来的一系列访谈表明，她对自己的身体非常自豪，认为自己身材完美——对于一个低自尊的女人来说，这种观点就像她的行为一样，是很不寻常的。然而，从她的报告中可以明显地看出，她对于淋浴却有着完全不同的态度，她总是感到很难为情，总要在身边带一件浴袍来遮住自己，只要有人明目张胆地盯着她看，就会让她不敢在海滩待下去。外界的种种看法让她相信，她的身材很迷人；她的理智认为，她应该以某种方式来对待这件事，而她也非常努力地去这样做，但由于她的性格结构，她很难做到。

有些很有安全感的人通常不害怕什么东西，但在他们身上常有非常特定的恐惧。这些恐惧通常可以用特定的条件反射经历来解释。我发现，这些人要摆脱这种恐惧是很容易的。简单的矫正、榜样的力量、关于坚强意志的劝诫、理性的解释，以及其他诸如此类浅显的心理治疗措施往往就足够了。然而，这些简单的行为技术对于毫无安全感的人来说，就不那么有效了。我们可以说，与人格其余部分不一致的恐惧很容易消除；与人格其余部分一致的恐惧则更为顽固。

换言之，一个缺乏安全感的人，**倾向于**变成一个彻底丧失安全感或始终缺乏安全感的人；而具有高自尊的人，**倾向于**变成一个始终如一的高自尊者。

极端的倾向

除了我们已经谈过的维持原状的倾向之外，综合征的内部动力中至少还有一种相反的力量，这种力量倾向于变化，而不是恒定。一个缺乏安全感的人倾向于变得极度缺乏安全感，而一个有安全感的人则倾向于变得非常有安全感。[1]

对于一个缺乏安全感的人来说，每一种外部的影响，有机体受到的每一种刺激，都更容易被解读为不安全而不是安全。例如，他们容易把咧嘴的笑容视为嘲笑，把遗忘视为侮辱，把不关心视为厌恶，把略微的喜爱视为冷漠。在这些人的世界里，不安全的影响因素比安全因素更多。我们可以说，他们更看重不安全的证据。因此，有一种力量（即便这种力量很轻微）会将他们不断地拉向越来越极端的不安全。当然，这种力量会不断强化，因为缺乏安全感的人往往会做出没有安全感的行为，促使人们不喜欢

---

[1]　这种倾向与前面所说的追求内部一致性的倾向密切相关。

他们、排斥他们，这就使得他们更加缺乏安全感，进而做出更没有安全感的事情，如此就形成了恶性循环。因此，由于自身的内在动力，他们往往会造成他们最害怕的后果。

最明显的例子是嫉妒行为。这种行为就源于不安全感，而且几乎总会导致更多的排斥和更深的不安全感。有一个人是这样解释他的嫉妒的："我很爱我的妻子，以至于我担心，如果她离开我或者不爱我了，我就会崩溃。她对我哥哥很友好，这自然会让我感到不安。"因此，他采取了许多措施来妨碍这种友谊——这些措施都很愚蠢，因此他开始失去妻子和哥哥的爱。这当然会使他变得更加慌张和嫉妒。在一位心理学家的帮助下，他打破了这个恶性循环。这位心理学家告诉他，即使他感到嫉妒，也不要做出嫉妒的行为。然后开始更重要的任务，那就是通过各种方式减轻这种普遍的不安全感。

源于外在压力的改变

当我们专注于综合征的内部动力时，就很容易暂时忘记，所有综合征都必然是对外部情况所做出的反应。我们在此提到这个明显的事实，只是为了论述的完整性，并且提醒我们，有机体的人格综合征并不是孤立的系统。

变量：水平与性质

最重要、最显而易见的变量就是**综合征的水平**。一个人的安全感水平可以分为高、中、低，自尊水平也可以分为高、中、低。我们并不一定是在说，这种水平的变化发生在一个单一的连续体上；我们只是在说从多到少，从高到低的变化。对于**综合征性质**的讨论，主要针对自尊综合征或支配综合征。支配现象可能在所有灵长类动物身上都能看到，但在每只动物身上表现出来的性质有所不同。在高自尊的人身上，我们至少可以发现高自尊有两种不同的性质。我们可以称一种性质为力量

（strength），称另一种性质为权力（power）。如果一个高自尊的人安全感也很强，那他就会用善良、合作和友好的方式展现出这种自信的力量感。如果一个高自尊的人缺乏安全感，那么比起帮助弱者，他对支配弱者、伤害弱者更感兴趣。这两个人都有很高的自尊，但表现方式不同，这取决于有机体的其他特征。在极度缺乏安全感的人身上，这种不安全感会通过许多方式表现出来。例如，这种不安全感可能具有孤僻和退缩的性质（如果他们的自尊很低），也可能具有敌意、攻击性和卑劣的性质（如果他们的自尊很高）。

文化决定因素

当然，文化与人格的关系过于深刻、复杂，不能简单地讨论。为了完整起见，而不是出于其他原因，我们必须指出，一般而言，实现人生主要目标的途径，往往是由特定文化的性质所决定的。自尊的表达与实现在很大程度上（尽管不是完全）是由文化决定的。爱情关系也是如此。我们会通过文化认可的方式来赢得别人的爱，并向他们表达我们的感情。在一个复杂的社会中，地位角色在一定程度上也是由文化决定的，这一事实往往会改变人格综合征的表达方式。例如，在我们的社会中，与高自尊的女性相比，高自尊的男性可以用更明显、更直接的方式表达这种综合征，并且表达的方式也要多得多。也是由于文化的缘故，孩子很少有机会直接表达高自尊。还应该指出的是，对于每一种综合征（如安全感、自尊、社会性、活动），往往都有一个文化所认可的综合征水平。这一事实在跨文化比较与历史性比较中体现得最为明显。例如，一般的多布人[1]不仅比阿拉佩什人[2]更有敌意，而且他们的文化也要求他们如此。今天的普通女性应当比100年前的普通女性具有更高的自尊。

---

[1] 多布人生活在美拉尼西亚，生性好斗，充满敌意。——译者注

[2] 阿拉佩什人生活在巴布亚新几内亚，他们温和友善，具有合作精神。——译者注

研究人格综合征

标准的相关方法

到目前为止，我们好像把综合征的各个部分说成是同质的，就像雾中的颗粒一样。但事实并非如此。在综合征的组织形态中，我们发现各部分会按照重要性分层，并且聚集在一起。对于自尊综合征而言，我已经用最简单的方法证明了这种现象，也就是说，使用相关的方法。如果综合征内部是未分化的，那么它的所有部分都应该与整体密切相关。然而，自尊（作为一个整体来衡量）其实与各个部分的相关性是不同的。例如，通过社会人格量表（Social Personality Inventory，Maslow，1940b）的测量，整体自尊综合征与易激惹性的相关性为 $r=-0.39$，与非基督教的性态度的相关性为 $r=0.85$，与若干有意识的自卑感的相关性为 $r=-0.40$，与多种情境下的易尴尬的相关性为 $r=-0.60$，与若干有意识的恐惧的相关性为 $r=-0.29$（Maslow，1968a，1968b）。

对数据的临床检验也显示出了这种倾向，即各个部分会自然地聚集成组，这些部分的内在性质似乎是紧密相连的。例如传统观念、道德、谦虚、遵守规则等特性似乎会自然地聚在一起、同属一组，与另一组特性形成了鲜明对比，比如自信、沉着、不易尴尬、不易胆怯和害羞。

这种聚类的倾向使我们可以在综合征内进行分类，但当我们真的尝试分类时，就会遇到各种各样的困难。首先，我们会面临所有分类行为都会遇到的问题，即根据什么原则进行分类。当然，如果我们了解所有数据及其相互关系，这就很容易了。但是，在我们的研究中，我们对数据缺乏彻底的了解。我们发现，无论试图多么敏感地对待材料的内在性质，我们有时都必须做出武断的划分。这种内在的关联给了我们一个初步的线索，指明了大致的方向。但是，这种自发的分组现象给我们的指引是有限的。当我们最终无法觉察到分组的时候，我们就必须根据自己的假设来分类。

另一个明显的困难是，当我们研究综合征的材料时，我们很快就会发现，只要我们乐意，就可以把任何人格综合征划分为十几个重要的组别，也可以划分为 100 组、1000 组、10 000 组，这取决于我们心目中的概括程度。我们怀疑，常见的分类行为只不过是原子论、联结主义观点的另一种体现。当然，用原子论的工具来处理相互依赖的数据不可能取得多大的进展。从通常的意义讲，如果分类不是分离出不同的部分、独立的条目，那它又是什么呢？如果我们的数据在本质上**没什么**不同，无法彼此分开，那我们又该如何分类呢？也许我们应该拒绝原子论的分类方法，寻找某些整体论的分类原则，就像我们发现有必要拒绝还原论的分析方法，选择整体论的分析方法一样。我们大概必须寻找这种整体论的分类技术，下面的类比可以为我们提供一些方向。

放大倍率

这个说法是一个物理学的比喻，源于显微镜的工作方式。在研究组织的切片时，我们将切片对准光线，用肉眼观察，了解其整体特征、一般结构、总体的构成与相互关系，从而形成了组织的整体概念。脑中有了这幅完整的画面，我们就可以用较低的放大倍率（比如 10 倍）来观察整体的一个部分。此时我们研究的是一个细节，不是在孤立地研究，而是考虑到了这个细节与整体的关系。然后，我们可以用放大倍率更高（比如 50 倍）的物镜，更仔细地研究整体内的这个范围。然后，我们可以逐渐加大放大倍率，达到该仪器的极限，对整体中的细节进行更深入、更精细的分析。

我们也可以认为研究的材料是已经被分好类的，不是一字排开、分离、独立的部分（可以按任意的顺序重新排列组合），而像是被"包含在"一套盒子里一样。如果我们把整个安全感综合征看作一个盒子，那么 14 个亚综合征就是大盒子里的 14 个小盒子（Maslow，1952）。在这 14 个小盒子里还装着其他的盒子——也许一个盒子里装着 4 个，另一个盒子里有 10 个，再一个盒子里有 6 个，以此类推。

　　用这些例子来比喻综合征研究，我们可以把安全感综合征作为一个整体来考察，也就是在 1 号放大倍率下观察。具体而言，这就意味着研究综合征整体的心理味道、意义或目标。然后，我们可以从安全感综合征的 14 个亚综合征中选取一个，在所谓 2 号放大倍率下研究。然后，我们可以研究这个亚综合征的整体，研究它与另外 13 个亚综合征的相互依存关系，但始终将其视为整个安全感综合征的一个具有整体性的部分。我们可以举个例子，比如安全感低下者的权力服从综合征。一般而言，缺乏安全感的人需要权力，但这种需要体现在许多方面，并且会表现为不同的形式，比如过大的野心、过强的攻击性、占有欲、对金钱的渴望、过度的竞争性、偏见与仇恨的倾向等，也可能表现为明显相反的形式，如阿谀奉承、顺从、受虐倾向。但是，这些特征本身显然也具有概括性，可以进一步分析和分类。对上述任何特点的研究，都属于 3 号倍率。我们就以对偏见的需要或倾向为例吧，种族偏见就是一个很好的例子。如果我们要正确地研究这个特点，就不能单独或孤立地研究它。我们可以用更完整的方式来表述它：我们研究的是对偏见的倾向，这种倾向是权力需求的一种亚综合征，而权力需求则是一般的安全感缺乏综合征的亚综合征。我们无须赘述，越来越细致的研究会来到 4 号、5 号等放大倍率上。我们可以从这种特殊的复杂现象的一个方面入手，比如利用差异（如肤色、鼻子形状、所说的语言）来满足自身对于安全感的需求。这种利用差异的倾向是一种有组织的综合征，它也可以作为一种综合征来加以研究。具体而言，在这种情况下，这种倾向就应当被归为一种亚—亚—亚—亚综合征。它是这套盒子里的第五层盒子。

　　总而言之，这种分类方法建立在"包含于"而不是"独立于"的基本概念之上，这种方法能给予我们一直在寻找的线索。这样能让我们既了解细节，也了解整体，而不会让我们拘泥于孤立的理解或模糊而无用的泛泛之谈。如此将综合与分析并举，使我们能够同时有效地研究独特性与共性。这种方法拒绝了二分法，拒绝了"A 类与非 A 类"的亚里士多德式分类方法，但依然为我们提供了一个在理论上令人满意的分类与分析原则。

根据意义聚类

如果我们要寻找一种启发式的分类标准，来区分综合征与亚综合征，从理论上讲，我们可以在"浓度"的概念中找到这一标准。自尊综合征中各种自然形成的分组之间有何不同？我们发现，传统观念、道德、谦虚、遵守规则等特点会形成一组，这个分组与自信、沉着、不易尴尬、不易胆怯、勇敢等形成的另一组特点形成了鲜明对比。这些簇或亚综合征当然是相互关联的，并且与整体自尊是相关的。此外，在每个簇中，各种要素也是相互关联的。也许，我们对这些簇的感知，也就是各种要素自然结合在一起带来的主观感受，会反映在这种相关性里。如果我们测量这些要素，就能得出这种相关性。也许自信与沉着之间的相关性，比沉着与反传统观念的相关性更加密切。也许在统计学中，聚类意味着簇内的所有成员之间的平均相关性较高。簇内成员平均相关性，应该高于两个不同簇的成员之间的平均相关性。假设簇内的平均相关系数为 $r=0.7$，而不同簇的成员之间的平均相关系数为 $r=0.5$，那么各簇（各亚综合征）合并而成的新综合征的平均相关性将高于 $r=0.5$，但低于 $r=0.7$，大概接近于 $r=0.6$。从亚—亚综合征到亚综合征，再到综合征，平均相关系数应该会下降。我们可以称这种变化为浓度的变化，我们可以合理地强调这个概念，因为它能为我们提供检验临床发现的有效工具。[①]

根据动力心理学的基本假设，能够且应该相互关联的不是行为本身，而是行为的意义。例如，相关的不是谦虚的行为，而是谦虚的品质，这种品质可以在它与有机体的其余部分的关系中完整地体现出来。此外，我们还必须认识到，即便是动力论的变量，也不一定会沿着单一的连续体变化，而是可能在某一点上突然发生巨变，成为完全不同的东西。我们可以在对情感的渴望所造成的影响中发现这种现象的一个例子。如果我们按照从得

---

① 整体论心理学家有一种不相信相关方法的倾向，但我觉得这是因为恰好研究者只以原子论的方式来使用这种方法，而不是因为相关方法的本质与整体论有冲突。例如，即使一般的统计学家不相信自相关性（就好像我们还能指望有机体内的部分有其他什么属性似的！），但如果考虑到某些整体的情况，他们也不必如此固执己见了。

到充分接纳到遭受彻底排斥的顺序，对年幼的孩子进行排序，就会发现，随着受接纳程度的下降，孩子会越发迫切地渴望爱，但随着我们接近这个序列的底端——从生命的最初几天起就遭受彻底的排斥，我们看到的不是对爱的强烈渴望，而是对情感的彻底冷漠与**缺乏渴望**。

最后要说的是，我们当然必须使用整体论的数据，而不是原子论的数据。也就是说，不能使用还原分析的产物，而要采用整体分析的产物。通过这种方式，单一的变量或部分就能相互关联，而不会破坏有机体的统一性。如果我们对相关分析的数据保持适度的谨慎，如果我们用临床与实验知识来补充各种统计数据，那么就没有理由认为，相关方法不能在整体论方法中发挥极大的作用。

有机体内相互关联的综合征

柯勒（Köhler，1961）在他关于物理格式塔的书中反对将相互联系过度泛化，这种反对甚至到了这样的程度：让他在非常泛化的一元论与彻底的原子论之间做出选择，他都会左右为难。因此，他不仅强调格式塔内部的相互关联性，也强调不同格式塔的分离性。在他看来，他所研究的大部分格式塔都是（相对的）封闭系统。他只在格式塔内部做分析；他很少讨论格式塔之间的关系，无论是物理格式塔还是心理格式塔。

如果我们处理的是有机体的数据，那情况就显然不同了。当然有机体内部几乎不存在封闭系统。在有机体内部，所有事物其实都是相互联系的，即便有时这种联系非常微弱、非常遥远。不但如此，事实证明，作为一个整体的有机体，与文化、身边的其他人、特定的情境、物理与地理等因素都是相互联系的，并且在根本上是相互依赖的。目前，我们至少可以说，柯勒应该做的是，将他所说的泛化限制在现象世界的物理格式塔与心理格式塔中，因为他的限制肯定不能如此严格地适用于有机体内部。

如果我们选择争论这个问题，就有可能超越这个最低限度的说法。事实上，我们可以举出一个很好的例子，来说明整个世界在理论上都是相互关联的。只要我们能从世上众多的关系类型中进行选择，就可以发现，这个宇宙中的任何一个部分与任何其他部分都具有某种关系。只有当我们想着眼于实际，或者说，只谈论单一的话语领域，而不谈论所有话语领域的整体情况时，我们才能假设各个系统是相对独立的。例如，从心理学的角度来看，普遍存在的相互联系就被打破了，因为世界上有些部分与其他部分并不存在**心理学上**的关系，尽管它们可能存在化学、物理学或生物学上的关系。不但如此，生物学家、化学家或物理学家很可能也会以一种完全不同的方式打破世界的相互联系。在我看来，目前最好的说法可能是，确实存在相对封闭的系统，但这些封闭系统在一定程度上是由看问题的视角造成的。目前是（或看起来是）封闭的系统，也许在一年后就不是了，因为明年的科学实践可能会有足够的改进，能够证明系统间的关系是存在的。如果有人提出，我们应该证明的是在世界所有部分之间建立关系的物理过程，而不是论述各部分间的理论关系，那么我们必须这样回答：一元论的哲学家从未声称这种普遍、**物理上**的相互关联是存在的，反而谈到了许多其他类型的相互关系。然而，这不是我们论述的重点，所以没必要详细阐述。指出有机体内部存在（理论上的）普遍联系现象就足够了。

人格综合征的水平与性质

在这个研究领域，我们至少能举出一个经过仔细研究的例子。但这究竟是一个范例还是特例，还有待进一步的研究。

从量上讲，也就是从简单的线性相关的角度来说，安全感水平与自尊水平存在正向但很小的关系，$r \approx 0.2$ 或 0.3。单看正常的个体，显然这两种综合征实际上是独立的变量。在某些人群中，这两种综合征可能存在特有的关系：例如，有的犹太人（在 20 世纪 40 年代）有一种高自尊、低安全感的倾向；而在有些信仰天主教的女性身上，我们会发现低自尊与高安全感并存的现象；在神经症患者身上，这两者的水平在过去和现在都很低。

然而，比起这两种综合征在水平上的这种关系（或缺乏关系），更加令人吃惊的是，安全感（或自尊）的**水平**与自尊（或安全感）的**性质**具有非常密切的关系。只要比较两个自尊都很高，但安全感水平截然相反的两个人，就能很容易地看到这种关系。A（高自尊、高安全感）倾向于用一种与B（高自尊、低安全感）截然不同的方式来表达自尊。A 既有人格的力量，也对人类有大爱，他自然会用这种力量来培养、善待或保护他人；而 B 有着同样的力量，却对人类怀有厌恶、蔑视或恐惧，他更有可能用这种力量来伤害、支配他人，或减轻自己的不安全感。这种力量必然会对他的同胞构成威胁。因此，我们可以说，某人的高自尊具有不安全的性质，而且可以将这种性质与高自尊的安全性质进行对比。同样，我们可以在低自尊中区分出不安全与安全两种性质，也就是说，一种人是受虐狂或马屁精，而另一种人是安静、讨喜、乐于服务、依赖他人的人。安全感在性质上也具有类似的差异，这种差异与自尊水平的差异是有关的。例如，缺乏安全感的人可能是腼腆、退缩的人，也可能是具有显著敌意和攻击性的人，这取决于他们的自尊水平是低还是高。有安全感的人既可能是谦虚的，也可能是骄傲的；既可能是追随者，也可能是领导者。这取决于他们的自尊水平是低还是高。

人格综合征与行为

在更具体地分析之前，我们可以笼统地说，综合征与外显的行为之间大致具有如下的关系：每一种行为**往往**都会表达出整体的完整人格。具体而言，这就意味着，每一种行为往往都是由所有人格综合征决定的（除下面将要谈到的其他决定因素之外）。以某人笑着回应一个笑话的行为为例，在理论上，我们可以从这个单一行为的多种决定因素中分析出他的安全感水平、自尊、精力、智力等。这种观点与现已过时的特质理论形成了鲜明的对比，后者认为单一的行为完全是由某种单一的特质所决定的。我们的理论陈述能在某些活动中得到充分的体现，比如在艺术创作中。在创作一幅绘画或一首协奏曲时，艺术家显然要全身心地投入这项活动，因为这是整体人格的表达。但是这样的一个例子，或者说任何对于非结构化情境的创造性反应（如罗夏测验）都是连续体上的极端情况。另一种极端是孤立、特定、与性格结构几乎没有关系的行为。这样的例子有：对短暂的情境要求做出的直接反应（给卡车让路）、纯粹的习惯、对多数人早已不具备心理意义的文化反应（女人走进房间时，男人要起立的习俗），或者反射行为。这种行为几乎不能告诉我们关于性格的信息，因为在这些行为中，性格是一种可以忽略不计的决定因素。但是，在极端情况之间，我们还发现了各种不同的行为层次。比如，有些行为几乎完全是由一种或两种综合征所决定的。某种特定的善意行为和安全感综合征的关系，比和其他任何综合征的关系都要密切。谦虚的感受在很大程度上也是由自尊决定的，诸如此类的例子还有很多。

这些事实可能会引出这样一个问题：如果行为与综合征之间存在上述各类关系，那为什么要在一开始说，行为通常是由所有综合征所决定的呢？

很明显，这是由于某种理论上的必要性，整体性的理论需要在一开始做这样的陈述，而原子论的方法则会在一开始选择一个孤立、独立的行为，切断它与有机体的所有联系——比如选择一种感觉或条件反射。这里有一个"确立重心"的问题（将哪个部分作为整体，进行有组织的阐释）。对于原子论来说，最简单的基本数据就是通过还原分析得出的简单行为，也就是与有机体其余部分切断了全部联系的行为。

也许更关键的是，综合征与行为的第一种关系更为重要。孤立的行为往往不是生活的主要关注点。这些行为是孤立的，仅仅是因为它们不重要，也就是说，它们与有机体的主要问题、主要答案或主要目标无关。我的髌腱受敲击时，我的腿就会踢出去；我会用手拿橄榄；我不吃煮熟的洋葱，因为我吃不惯——这些都是事实。我有某种人生观，我爱我的家人，我喜欢某种实验——这些同样是事实，但这后一类事实要重要得多。

虽然有机体的内在性质确实是行为的决定因素，但不是行为的唯一决定因素。有机体所处的文化环境（对有机体的内在性质也有影响）也是行为的决定因素。最后，行为的另一组决定因素，可以统统归为"当前情境"的范畴。虽然行为的目标是由有机体的本性决定的，达成目标的途径是由文化决定的，但当前情境决定了现实的可能性与不可能性：哪种行为明智，哪种行为不明智；哪些阶段性目标是可行的，哪些不可行；哪些东西构成了威胁，哪些东西提供了潜在的工具，有助于实现目标。

经过如此复杂的考虑，我们就很容易理解，为什么行为并不一定能很好地体现性格结构。因为，如果行为既是由性格决定的，也是由外在情境与文化决定的，如果行为是这三种力量之间的妥协，那它就不可能完美地体现其中任何一种力量。这同样是一个理论陈述。实际上，我们有一些技术①可以"控制"或消除文化和环境的影响，因此在实践中，行为有时**可以**很好地体现性格。

研究者发现，性格与行为冲动之间的相关性要高得多。的确，这种相关性很高，以至于这些行为冲动本身可以说就是人格综合征的一部分。与外显的行为相比，这些行为冲动受外在文化强迫的影响要小得多。我们甚至可以说，我们研究行为，只是把它作为行为冲动的体现。如果能很好地体现冲动，这种行为就值得研究；如果不能，它就不值得研究——如果我们研究的最终目标是理解性格的话。

---

① 例如，我们可以将情境设计得足够模糊，从而控制它对行为的决定作用，比如各种投射测验就是这样做的。或者，有机体的要求有时是不可抗拒的，比如在精神错乱的情况下，此时有机体会否认或忽视外部世界，违背文化的要求。在一定程度上排除文化影响的主要技术，就是访谈中的融洽关系，或者精神分析的移情。在某些其他情况下，文化的强迫性可能会被削弱，比如在醉酒、暴怒的情况下，或者做出其他不受控制的行为时。同样，有许多行为是文化调节所忽视的，比如各种微妙、无意识、由文化所决定的主题的变种，即所谓的表达性动作。或者，我们可以研究相对不受约束的人的行为，比如研究文化冲动还很弱的儿童，或者研究几乎没有文化冲动的动物，也可以研究其他社会，这样我们就可以通过对比来排除文化的影响。这几个例子表明，复杂、理论上可行的行为研究，**可以**告诉我们一些关于人格内部组织的东西。

综合征数据的逻辑与数学表达

据我所知，目前还没有任何数学或逻辑能用符号来表示和处理综合征的数据。创造这样的符号系统绝非不可能，因为我们知道，可以通过创造数学或逻辑来满足我们的需求。然而，目前大多数可用的逻辑和数学系统，都建立在普遍－原子论的世界观上，是这种世界观的表现形式，我们已经批判过这种观念了。我在这个方向上下的功夫还不够，没有什么成果能在这里展示。

亚里士多德提出的"A 与非 A"之间的尖锐对比，是他的逻辑学的一个基础。即使亚里士多德的其他假设已被否定，这种对比也一直延续到了现代逻辑学中。例如，我们可以在兰格的《符号逻辑》（*Symbolic Logic*）一书中看到，她用"互补类别"（complementary classes）来描述这种概念。对她而言，这是一个不需要证明的基本假设，可以被视为理所当然的常识。"每个类别都有补集；任一类别与其补集都是相互排斥的，它们两者囊括了所有类别。"（Langer，1937，p. 193）。

现在这一点应该很清楚了：对于综合征数据而言，不可能从整体数据之中如此明确地划分出任何部分，任何单一数据与综合征的其余部分之间也无法做出如此明确的区分。如果我们把 A 从整体上切割下来，A 就不再是 A，非 A 也不再是它原来的样子了。当然，把 A 与非 A 简单相加，也不能还原最初的整体。在一个综合征内部，每个部分都与其他部分有所重叠。除非我们根本不理会这些重叠的部分，否则我们无法切割出一个部分。心理学家是不能忽视这些重叠的。被孤立看待的数据，互斥性是可能存在的。如果把数据放入背景之中（在心理学中必须如此），这种二分法就是完全行不通的。例如，我们甚至无法想象，我们能把自尊行为从所有其他行为中分离出来。原因很简单，几乎没有一种行为仅仅是自尊行为，而不是其他行为。

如果我们否定这种互斥性的概念，不仅会怀疑在一定程度上以它为基础的整个逻辑，而且会怀疑我们所熟悉的大多数数学系统。大多数现存的数学和逻辑处理的是一个由互斥的实体所组成的世界，这些实体就像是一堆苹果。把一个苹果从一堆苹果中分离出来，既不会改变这个苹果的本质，也不会改变这堆苹果的本质。对于有机体来说，情况就完全不同了。切除一个器官不但会改变被切掉的部分，也会改变整个有机体。

另一个例子是加减乘除这类基本算术。这些运算显然都假定数据是符合原子论的。把一个苹果加到另一个苹果上是可能的，因为苹果的性质允许这样做。人格的性质则完全不同。如果有两个高自尊、缺乏安全感的人，我们能让其中一人更有安全感（"加"安全感），那么这个人大概倾向于合作，而另一人则倾向于成为暴君。前者人格中的高自尊与后者人格中的高自尊具有不同的性质。对于那个被加入了安全感的人而言，他发生了两个变化，而不仅仅是一个。这个人不仅获得了安全感，自尊的性质也发生了变化——仅仅是与高安全感结合在一起，就能带来这样的变化。这是一个牵强的例子，但也是我们能想到的最接近在人格中做加法的例子。

显然，尽管传统的数学与逻辑具有无限的可能性，但它们实际上是为原子论、机械的世界观服务的仆人。

甚至可以说，在接受动态性、整体性理论方面，数学落后于现代物理学。物理理论的性质发生了本质上的变化，这种变化不是通过改变数学的本质导致的，而是通过扩展数学的用途，要一些巧妙的花招，尽可能地保持数学的静止属性。这些变化只能通过做出各种"好像"的假设来实现。微积分就是一个很好的例子，它声称要处理运动和变化的问题，但只能通过把变化变成一连串静止的状态才能做到这一点。曲线下的面积是通过把它分解成一连串长方形来测量的。曲线本身则被看作"好像"边长很小的多边形。微积分是有效的，也是一种非常有用的工具，这就证明了这是一种合理的运算，我们对此没有什么根本性的异议。但我们不应忘记微积分之所以有效，是因为它有一系列假设、回避和花招，因为它有"好像"假设——这种假设明显不会像心理学研究那样看待现象世界。

下面的引文说明了我们关于数学倾向于静止、倾向于原子论的观点。据我所知，还没有其他数学家质疑这种观点。

我们以前不是还热切地宣称，我们生活在一个静止的世界里吗？我们不是已经运用了芝诺悖论，不厌其烦地证明了运动是不可能的，飞出的箭矢实际上是静止的吗？我们该如何解释这种明显转变立场的现象？

还有，如果每一项新的数学发现都建立在旧的既定基础之上，那怎么可能从静态的代数和几何学中发展出解决动态实体问题的新数学呢？

回答第一个问题：我们的观点并没有反转。我们仍然坚信，这世上的运动和变化都是静止状态的特殊情况。如果说，变化是一种在本质上不同于静止的状态，那就不存在变化的状态；正如我们曾指出的那样，所谓变化，只不过是在相对较短的时间间隔内，感知到的许多不同静态画面相继出现的现象……

我们在直觉上相信，运动物体的行为具有连续性，因为我们实际上没有看到箭矢在飞行过程中经过的每个点，而我们有一种强大的本能，把运动的概念抽象理解为在本质上与静止完全不同的东西。但是这种抽象是由生理和心理局限性所导致的，逻辑分析根本无法证明这一点。运动是位置与时间的相关关系。可能性只是**函数**的另一个名称，是这种相关关系的另一个方面。

至于其余的问题，微积分是几何学和代数的后代，属于静止的家族，它所有的特点，没有一样不是来自它的父母。数学中不可能有突变。因此，微积分必然具有和乘法表、欧几里得几何学相同的静态特性。微积分不过是对静止世界的另一种解读，尽管我们必须承认，它是一种巧妙的解读方式。（Kasner & Newman，1940，pp. 301–304）

我们再次重申，有两种看待要素的方式。例如，脸红可能只是脸红这种现象本身（一种还原后的要素），也可能是处于某种情境之中的脸红（整体的要素）。前者涉及了一种"好像"假设，即"好像它在这个世界上是孤立的，与世界其余部分都没有关系"。这是一种形式抽象思维，可能在某些科学领域非常有用。在任何情况下，只要记住这是一种形式抽象，抽象思维就不会造成任何损害。只有当数学家、逻辑学家或科学家在谈论脸红本身时忘记了他们在谈论人造的概念，才会遇到麻烦。他们肯定会承认，在现实世界中，如果没有脸红的人，没有值得脸红的事等其他要素，就肯定不存在脸红这种现象。这种人为的抽象习惯，或者说使用还原要素的习惯起到了非常好的效果，已经成了根深蒂固的习惯，以至于只要有人否认这些习惯在实证或现象学上的有效性，那些采用抽象和还原思维的人就会感到惊讶。慢慢地，这些人会说服自己，这就是世界的构成方式，他们很容易忘记，尽管抽象思维是有用的，但它仍然是人为、约定俗成、假设的思维——简而言之，它是一个强加于相互联系、不断变化的世界之上的人造系统。这些关于世界的特殊假设，仅仅是因为具有已经得到证明的便利性，才能够与常识背道而驰。当它们不再能提供方便，或者当它们成为障碍时，就必须予以抛弃。只看到我们放进这个世界的东西，而看不到实际存在的东西，这是很危险的。让我们把话说得再直白一些吧。从某种意义上说，原子论的数学或逻辑是一种关于世界的理论，用这种理论对世界所做的任何描述，心理学家都可能会予以拒绝，因为这不符合他的目的。显然，方法论思想家有必要着手创造更符合现代科学性质的逻辑和数学系统。

这些说法也适用于英语本身。这也反映了我们文化的原子论世界观。在描述综合征数据和综合征规律的时候，我们不得不采用最古怪的类比、修辞和各种拐弯抹角的说法，这也是不足为奇的。我们能用 **"和"**（and）这个连词来表示两个独立实体合并在一起的情况，但我们没有连词来表示两个不独立的实体合并在一起，形成一个单元而非一个对子的情况。要替换这个基本的连词，我唯一能想到的是个很笨拙的词：**"结合"**（structured with）。有些其他的语言更适合整体、动态的世界观。在我看来，黏着性语言（agglutinate language）比英语更能反映整体性的世界。我要说的另外一点是，我们的语言会像大多数逻辑学家和数学家那样，把世界分解为要素和关系，分解为物质以及对物质所做的事情。我们将名词视为物质，将动词视为物质对物质所做的事情。形容词能更准确地描述物质的种类，而副词能更准确地描述行为的种类。整体－动力论中不存在如此突出的二分法。无论如何，即使在尝试描述综合征的数据时，词语也必须排列成一条直线（Lee，1961）。

REFERENCES
参考文献

前言

Hall, M. H. (1968). A conversation with Abraham H. Maslow. *Psychology Today*, 35–37, 54–57.

International Study Project. (1972). *Abraham H. Maslow: A memorial volume*. Monterey, CA: Brooks/Cole.

Leonard, G. (1983, December). Abraham Maslow and the new self. *Esquire*, pp. 326–336.

Lowry, R. (1973). *A. H. Maslow: An intellectual portrait*. Monterey, CA: Brooks/Cole.

Lowry, R. (Ed.). (1979). *The journals of Abraham Maslow* (2 vols.). Monterey, CA: Brooks/Cole.

Maslow, A. (1968). *Toward a psychology of being* (2nd ed.). New York: Van Nostrand.

Maslow, A. (1971). *The farther reaches of human nature*. New York: Viking Press.

Wilson, C. (1972). *New pathways in psychology: Maslow and the post-Freudian revolution.* New York: Mentor.

正文

Adler, A. (1939). *Social interest*. New York: Putnam's.

Adler, A. (1964). *Superiority and social interests: A collection of later writings* (H. L. Ansbacher and R. R. Ansbacher, eds.). Evanston: Northwestern University Press.

Alderfer, C. P. (1967). An organization syndrome. *Administrative Science Quarterly, 12,* 440–460.

Allport, G. (1955). *Becoming*. New Haven, CT: Yale University Press.

Allport, G. (1959). Normative compatibility in the light of social science. In A. H. Maslow (Ed.), *New knowledge in human values*. New York: Harper & Row.

Allport, G. (1960). *Personality and social encounter*. Boston: Beacon.

Allport, G. (1961). *Pattern and growth in personality*. New York: Holt, Rinehart & Winston.

Allport, G., & Vernon, P. E. (1933). *Studies in expressive movement*. New York: Macmillan.

Anderson, H. H. (Ed.). (1959). *Creativity and its cultivation*. New York: Harper & Row.

Angyal, A. (1965). *Neurosis and treatment: A holistic theory*. New York: Wiley.

Ansbacher, H., & Ansbacher, R. (1956). *The individual psychology of Alfred Adler*. New York: Basic Books.

Ardrey, R. (1966). *The territorial imperative*. New York: Atheneum.

Argyris, C. (1962). *Interpersonal competence and organizational effectiveness*. Homewood, IL: Irwin-Dorsey.

Argyris, C. (1965). *Organization and innovation*. Homewood, IL: Irwin.

Aronoff, J. (1962). Freud's conception of the origin of curiosity. *Journal of Psychology, 54,* 39–45.

Aronoff, J. (1967). *Psychological needs and cultural systems*. New York: Van Nostrand Reinhold.

Asch, S. E. (1956). Studies of independence and conformity. *Psychological Monographs, 70* (Whole No. 416).

Baker, R. S. (1945). *American chronicle*. New York: Scribner's.

Bartlett, F. C. (1932). *Remembering*. Cambridge: Cambridge University Press.

Benedict, R. (1970). Synergy in society. *American Anthropologist.*

Bennis, W. (1966). *Changing organizations*. New York: McGraw-Hill.

Bennis, W. (1967). Organizations of the future. *Personnel Administration, 30,* 6–24.

Bennis, W., & Slater, P. (1968). *The temporary society*. New York: Harper & Row.

Bergson, H. (1944). *Creative evolution*. New York: Modern Library.

Bernard, L. L. (1924). *Instinct: A study in social psychology*. New York: Holt, Rinehart & Winston.

Bonner, H. (1961). *Psychology of personality*. New York: Ronald Press.

Bronowski, J. (1956). *Science and human values*. New York: Harper & Row.

Bugental, J. (1965). *The search for authenticity*. New York: Holt, Rinehart & Winston.

Bühler, C., & Massarik, F. (Eds.). (1968). *The course of human life: A study of life goals in the humanistic perspective*. New York: Springer.

Cannon, W. G. (1932). *Wisdom of the* body. New York: Norton.

Cantril, H. (1950). An inquiry concerning the characteristics of man. *Journal of Abnormal and Social Psychology, 45*, 491–503.

Chenault, J. (1969). Syntony: A philosophical promise for theory and research. In A. Sutich and M. Vich (Eds.), *Readings in Humanistic Psychology*. New York: Free Press.

Chiang, H. (1968). An experiment in experiential approaches to personality. *Psychologia, 11*, 33–39.

D'Arcy, M. C. (1947). *The mind and heart of love*. New York: Holt, Rinehart & Winston.

Davies, J. C. (1963). *Human nature in politics*. New York: Wiley.

Deutsch, F., & Miller, W. (1967). *Clinical interview*, Vols. I & II. New York: International Universities Press.

Dewey, J. (1939). Theory of valuation. *International enclyclopedia of unified science* (Vol. 2, No. 4). Chicago: University of Chicago Press.

Drucker, P. F. (1939). *The end of economic man*. New York: Day.

Eastman, M. (1928). *The enjoyment of poetry*. New York: Scribner's.

Einstein, A., & Infeld, L. (1938). *The evolution of physics.* New York: Simon & Schuster.

Erikson, E. (1959). *Identity and the life cycle*. New York: International Universities Press.

Farrow, E. P. (1942). *Psychoanalyze yourself.* New York: International Universities Press.

Frankl, V. (1969). *The will to meaning*. New York: World.

Frenkel-Brunswik, E. (1949). Intolerance of ambiguity as an emotional and perceptual personality variable. *Journal of Personality, 18*, 108–143.

Freud, S. (1920). *General introduction to psychoanalysis*. New York: Boni & Liveright.

Freud, S. (1924). *Collected papers*, Vol. II. London: Hogarth Press.

Freud, S. (1930). *Civilization and its discontents*. New York: Cape & Smith.

Freud, S. (1933). *New introductory lectures on psychoanalysis*. New York: Norton.

Fromm, E. (1941). *Escape from freedom*. New York: Farrar, Straus & Giroux.

Fromm, E. (1947). *Man for himself.* New York: Holt, Rinehart & Winston.

Goldstein, K. (1939). *The organism*. New York: American Book.

Goldstein, K. (1940). *Human nature*. Cambridge: Harvard University Press.

Grof, S. (1975). *Realms of the human unconscious*. New York: Viking Press.

Guiterman, A. (1939). *Lyric laughter*. New York: Dutton.

Harding, M. E. (1947). *Psychic energy*. New York: Pantheon.

Harlow, H. F. (1950). Learning motivated by a manipulation drive. *Journal of Experimental Psychology, 40,* 228–234.

Harlow, H. F. (1953). Motivation as a factor in the acquisition of new responses. In R. M. Jones (Ed.), *Current theory and research in motivation.* Lincoln: University of Nebraska Press.

Harper, R. (1966). *Human love: Existential and mystical.* Baltimore: Johns Hopkins Press.

Hayakawa, S. I. (1949). *Language and thought in action.* New York: Harcourt, Brace & World.

Herzberg, F. (1966). *Work and the nature of man.* New York: World.

Hoggart, R. (1961). *The uses of literacy.* Boston: Beacon.

Horney, K. (1937). *The neurotic personality of our time.* New York: Norton.

Horney, K. (1939). *New ways in psychoanalysis.* New York: Norton.

Horney, K. (1942). *Self-analysis.* New York: Norton.

Horney, K. (1950). *Neurosis and human growth.* New York: Norton.

Howells, T. H. (1945). The obsolete dogma of heredity. *Psychology Review, 52,* 23–34.

Howells, T. H., & Vine, D. O. (1940). The innate differential in social learning. *Journal of Abnormal and Social Psychology, 35,* 537–548.

Husband, R. W. (1929). A comparison of human adults and white rats in maze learning. *Journal of Comparative Psychology, 9,* 361–377.

Huxley, A. (1944). *The perennial philosophy.* New York: Harper & Row.

James, W. (1890). *The principles of psychology.* New York: Holt, Rinehart & Winston.

James, W. (1958). *The varieties of religious experience.* New York: Modern Library.

Johnson, W. (1946). *People in quandaries.* New York: Harper & Row.

Jourard, S. M. (1968). *Disclosing man to himself.* New York: Van Nostrand Reinhold.

Kasner, E., & Newman, J. (1940). *Mathematics and the imagination.* New York: Simon & Schuster.

Katona, G. (1940). *Organizing and memorizing.* New York: Columbia University Press.

Klee, J. B. (1951). *Problems of selective behavior.* (New Series No. 7). Lincoln: University of Nebraska Studies.

Koestler, A. (1945). *The yogi and the commissar.* New York: Macmillan.

Köhler, W. (1961). Gestalt psychology today. In M. Henle (Ed.), *Documents of gestalt psychology.* Berkeley: University of California Press.

Langer, S. (1937). *Symbolic logic.* Boston: Houghton Mifflin.

Lee, D. (1961). *Freedom and culture.* Englewood Cliffs, NJ: Prentice-Hall.

Levy, D. M. (1934a). Experiments on the sucking reflex and social behavior of dogs. *American Journal of Orthopsychiatry.*

Levy, D. M. (1934b). A note on pecking in chickens. *Psychoanalytic Quarterly, 4,* 612–613.

Levy, D. M. (1937). Primary affect hunger. *American Journal of Psychiatry, 94,* 643–652.

Levy, D. M. (1938). On instinct-satiations: An experiment on the pecking behavior of chickens. *Journal of General Psychology, 18,* 327–348.

Levy, D. M. (1939). Release therapy. *American Journal of Orthopsychiatry, 9,* 713–736.

Levy, D. M. (1943). *Maternal overprotection.* New York: Columbia University Press.

Levy, D. M. (1944). On the problem of movement restraint. *American Journal of Orthopsychiatry, 14,* 644–671.

Levy, D. M. (1951). The deprived and indulged forms of psychopathic personality. *American Journal of Orthopsychiatry, 21,* 250–254.

Lewin, K. (1935). *Dynamic theory of personality.* New York: McGraw-Hill.

Likert, R. (1961). *New patterns in management.* New York: McGraw-Hill.

Lynd, R. (1939). *Knowledge for what?* Princeton, NJ: Princeton University Press.

Maier, N. R. F. (1939). *Studies of abnormal behavior in the rat.* New York: Harper & Row.

Maier, N. R. F. (1949). *Frustration.* New York: McGraw-Hill.

Marmor, J. (1942). The role of instinct in human behavior. *Psychiatry, 5,* 509–516.

Maslow, A. H. (1935). Appetites and hunger in animal motivation. *Journal of Comparative Psychology, 20,* 75–83.

Maslow, A. H. (1936). The dominance drive as a determiner of the social and sexual behavior of infra-human primates, I-IV. *Journal of Genetic Psychology, 48,* 261–277, 278–309, 310–338; *49,* 161–190.

Maslow, A. H. (1937). The influence of familiarization on preference. *Journal of Experimental Psychology, 21,* 162–180.

Maslow, A. H. (1940a). Dominance-quality and social behavior in infra-human primates. Journal of Social Psychology, *11,* 313–324.

Maslow, A. H. (1940b). A test for dominance-feeling (self-esteem) in women. *Journal of Social Psychology, 12,* 255–270.

Maslow, A. H. (1943). The authoritarian character structure. *Journal of Social Psychology, 18,* 401–411.

Maslow, A. H. (1952). *The S-I Test: A measure of psychological security-insecurity.* Palo Alto,

CA: Consulting Psychologists Press.

Maslow, A. H. (1957). Power relationships and patterns of personal development. In A. Kornhauser (Ed.), *Problems of power in American democracy*. Detroit: Wayne University Press.

Maslow, A. H. (1958). Emotional blocks to creativity. *Journal of Individual Psychology, 14*, 51–56.

Maslow, A. H. (1964a). *Religions, values and peak experiences*. Columbus: Ohio State University Press.

Maslow, A. H. (1964b). Synergy in the society and in the individual. *Journal of Individual Psychology, 20*, 153–164.

Maslow, A. H. (1965a). Criteria for judging needs to be instinctoid. In M. R. Jones (Ed.), *Human Motivation: A Symposium*. Lincoln: University of Nebraska Press.

Maslow, A. H. (1965b). *Eupsychian management: A journal*. Homewood, IL: Irwin-Dorsey.

Maslow, A. H. (1966). *The psychology of science: A reconnaissance*. New York: Harper & Row.

Maslow, A. H. (1967). A theory of metamotivation: The biological rooting of the valuelife. *Journal of Humanistic Psychology, 7*, 93–127.

Maslow, A. H. (1968a). Some educational implications of the humanistic psychologies. *Harvard Educational Review, 38*, 685–686.

Maslow, A. H. (1968b). Some fundamental questions that face the normative social psychologist. *Journal of Humanistic Psychology, 8*, 143–153.

Maslow, A. H. (1968c). *Toward a Psychology of Being* (2nd ed.). New York: Van Nostrand Reinhold.

Maslow, A. H. (1969a). The farther reaches of human nature. *Journal of Transpersonal Psychology, 1*, 1–10.

Maslow, A. H. (1969b). Theory Z. *Journal of Transpersonal Psychology, 1*, 31–47.

Maslow, A. H. (1969c). Various meanings of transcendence. *Journal of Transpersonal Psychology, 1*, 56–66.

Maslow, A. H., & Mittelman, B. (1951). *Principles of abnormal psychology (rev. ed.)*. New York: Harper & Row.

McClelland, D. (1961). *The achieving society*. New York: Van Nostrand Reinhold.

McClelland, D. (1964). *The roots of consciousness*. New York: Van Nostrand Reinhold.

McClelland, D., & Winter, D. G. (1969). *Motivating economic achievement*. New York: Free

Press.

McGregor, D. (1960). *The human side of enterprise*. New York: McGraw-Hill.

Menninger, K. A. (1942). *Love against hate*. New York: Harcourt, Brace & World.

Milner, M. (1967). *On not being able to paint*. New York: International Universities Press.

Money-Kyrle, R. E. (1944). Towards a common aim—A psychoanalytical contribution to ethics. *British Journal of Medical Psychology*, *20*, 105–117.

Mumford, L. (1951). *The conduct of life*. New York: Harcourt, Brace & World.

Murphy, G. (1947). *Personality*. New York: Harper & Row.

Murphy, L. (1937). *Social behavior and child personality*. New York: Columbia University Press.

Myerson, A. (1925). *When life loses its zest*. Boston: Little, Brown.

Northrop, F. S. C. (1947). *The logic of the sciences and the humanities*. New York: Macmillan.

Pieper, J. (1964). *Leisure, the basis of culture*. New York: Pantheon.

Polanyi, M. (1958). *Personal knowledge*. Chicago: University of Chicago Press.

Polanyi, M. (1964). *Science, faith and society*. Chicago: University of Chicago Press.

Rand, A. (1943). *The fountainhead*. Indianapolis: Bobbs-Merrill.

Reik, T. (1948). *Listening with the third ear*. New York: Farrar, Straus & Giroux.

Reik, T. (1957). *Of love and lust*. New York: Farrar, Straus & Giroux.

Ribot, T. H. (1896). *La psychologie des sentiments*. Paris: Alcan.

Riesman, D. (1950). *The lonely crowd*. New Haven, CT: Yale University Press.

Rogers, C. (1954). *Psychotherapy and personality changes*. Chicago: University of Chicago Press.

Rogers, C. (1961). *On becoming a person*. Boston: Houghton Mifflin.

Schachtel, E. (1959). *Metamorphosis*. New York: Basic Books.

Schilder, P. (1942). *Goals and desires of man*. New York: Columbia University Press.

Shostrom, E. (1963). *Personal Orientation Inventory (POI): A test of self-actualization*. San Diego, CA: Educational and Industrial Testing Service.

Shostrom, E. (1968). *Bibliography for the P.O.I*. San Diego, CA: Educational and Industrial Testing Service.

Suttie, I. (1935). *The origins of love and hate*. New York: Julian Press.

Taggard, G. (1934). *The life and mind of Emily Dickinson*. New York: Knopf.

Thorndike, E. L. (1940). *Human nature and the social order*. New York: Macmillan.

Van Doren, C. (1936). *Three worlds*. New York: Harper & Row.

Wertheimer, M. (1959). *Productive thinking* (2nd ed.). New York: Harper & Row.

Whitehead, A. N. (1938). *Modes of thought*. New York: Macmillan and Cambridge University Press.

Wilson, C. (1967). *Introduction to the new existentialism*. Boston: Houghton Mifflin.

Wilson, C. (1969). *Voyage to a beginning*. New York: Crown.

Wolff, W. (1943). *The expression of personality*. New York: Harper & Row.

Wootton, G. (1967). *Workers, unions and the state*. New York: Schocken.

Yeatman, R. J., & Sellar, W. C. (1931). *1066 and all that*. New York: Dutton.

Young, P. T. (1941). The experimental analysis of appetite. *Psychological Bulletin, 38,* 129–164.

Young, P. T. (1948). Appetite, palatability and feeding habit; A critical review. *Psychological Bulletin, 45,* 289–320.

亚伯拉罕·马斯洛的丰硕成果

露丝·考克斯

> 我曾认为，现在我的能力与用处处于巅峰，所以无论我何时死去，都像砍倒一棵大树，留下累累硕果待人采摘。这实属悲哀，但也可以接受。因为，我的一生既然已如此丰富多彩，再紧抓着不放就是贪婪而不知感恩了。
>
> ——《马斯洛日记》(*Maslow's journal*,
> February 12，1970，
> in Lowry，1979，p. 997)

引言

在日记中写下这段话的 4 个月后，亚伯拉罕·马斯洛去世，享年 62 岁。今天，马斯洛关于个人幸福与协同性社会的展望，已经应用于社会和心理思想的许多领域。他的哲学观念得到了广泛的应用，其重要性可见一斑。

这一部分将从某些实践与理论的层面，考察马斯洛的观点在我们的生活和社会中的体现。他为人性的新观点做出了不可估量的贡献，他是当代心理学的两个分支——人本主义心理学和超个人心理学的创立者。从 20 世纪 70 年代到 80 年代，马斯洛的思想在心理学、教育、商业和管理、卫生，以及社会研究等领域内都得到了持续的应用。

他的推测与理论在很多方面影响了我们的个人生活和社会生活。正如乔伊斯·卡罗尔·欧茨（Joyce Carol Oates）所写的那样，我们很难"公允地评价马斯洛那惊人而丰富的头脑所面临的挑战，很难评价他那集教师、先知、医生、幻想家、社会规划者和批评家于一身的才华，把各种看似毫不相关的现象联系在一起的雄心，以及不可遏制的乐观精神"（in Leonard，1983，p. 335）。

以客观的标准衡量，马斯洛出版的著作令人惊叹：6 部主要著作、140多篇期刊文章，其中许多作品都被收录在了各种当代心理学思想文集中。然而，比马斯洛的著作数量更重要的是，他的思想对我们的生活和社会的**影响**。他的作品源于一种信念：除非把人类最崇高的理想纳入考虑范畴，否则我们永远无法理解人类。他明确地提出，作为人类，我们拥有一种内在的推动力，去按照实现自身潜能、服务社会的方式来追求这些理想。

惊奇感

马斯洛对生活的热爱，以及他对人类积极本性的坚定信念，随着他毕生致力于构建人性整体观的过程而不断增长。人类不仅仅是神经症患者的集合，而是一群有巨大潜力的人。即使在他的早年，他也充满好奇，持开放的态度，并坦诚地感知。1928 年，他在一篇本科的哲学论文中写道：

为什么不把（神秘体验的奇迹）归功于人类自己？与其从神秘体验中推断出人类在本质上的无助和渺小……难道我们就不能对人类的伟大之处有一种更宏大、更令人惊奇的认识？（in Lowry，1973a，p. 77）

40 多年后，当马斯洛成为我们这个时代最杰出的一位心理学家时，当他在讨论他的《人性能达到的境界》（1971）一书时，他的主要观点依旧没有改变。

如果必须把整本书浓缩成一句话，我会说，它阐明了这一发现所带来的后果：人类具有更高级的本性，而且这种本性是人类本质的一部分——更

简单地说，人类可以在自己的人性和生物性基础上，发展到更令人惊奇的
境界（in Lowry，1973a，p.77）。

他积极而好奇的智慧，催生了一种超越神经症行为与精神病的心理学
方法，这种方法指向了人类成长与自我实现的心理学。"我们可以研究无意
识与前意识的深处，可以研究理性与非理性、疾病与健康、诗意与数学、
具体与抽象。弗洛伊德给我们戴上了医学的眼镜。现在是时候摘下这副眼
镜了。"马斯洛在 1959 年写道（in Lowry，1979，p. 66）。

默默无闻的革命

在《动机与人格》第 2 版的序言中，马斯洛写道，对于人本主义哲学，
"知识界的许多人仍然视而不见……因此我将其称为'默默无闻的革命'"
（1970，p. x）。

1985 年 3 月，人本主义心理学会 25 周年纪念会议召开。参与者回顾了
这场"默默无闻的革命"的影响，并注意到了人本主义思想对日常生活润
物细无声的影响。尽管主流心理学研究生的科研与教材往往并没有体现人
本主义的观点，但在其他领域，人本主义哲学显然没有被人忽视。心理治
疗、教育、医学和管理等领域的趋势，体现了马斯洛对自我实现、价值观、
选择和责任的强调，对于用更具整体性的视角看待家庭、文化和工作环境
中的个人的强调。

瓦萨学院的理查德·J. 劳里（Richard J. Lowry）是马斯洛的朋友、以
前的学生，也是他所创期刊的编辑。劳里在研究马斯洛的贡献方面发挥了
主要的作用。在劳里的著作《A. H. 马斯洛：一幅知识分子的画像》（*A. H.
Maslow: An Intellectual Portrait*，1973a）中，他考察了马斯洛思想的重要
主题，以及这些主题在心理学史和西方思想史上的理论地位。

劳里将马斯洛的学术生涯描述为，以坚持不懈的耐力和一如既往的
恒心，追求"人性中的奇妙可能性与不可思议的深度"的旅程（Lowry，
1973a，pp. 78–79）。

英国作家科林·威尔逊（Colin Wilson）在为他的书《心理学的新途径：马斯洛与后弗洛伊德革命》（*New Pathways in Psychology: Maslow and the Post-Freudian Revolution*，1972）做准备时，得到了马斯洛及其妻子伯莎的细致帮助。这本书与弗兰克·戈布尔（Frank Goble）的《第三势力：亚伯拉罕·马斯洛的心理学》（*The Third Force, The Psychology of Abraham Maslow*）从一个更宏大的历史视角记录了马斯洛的哲学与成就。

威尔逊写道："马斯洛的成就是巨大的……就像所有具有独创性的思想家一样，他开创了一种**看待**宇宙的新方法。他的思想就像大树一样，缓慢而有机地发展；这个发展过程没有中断，也没有突然改变方向。他的直觉非常正确。"（Wilson，1972，p. 198）

心理学家与科学哲学家

马斯洛认为，实证科学的一般方法、"研究对象、动物、事物、部分与过程的一般方法是有局限和不充分的，不足以让我们去了解和理解整体事物、个人与文化"。（Maslow，1966，p. xii）。

马斯洛不但在心理学领域内寻找合适的研究方法，也是一位科学哲学家。他发现，对心理学真理的追求离不开这些问题，并认为科学无权排除**任何**相关的数据或经验。在《科学心理学》一书中，他写道："科学应该能够处理价值、个性、意识、美、超越性与伦理等问题。"（Maslow，1966，p. xiv）

比起应用或验证理论，马斯洛更感兴趣的是开创与创造理论，但他不断地向他人提出挑战，邀请他人进行实验，来证明或反驳他的观点。

我是那种喜欢开辟新领域，然后转身离开的人。我会感到无聊。我喜欢发现，而不是证明。对我来说，最大的兴奋来自发现（Maslow, in Lowry，1979，p. 231）。

他在《人性能达到的境界》（1971）一书中承认，验证是"科学的支柱"，但他认为："科学家仅仅把自己视为验证者，这是一个巨大的错误。"
（p. 4）他专注于结合经验与理论，做出新的发现，并挑战科学及其原则，
寻求了解人类行为的新方法。他对研究的呼吁不但从实验室延伸到了实地，
还影响了对工厂、家庭、医院、社区甚至国家的研究。

人本主义心理学

今天的人本主义心理学有许多内涵：一场文化运动、一个社会网络、
人的一系列经验、一套技术、一种价值体系、一个组织，以及一种**理论**。
理想情况下，每一种内涵都会与其他内涵相互作用，相互丰富（Maslow,
in Greening，1984，p. 3）。

我信奉弗洛伊德的学说，我信奉行为主义学说，我也信奉人本主义学
说……（Maslow，1971，p. 4）

理论

人们常把马斯洛关于人类动机和自我实现的理论，与弗洛伊德理论和
行为主义理论做对比。然而，对马斯洛个人来说，需求层次理论在逻辑上
拓展了他早期对行为主义、弗洛伊德理论与阿德勒理论的研究。他认为自
己是弗洛伊德的信奉者，也是行为主义者，而不是反对这些学派的革命先
驱。马斯洛认为自己是一个有创造性的整合者，而不是一个反对派，并认
为他的工作是现代心理学趋势的延伸。

为什么马斯洛和其他人本主义思想家的理论有如此之强的革命性？他
和其他人本主义心理学家的工作都是科学性的，也就是说，依赖于对人类
行为的实证研究，但与其他心理学体系不同的是，他们强调某种关于人类
的**哲学**信念（Buhler & Allen，1972）。

人本主义心理学的革命性体现在，它提出了关于人类经验的积极理论

模型。人本主义心理学家首先把自己视为人类，然后才是科学家。他们并不声称自己是客观的。他们致力于在高度主观的关系交互中发现新的方法，从而揭示专属于人的知识（Buhler & Allen，1972；Polanyi，1958）。

以下几个基本主题，就是当代人本主义心理学的显著特征。

- 不满足于以病态为中心的理论。
- 承认人有成长、自我决定、选择和负责任的潜能。
- 相信人不仅仅靠面包生存，还需要更高级的需求，比如学习、工作、爱、创造等。
- 重视感受、欲望和情绪，而不只是客观看待这些反应，并加以解释。
- 相信人类有能力分清对错，能按照更高尚的善良行事；相信终极的价值，比如真理、幸福、爱和美。

人本主义运动

马斯洛在 1957 年夏天写下了心理学"第三势力"的定义，这一定义被收录在了《人本主义心理学杂志》（*Journal of Humanistic Psychology*）第一期的序言中（Sutich，1961，pp. viii–ix）：

《人本主义心理学杂志》是由一群心理学家和其他领域的专业人士所创办的。他们关注的人类能力与潜能，在实证主义、行为主义，以及精神分析理论中都没有系统性的地位。这些能力与潜能包括创造性、爱、自我、成长、有机体、基本需求的满足、自我实现、更高的价值、自我超越、客观、自主、身份认同、责任感、心理健康等。

在 20 世纪 60 年代早期，有两个组织共同酝酿了人本主义心理学这场知识界的运动。加利福尼亚的伊莎兰学院成立于 1962 年，它是其他成长中心的原型。同年，亚伯拉罕·马斯洛和他的同事创立了人本主义心理学会（Association of Humanistic Psychology，AHP）。

人本主义心理学期刊和学会的主要目的，都是探索**完整与健康的人类**

生活的行为特征与情感动力。这个新兴的学会代表了对机械论、决定论、精神分析和行为主义正统观念的反抗。1985 年，AHP 的会员达到了 5200人，成员遍布美国 50 个州和许多其他国家。

在弗兰克·戈布尔的著作《第三势力：亚伯拉罕·马斯洛的心理学》的前言中（Goble，1970，p. vii），马斯洛写道：

> 我想强调一点，在那十几个理论家中，任何一个人都和第三势力心理学的代表一样，做出了同等的贡献。作为一场运动，第三势力没有单一的领导者，也没有一个伟大的姓名可以代表它。大多数世界观的革命都有一个代表人物，比如弗洛伊德、达尔文、马克思、爱因斯坦等，但第三势力是**许多人共同努力**的结果。不仅如此，在其他领域也有相似的独立进展和发现。社会及其所有机构正在迅速呈现出一种崭新的面貌。

人本主义心理学家探索了在个人、群体和组织层面培养和衡量自我实现的方法。1968 年，研究者设计了个人取向量表（Personal Orientation Inventory，POI），来测量自我实现的程度（Shostrom，1968）。这一工具已经广泛应用于商业、教育和心理学等领域。

人本主义心理治疗

当代心理治疗实践已经从根本上受到了马斯洛和其他早期第三势力心理学家的理论的影响。尽管马斯洛本人并不是执业的临床工作者，但他的思想对心理治疗实践产生了重大影响。他并没有开发出一套技术体系，而是发展出了一种处理一般人际关系的伦理方法。

马斯洛认为，各种临床方法都能获得令人满意的结果，成功的治疗师必须帮助个体满足其基本需求，从而推动个体走上自我实现的道路；而马斯洛将自我实现定义为"所有治疗的终极目标"（*Motivation and Personality*，1970，pp. 241–264）。"这里隐含的信念是，真相会治愈很多问题。学会打破压抑、认识自我、倾听冲突的声音、发现占据主导地位的天性、获得知识和顿悟——这些都是必备的条件。"他在《人性能达到的境界》（Maslow，1971，p. 52）中这样写道。

由马斯洛提出（Maslow，1970）并由布根塔尔阐释（Bugental，1971）的人本主义伦理，在治疗中具有特定的含义。这种伦理的一些主要原则是：

- 为自己的行为和体验承担责任；
- 关系中的相互性——认识到他人的观点；
- 存在主义或"此时此地"的视角——强调一个人只能活在当下；
- 认识到痛苦、冲突、哀伤、愤怒和内疚等情绪是人类体验的一部分，需要予以理解甚至重视，而不应压抑和隐藏。情绪的表达揭示了一个人在生活中体验到的意义；
- 践行人本主义伦理的人，都会寻求促进成长的体验。

卡尔·罗杰斯（Rogers，1942，1961）率先提出了一种人本主义治疗师与患者的新关系。虽然马斯洛与罗杰斯对彼此的理论都有影响，但罗杰斯将这些概念应用于发展治疗来访者的新模式。他将自己的工作方式称为**以来访者为中心的方法**。罗杰斯说治疗师是一个促进者，一个积极的但非指导性的治疗参与者。多位人本主义心理治疗师对这种人与人之间的关系进行了各种不同的研究。

人本主义治疗师会承认并利用自身的体验，相信治疗师的人格在咨询过程中的影响和重要性是不可低估的。治疗师起到了榜样的作用，能以间接的方式向来访者展示创造性和积极行动的潜力。人本主义治疗师还认为，最终的决定和选择取决于来访者。虽然治疗师可能会扮演支持性角色，但来访者仍对自己的生活负有基本责任，并将永远是他生活中最有力量的人物（Buhler & Allen，1972；Maslow，1970；Rogers，1961）。

我们必须记住，对自身深刻本性的认识，也是对一般人性的认识（Maslow，1971，p. xvi）。

超个人心理学

我认为人本、第三势力的心理学是一种过渡，是在为走向"更高级"的第四种心理学做准备。这第四种心理学，就是超个人、超人类的心理学，是以宇宙为中心，而不是以人类的需求与兴趣为中心的，超越了人性、身份认同与自我实现等话题（Maslow，*Toward A Psychology of Being*，1968，pp. iii–iv）。

在生命的最后阶段，马斯洛看到了人类进一步发展的可能性。随着更多的研究开始关注人类在"幸福"这一最前沿领域内的表现，传统西方心理学中相关指导方针的缺失就显得越来越明显了。确实，人本主义模式本身是不够的。马斯洛意识到，某些意识状态（改变、神秘、狂喜、灵性的状态）是超越自我实现的体验，因为在这些状态中，个体超越了身份与体验所惯有的限制（（Walsh & Vaughn，1980）。

1968 年，马斯洛写信给安东尼·苏蒂奇（Anthony Sutich），讨论这种新的"第四势力"心理学应该叫什么名字。此时，一份由苏蒂奇担任编辑的期刊已经在策划之中了。

我写这封信的主要原因是，在我们［与斯坦·格罗夫（Stan Grof）］的交谈过程中，我们想用"超个人"（transpersonal）这个词，而不是更笨拙的"超人本"（transhumanistic）或"超人类"（transhuman）。我越想越觉得，这个词能传达我们所有人想表达的意思，即超越个性，超越个人的发展，变得更具包容性（Maslow，in Sutich，1976，p. 16）。

马斯洛在有生之年看到了 1969 年新出版的《超个人心理学杂志》第一期。开篇文章就出自他的一次演讲，题目是《人性能达到的境界》。

以下是苏蒂奇对于该杂志目的的最初表述，马斯洛对此表示热烈支持。

新兴的超个人心理学（"第四势力"）特别关注如下主题的**实证**、科学研究，以及负责任地应用相关主题的研究结果：发展、个体与全人类的超越性需求、终极价值、统一意识、高峰体验、存在价值、出神体验、神秘体验、惊叹、存在、自我实现、本质、喜悦、惊奇、终极意义、超越自我、精神、合一性、宇宙意识、个体与全人类的协同性、最大限度的人际相遇、日常生活的神圣化、超越性现象、宇宙性自我的幽默与趣味、最大限度的感官觉知、反应与表达，以及相关的概念、体验与活动（Sutich，1976，pp. 13–14）。

1985 年，超个人心理学会的会员已达到 1200 人。国际超个人学会也已经成立，并在世界各地主办会议。

超个人视角的出现

在 20 世纪 60 年代，文化因素促进了超个人心理学的出现，这表明我们需要一种新的理论模型来解释人类的行为与成长。人类潜能运动的兴起、意识改变技术（如冥想）的广泛应用，对于意识、健康、体验和动机等方面的信念产生了重大影响。

随着许多人体验了日常生活领域之外的一系列意识状态，人们开始意识到非西方心理学和宗教的有效性与重要性。随着关于意识状态变化的理论发展，人们认识到某些非西方的传统提供了诱导出更高意识状态的技术。

沃尔什和沃恩（Walsh & Vaughn，1980，p. 21）写道："显然，进入超越性状态（根据个人的选择，既可以从宗教的角度，也可以从心理学的角度去看待这种状态）的能力，以及深刻领悟自身、了解自己与周遭世界的关系的能力，都潜藏在我们所有人的体内。"

探究存在的本质

严格来说，超个人心理学不能称为人格模型，因为它认为人格只是我们心理本质的一个方面；更准确地说，超个人心理学是对存在本质的探索。

超个人心理学探讨了以下主题。

1. 意识是人类的本质，尤其是自我反思的意识（Walsh & Vaughn，1980）。

2. 条件作用是人的另一个维度。我们受条件作用的约束要比我们想象的多得多，但至少从经验上讲，摆脱条件作用是可能的（Goleman，1977）。

3. 在超个人心理学中，人格不如在其他心理学中那样重要。健康被视为对人格的去认同（disidentification），而不是对人格的修改（Wilber，1977）。

4. 内部、内心的现象与过程比外在的认同更重要。

治疗

詹姆斯·法迪曼与凯瑟琳·斯皮思（Kathleen Speeth）写道："超个人心理治疗包括对各种行为、情绪和智力障碍的治疗，以及发现和支持充分自我实现的努力。心理治疗的最终状态不是成功适应主流文化，而是时常能够体验到一种状态——根据不同的传统，这种状态可以被称作解放、开悟、自性化、确定性或灵知（gnosis）。"（Fadiman & Speeth，1980，p. 684）

超个人领域的心理治疗技术来自临床工作、神秘传统、冥想、行为分析与生理学技术。其重点在于发展和整合人的身体、精神和情绪。

在我看来，对人性最高境界、人性终极可能的探索，意味着不断打破我们所珍视的公理，不断地应对似是而非的悖论、矛盾和模糊事物，以及偶尔目睹历史悠久、人们坚信不疑、看似无懈可击的心理学定律崩溃瓦解（Maslow，1968，p. ii）。

"我们只能成为像我们这样的人吗？还是说，我们内心存在着多数人做梦也想象不到、被一些人瞥见并加以培养、只有少数人才能实现的更高境界、更深层次的心理能力？如果这种能力存在，那它的本质是什么？我们该如何认识它，向它学习？如何最好地培养它？"（Walsh & Shapiro，1983，p. 5）

这些都是亚伯拉罕·马斯洛在 30 多年前提出的问题。今天，在人本主义和超个人心理学领域，人们在寻求自我理解的新思想背景，并且在发展追求幸福的整合心理学。

教育：人本价值观与新的学习方式

生活的一切都是教育，每个人都是老师，而且每个人永远都是学生（Maslow，in Lowry，1979，p. 816）。

回想起来，我一生中最伟大的教育经历、教给我最多东西的经历，就是那些表明我是哪种人的经历……我的婚姻和为人父的经历。这些经历让真实的我显现出来，让我变得更坚强、更高大、更有力量，让我成为更完整的人（"Conversation with Abraham H. Maslow"，*Psychology Today*，1968，p. 57）。

在马斯洛看来，学习在某种程度上与人类的所有需求有关。学习不仅涉及获取数据和事实，还涉及从整体上重新整合个人、不断改变自我意象、感受、行为，以及与环境的关系。他认为教育应该贯穿人的一生，而不应局限于课堂。

马斯洛认为，儿童"存在价值"的觉醒和实现，可能导致一种新型文明的出现。就像其他有远见的人一样，他相信可以通过改变年轻人的教育，来创造一个新社会。在教育中加入人本价值观，一直是许多改革者和教育先驱者的主张。在《夏山学校》（*Summerhill*，1960）一书中，A. S. 尼尔（A. S. Neill）就表达了与马斯洛相似的理念。这些理念包括，人应该有快乐工作、寻找幸福、发展个人兴趣的自由。唤醒自信、顿悟、自发性和成长是马斯洛理念的核心。

赫伯特·科尔（Herbert Kohl，1969）和许多其他教育改革家将这一理念应用于公立和私立学校。科尔倡导**开放式课堂**，他创造了一种全新的课堂环境：教师放弃了权威角色，与学生平等交谈，以学生的兴趣为导向。

研究表明，孩子从那些有创造性、有自发性、有支持性的成年人那里获得最好的学习。这些人传授的是意义，而不仅仅是事实，他们有很高的自尊，把他们的工作视为解放天性，而不是控制孩子。

人本主义的教育方法，出自一种被称为**情感教育**（affective education）的理念。这种方法强调非智力的学习——与情绪、感受、兴趣、价值观和性格有关的学习。最初由乔治·布朗（George Brown）提出的**融合教育**（confluent education），就试图综合个人与集体学习中的情感与认知要素（Miller，1976）。

人本主义教育的基本主题包括：

- 学生对自己的学习和身份认同的发展负责；
- 承认并支持对爱的需求以及自我价值感；
- 教师要作为构建开放式课堂的主体；
- 在学习过程中使用同伴小组的形式，例如，通过学生主导的讨论进行团体学习，通过小组互动、小组过程来提高个人的努力。

准备程度（readiness）是马斯洛需求层次理论中的一个关键因素。情感教育强调，在学习者或教师准备好之前，不应采取任何策略。莫里斯（Morris，1981）写道，如果能明确学习者的需求与准备程度，那么组织性指导方针、课程决策，甚至学校环境都能得到改善。通过在公立学校中应用马斯洛的需求层次理论，个人需求与准备程度的诸多概念，如自我、自我洞察、自我理解和自我实现，都已经被用于个性化地安排课程、提高学习的可能性中。

各学区已经评审了一些项目（Guest，1985），看它们是否满足了学生的**生理需求**（如免费午餐、衣服、交通）、**安全需求**（如进行消防演习、提高对于儿童虐待的认识、建立学生缺席时通知家长的制度）以及**爱与归属的需求**（如班会、友谊小组、咨询、对儿童的真正关怀）。为了培养**自尊**，促进**自我实现**，这些项目包括了展示学生作业、讲解评分报告卡、强化奖励、参与生产与特殊活动。

多元智力与创造性

马斯洛观察到，所有自我实现者都是有创造性的——在艺术、科学或许多方面，而且他们**总是**很有创造性。他认为，解决一个问题有多种不同的方式。常有人引用他警告学生的话："如果你唯一的工具是锤子，那么每个问题都会看起来像钉子。"（Ostrander & Schroeder，1979，p. 147）

霍华德·加德纳（Howard Gardner，1983）在多年的认知心理学和神经心理学研究的基础之上，通过"人类潜能项目"（Project on Human Potential）发表了多元智力理论。加德纳的研究证实了马斯洛的观点，即解决问题、实现潜能的方法有很多。个体可以拥有语言、音乐、逻辑数学、空间、身体运动或专属于个人的能力。洞察力、直觉、动觉意识被尊为人性基本特征的表达——人类与生俱来的潜能。

马斯洛认为，教育应该是学习有关个人成长、向什么方向成长、如何选择、如何拒绝等方面的内容。在《人性能达到的境界》一书题为"教育与高峰体验"的一章中（*The Farther Reaches of Human Nature*，1971，pp. 168-179），他认为早期的艺术、音乐和舞蹈教育，对于我们的心理和生理身份认同至关重要。

在《教育与狂喜》（*Education and Ecstasy*）一书中，乔治·伦纳德把马斯洛的人类潜能理论、创新学校、大脑研究实验室和实验性社区结合在一起。和马斯洛一样，他也相信大脑的终极创造能力可能是无限的。伦纳德谈论了自由学习者，并且向学生、父母和教育工作者发起了挑战，要求他们用能够带来学习乐趣的新技术和新环境，来创造全新的学习方式。

从人本主义教育到超个人教育

有创造性的教育能让人做好面对未知的准备（Maslow，in Lowry，1979，p. 18）。

教育的一个目标应该是教导人们生命是宝贵的（Maslow，1971，p. 187）。

按照我们对人类潜能的认识，发展新的教育范式，依然是一个很新的趋势。传统教育的目的是使个体适应现有的社会，而 20 世纪 60 年代的人本主义教育者则认为，社会应接纳其成员的自主性和独特性。超个人教育的目标则是培养新型学习者和新型社会。这种学习除了会促进自我接纳，还鼓励自我超越（Ferguson，1980）。

超个人教育即全人教育，是一个让人发现自身奥秘的过程。这种教育的重点是学习**如何**学习。学习是一个过程，一段促使个人转变的发现之旅。马斯洛主张，学校的存在是为了帮助人们审视**自己的内在**，并从这种认识中发展出一套价值观。

作家兼教师乔纳森·科佐尔（Jonathan Kozol）提出，教育必须关注真理、正直、同情心等伦理价值观，并且必须将这些价值观应用于课堂之外的事情。马斯洛也坚信，个体的健康离不开集体的健康，正如个人成长离不开精神的成长。

新的学习模式

马斯洛关于人类潜能的理论，也可以和学习技术的发展联系起来。当前有一些文献与方法论在探讨新的学习模式。这些技术和新学习工具包括放松技术、可视化、催眠、感觉意识、发展直觉与预感、睡眠学习、肯定、记忆发展与心理游戏。这些学习工具旨在帮助学生消除恐惧、自责、狭隘的自我意象，以及关于能力不足的消极意象。

教师和咨询师正在运用这些超个人的学习技术，这一点可以从课堂中使用的游戏和技术书籍中得到证明（Castillo，1974; Hendricks & Fadiman，1976; Hendricks & Willis，1975; J. B. Roberts & Clark，1975）。

一个非常重要的研究领域是意识状态。研究表明，人们可以进入各种各样的意识状态。我们不仅有很多意识状态，还可以有意识地改变那些抑制学习的状态，培养那些增强我们能力的状态。相关技术包括做梦、精神疗愈（LeShan，1974）、超常现象（Ullman，Krippner，& Vaughn，1973），以及通过生物反馈控制自主神经系统（Green & Green，1977）。

超学习技术（superlearning）也变得越来越流行。在 20 世纪 60 年代中期，保加利亚医生、精神病学家格奥尔基·洛扎诺夫（Georgi Lozanov）开发了一种快速学习技术。他称这种技术为"暗示学"（suggestology）。这种技术融合了心理瑜伽、音乐、睡眠学习、生理学、催眠、自生训练、超心理学和戏剧。洛扎诺夫将意识状态的改变应用于学习、治疗和直觉发展（Ostrander & Schroeder，1979）。

学习者会因为看到了具体的结果，瞥见了自己的真实能力而备受鼓舞。这种学习方法更强调学习的有机性质，以及人对于自我依赖的需求（Holt，1970; Kohl，1969; Maslow，1971）。也许，随着这些技术变得更加主流，我们就会拥有更接近马斯洛所说的教育与心理学。

显然，如果我们要深化自我探究，就必须对人类的可教育性寄予更高的期望，给予更多的关注。亚伯拉罕·马斯洛站在大学生面前，向他们提出了一个重要的问题：

"你们中有谁希望在自己选择的领域中成就伟业？"

全班人都茫然地看着他。沉默良久之后，马斯洛说："**如果你们都不行，那还有谁行呢？**"（Wilson，1972，p. 15）

马斯洛对工作和管理的影响

人性一直都被低估了。人有一种更高级的本性，这种本性就像低级本性一样，是"类本能"的。这种高级人性包含了追求意义、责任、创造性、公平公正、做有价值的事情，以及做好这件事的需求（Maslow，1971，p. 238）。

1962 年夏天，马斯洛来到加利福尼亚，以访问学者的身份加入了非线性系统公司，一家位于德尔玛的高科技工厂。事实证明，这一举动是他个人的转折点。在回顾自己进入管理心理学领域的原因时，马斯洛写道："这一重大转变也是因为我对大众治疗产生了兴趣。个体治疗对于大众是无用的。我曾认为教育是改变社会的最好办法。但现在看来，工作环境是个更好的切入点。"（Lowry，1979，p. 191）

通过他在非线性系统公司的观察，马斯洛发现，他的理论可以应用于组织管理。他发现，如果组织采用符合整体人性的工作方法，人的功能就能发挥到最佳水平。他认为，关注人类潜能、人性化、开明的管理政策，也会在财务上带来收益。

他把这种乌托邦式的领导方式称为优心态管理。他指出，虽然不是每个人都负担得起心理治疗，但许多人都能体验到以治疗为导向的工作环境。**优心态**（Eupsychia）是马斯洛创造的一个词，用于描述那些朝着他对心理健康的终极理解迈进的机构。马斯洛受到了麦格雷戈的 X 理论和 Y 理论的影响。这两种理论假设表明，无论是权威主义（X 理论）还是以人为本（Y 理论），都能影响管理实践。但马斯洛更进一步，提出了另一套假设，这种假设在本质上是超个人的，他称之为 Z 理论。

Z 理论考虑了对自我实现、爱和追求人类最高价值的冲动，彻底改变了经典经济学的稀缺模型。Z 理论认为，共同决策、相互信任、亲密感、关心与合作是组织发展的重中之重。

采用这一理论的公司，注重持续地教育员工，进而强化了这样一种观点：**企业**拥有改变和支持自我实现者的潜力。该理论承认公司各层级人员之间复杂而多变的关系。个人成长与自尊的需求和经济安全同样重要。工作既是一种心理体验，也是一种经济追求。

威廉·大内（William Ouchi）有一本关于日本企业的著作，恰好也叫《Z 理论》（*Theory Z*，1981），而马斯洛的 Z 理论比他早了 20 年。奇怪的是，大内没有在书中提到马斯洛。

商业中的人本主义趋势

人本主义心理学提出，心理需求是存在的，而且是重要的，例如取得成就、独立自主、对自我感觉良好、成长与自我实现等需求（Argyris，1964; Drucker，1974; Maslow，1965; McGregor，1960）。在二十世纪六七十年代，一股以人为本的管理和商业实践潮流在不断地蓬勃发展。许多组织都引入了敏感性训练（French & Bell，1980）、参与式决策（Hackman & Oldham，1980）、目标管理（Drucker，1974）等技术，以及提高工作生活质量的项目（Carlson，1980）。

马斯洛在 1965 年以期刊形式发表了《优心态管理》，其中收录的许多笔记，为近年来流行的管理学著作中的许多观点做了铺垫，比如彼得斯（Peters）和沃特曼（Waterman）的《追求卓越》（*In Search of Excellence*，1982）、帕斯卡尔（Pascale）和阿索斯（Athos）的《日本的管理艺术》（*The Art of Japanese Management*，1981）以及大内的《Z 理论》（1981）。美国的公司正在以新的眼光看待国内外的成就，许多马斯洛在 20 世纪 60 年代初就论述过的创新举措与环境设置已经得到了验证，成为在工作场所中创造卓越的途径。

马斯洛在 1965 年就意识到了一件事，而彼得斯和沃特曼在 1982 年证实了这种观念：成功的领导方式要注重**人**的价值观，旨在满足人对意义的需求，并设置组织的目标。马斯洛对于一个充分发挥其能力的组织提出了 36 个假设或先决条件。这些假设或条件包括：①假设所有人都有追求成就的冲动，即他们会精益求精，反对浪费时间，想把工作做好等；②假设人们喜欢感到自己很重要、被需要、有用、成功、自豪、受尊重；③假设每个人都值得信任；④与当下情况有关的一切事实和真相，都应该尽可能完整、尽可能多地告知每个人；⑤最后，假设存在一种偏好或倾向，即人们会与世界上越来越多的东西产生认同，并渴望实现真理、正义、完美等价值观（Maslow，1965）。

诸如惠普、苹果、得州仪器、伊士曼柯达和李维斯等美国大公司，都采用了以个人责任、团队合作和关心员工为基础的管理风格。这些大公司反映出，人们越发认识到，工业运作需要人们高度地相互依赖、相互信任与合作，这样才能实现持续的生产。

VALS 项目：需求层次的直接应用

马斯洛理论最直接、最成功的一种商业应用形式，就是由加利福尼亚州门罗帕克市的斯坦福国际研究院（Stanford Research International，SRI）开发的一个项目。一个名为 VALS（Values and Lifestyles，即"价值观与生活方式"）的项目正在以一种独特的方式呈现出美国人的面貌。在马斯洛的需求层次理论基础上，VALS 项目精心设计了九类人的肖像。每种类型都描述了"一种独特的生活方式，这种方式具有独特的价值观、驱力、信念、需求、梦想和特殊观点"（A. Mitchell，1983，p. 4）。

VALS 将这些肖像称为**生活方式信息**，用于判断如何吸引和留住员工，如何让个人与工作匹配——从而使他们既高效又快乐，以及如何建立工作小组。VALS 分类也被用于确定市场细分、市场规模，协助产品开发、包装和设计。

扬罗必凯（Young & Rubicam）、奥美（Ogilvy & Mather）、李奥贝纳（Leo Burnett）等广告公司也在使用 VALS 心理分析来确定消费者的偏好。需求层次理论的这种应用方式，正在以一种令人信服的方式影响着当今万千美国人的生活。

健康与全人

在医疗卫生领域，马斯洛的影响主要体现在两个方面：第一个方面是他的理论直接应用在了已有的医疗机构中；第二个方面则是整体健康观念的爆发式增长。

在护理、医学、医院管理、教育和老年学等领域，有数百项研究都在使用马斯洛的理论模型。其中有许多研究将高级需求的概念引入了医院、诊所、精神病院和疗养院等医疗机构。许多医生、护士和其他医疗卫生专业人员开始承认患者的需求，并愿意更多地关注患者的广泛需求。许多机构的政策反映了这种转变。例如，伦敦一家诊所的医生就围绕"健康比疾病更有力量，更有传染性"的思想开展工作（Pioneer Health Center，1971，cited in Duhl, L. J., "The social context of health," p. 42 in Hastings, Fadiman, & Gordon，1980）。（许多医学期刊在引文、索引中都引用了马斯洛的著作，这体现了他在这些领域的影响力。）

整体健康

近年来，"整体"一词频频与健康领域联系在一起。"在任何领域中（包括医学），还原论思维都会导致将人类和人类的体验划分为那些可以详细分析，或者可以干预的方面或部分。"里克·卡尔森（Rick Carlson，1980，p.486）在写到美国医疗卫生的未来时，呼应了马斯洛的理念。"这是当今医疗工作的一个基本前提。虽然这个前提是有用的，但这种对人类的看法有着很大的局限。向着整体论的转变趋势是不可逆转的，这不是因为我们强迫医学做出这种转变……而是因为这是另一个更宏观的观念转变的一部分——这种观念涉及人类是谁、人类是什么。"

在卫生领域，我们可以找到许多证据，支持提升患者健康的整体性方法，支持关注患者身体、心理和精神方面的态度。整体医学强调患者在遗传、生物学和心理社会方面的独特性，并强调治疗要因人而异，以满足每个人的需求（Gordon，1980）。

自我疗愈

疾病具有潜在的转变作用，因为它可能导致价值观的突然转变，导致意识觉醒。许多人已经开始为自己的健康负起责任了。关于饮食、营养、锻炼和减压的自助书籍已经成为畅销书。"如果说，有什么东西能解决医疗非人化与成本上涨的危机，那就是这种经典的、马斯洛所说的转变：越来

越多的人开始对抗这种致病的环境和社会，并且为自己的健康承担起个人的责任。"（Leonard，1983，p. 335）

越来越多的人认识到心理与情绪状态对健康和疾病有影响，认识到患者积极参与治疗过程能起到不可或缺的作用。由此产生了各种各样的技术，来调动个体的自然疗愈过程。这些技术包括自生训练（Lindemann，1974）、催眠（Crasilneck & Hall，1975）、冥想（Shapiro & Walsh，1980）和临床生物反馈（Pelletier，1977）。

菲尔·尼恩贝格尔（Phil Nuernberger）在《摆脱压力：一种整体方法》（*Freedom from Stress—A Holistic Approach*，1981）中宣称，自我实现者不会像其他人那样，给自己制造那么多压力。此外，他们较少患病，往往对生活的满意度也较高。然而，自我实现者通常成就较高，他们在工作中也会体验到我们社会中每个人都有的压力。压力、担忧、焦虑、紧张不是他们取得高成就、表现优异的必要因素。他们学会了管理压力。

整体论观点的应用影响了我们生命周期的所有阶段——从替代性的分娩方法、"健康的"衰老，到对临终与死亡阶段的新认识。我们对医学的观念正在扩展，纳入了许多促进健康、预防疾病、利于康复的个人、家庭、环境和社会因素。随着我们对自己的健康承担起更多的责任，我们不仅拥有了成长与改变的能力，也拥有了真正**治愈**自己的能力。

动机、自我实现理论与女性心理

女性真的是一种永恒的奇迹。她们就像花儿一样。每个人对我来说都是一个谜，但女人对我来说比男人更神秘（Maslow, in Hall, 1968, p. 56）。

虽然马斯洛曾在许多领域开疆拓土，但就像他同时代的许多人一样，他认为两性的心理发展过程是一样的，并从自性化与成就的角度来描述人类发展的高度。这一假设既能鼓励也会限制全面地理解女性心理。马斯洛思考过两性的差异，但从未充分阐释过他的观察结论。

贝蒂·弗里丹（Betty Friedan）在《女性的奥秘》（*The Feminine Mystique*，1977）一书中大量引用了马斯洛的观点，她鼓励女性超越妻子与母亲的角色，走向自我实现。然而，当把需求层次理论应用到女性身上时，女性始终不能被马斯洛的某些"高级"层次需求所概括。女性的体验与发展和男性不同，她们的体验与发展以依恋和亲密为中心，而不是分离与自主（Norman，Murphy，& Gilligan，1982）。

马斯洛在1962年的日记中对这种差异表示困惑（in Lowry，1979，p. 251）：

只有对女人来说，被爱才是最为重要的**需求**……（我越是思考这一点，感触就越多。这方面没人写过什么东西。目前还没有相关的研究。）

他自己的疑问预示着他在研究这些差异。然而，在强调超脱与独立品质的同时，马斯洛的需求层次理论却忽略了男女之间的一些基本差异。

卡罗尔·吉利根（Carol Gilligan）在她的著作《不同的声音》（*In a Different Voice*）中写道："人们总是说，女性心理的独特之处在于更倾向于关系与相互依赖，这就意味着女性有一种更具情境性的判断模式，以及一种不同的道德理解方式。由于女性对自我和道德看法不同，因此女性能让我们用一种不同的视角来看待生命周期，并且根据轻重缓急的不同考量来为人类的体验排序。"（1982，p. 22）女性不仅会在人际关系的背景下定义自己，而且会根据她们关心的能力来评判自己。女性在生命周期中的角色一直是养育者、照料者和帮助者，是她所依赖的那些关系网络的编织者（Gilligan，1982，p. 17）。

马斯洛在写作的时候，并没有明确区分女性的独立性与依赖性。因此，他的一些作品似乎将女性的价值观与看重之物描述为"具有缺乏性动机"。

受缺乏性动机支配的人必须有他人的陪伴，因为他们大部分的主要需求（爱、安全、尊重、声望、归属）都只能由别人来满足。但是，受成长性动机支配的人实际上可能会受到他人的**阻碍**（Maslow，1970，p. 162）。

虽然马斯洛试图在两种性别中界定自我实现，但他对心理健康的定义并不能在根本上代表女性心理。如果我们依然把自性化和个人成就视为成年期的重点，把成熟等同于个人的自主性，那么对于人际关系的关注就成了女性的弱点，而不是一种人类的长处（Miller，1976）。

协同性社会

自我实现者在很大程度上超越了他们文化的价值观。与其说他们是美国人，不如说他们是世界公民。他们首先是人类这个物种的成员。他们能够客观地看待自己的社会，喜欢它的某些方面，不喜欢其他方面（Maslow，1971，p. 184）。

社会意义

马斯洛没有谈过他的研究可能催生出什么样的社会或政治理论，但他确实概述过他对健康社会（他称之为协同性社会或优心态社会）的一些设想。他的大致观点结合了他对个人的全面健康与发展的兴趣，以及对鲁思·本尼迪克特后来的人类学工作的阐释。本尼迪克特区分了"低协同性"与"高协同性"的社会，后者的"社会秩序能让个体通过一种行为，同时为自己和群体的利益服务"（in Goble，1970）。

马斯洛用本尼迪克特的判断标准来看美国社会，发现它的协同性有高有低——在某些领域能够满足人的需求并促进成长，但在其他领域则倾向于阻碍需求、妨碍发展，使人们不必要地相互对抗，或者对抗社会本身（Anderson，1973）。

在他生命的最后20年里，马斯洛花了很多时间去研究他的价值层次观对于社会的意义。这使他最终走向了一种可以被称为"资本主义的无政府主义"（capitalist anarchism）的立场——这里的无政府主义指的是它的原意，即平等的人之间富有成效的合作（Wilson，1972，p. 179）。

马斯洛认为第三势力更像是一种世界观，而不是一种心理学流派——他称之为一种时代精神，一种贯穿人类所有活动的基本思想转变，一种所有社会制度的潜在变化。

这一部分探讨了心理学、商业、教育、科学和医疗卫生领域内的一些趋势。所有这些趋势都表明，马斯洛关于个人成长潜能的开创性工作，在我们的社会中越来越为人所知。

斯坦福国际研究院 VALS 项目的阿诺德·米切尔（Arnold Mitchell）写道："基于价值观的选择正在逐渐取代单纯基于能力的选择。许多人希望能够运用他们全部的力量，来选择他们真正想要的生活，这一天似乎终于到来了。"（1983，p. viii）

然而，随着人们拥有了这种选择能力，"他们的自我满足策略表现出了适应不良的特征"。丹尼尔·扬克洛维奇（Daniel Yankelovich）对社会趋势和公众态度进行了调查，结果表明人们产生了一种"自我至上"的态度。他把这种现象称为"富足心理"（psychology of affluence）。他指出，大多数人把自我满足理解为"什么都要多来点儿"（Yankelovich，1981，pp. 234–243）。

这种以牺牲更大范围的社会责任为代价的个人精英主义，一直是马斯洛争论的焦点。对于我们这个资源有限、面临核困境、预计 20 世纪末即将达到 65 亿人口的世界来说，这种争论在今天显得更有价值了。

不幸的是，物质与经济财富并不一定会被用来满足更高级的需求。高级需求可以在贫困的情况下得到满足，这很难，但终究是可能的，只要我们记得我们要的是什么——尊重、爱、自我实现，而不是汽车、金钱、浴缸（Maslow，in Lowry，1979，pp. 373–374）。

马斯洛认为，人们不可能仅仅通过审视内心来发现自我，因为如果一个人足够专注，那么审视内心就必然立刻使他再次看向外部。乔治·伦纳德观察到："20 世纪 60 年代的反主流文化，已经成为 80 年代主流文化的一个重要而有影响力的部分。越来越清楚的是，虽然对自我实现的追求会导致一些人狭隘地关注自我，但'自我至上'的阶段通常是暂时的，是走向社会意识的中转站。"（Leonard，1983，p. 335）。

邪恶的问题

一些批评家提出，马斯洛没有完全解决邪恶和人性黑暗面的问题，他的积极态度扭曲了他的发现。第二次世界大战后，在见识过种族灭绝和原子弹之后，马斯洛知道，一种全面的心理学必须同时考虑善与恶。他认为，人类生活中的大多数罪恶都是由于无知造成的，但他并不多愁善感，也从不忽视理解软弱、失败和残酷的重要性。他最后的日记充满了内心的质疑，以及关于邪恶动机的普遍性的争论：

我读到了骚乱、卑鄙和肮脏、怀疑和愤世嫉俗……我似乎是唯一坚信善良、正派、慷慨的人——其他人都在保持沉默。世界上有善也有恶，它们在不断地相互斗争——这是一场没有结果的战斗。但如果好人放弃了，这场战斗就输了（Maslow，in Lowry，1979，p. 1235）。

关于邪恶的心理学原本可能是马斯洛的下一个贡献。在《今日心理学》（Psychology Today）的一次采访中，马斯洛说道：

"这是我多年来一直试图解决的心理学难题。为什么人是残忍的？为什么人是友善的？邪恶的人很少见，但你会发现大多数人都会做出邪恶的行为。我的人生中要做的下一件事，就是通过理解邪恶来研究它。"（Maslow，in Hall，1968，p. 35）

未来的方向

马斯洛曾说，他认为一个社会如果有 8% 的人是自我实现者，那这个社会很快就会成为一个自我实现的社会。"杰出的人会成为变革的推动者。"米切尔写道（Mitchell，1983，p. 4）。米切尔的研究预测，到1990年，"以内在为导向的人"（或自我实现者）将占美国人口的近三成。

无论我们面临的问题是能源、政治、社区自助、消费者运动还是整体健康，新的信条都将注重自我依赖、以地方为主导。这个新的世界需要新的社会组织形式。

约翰·奈斯比特（John Naisbitt）在他的畅销书《大趋势》（*Megatrends*，1982）中描绘了美国社会的新趋势，比如集权的等级制度转变成去中心化的网络。例如，质量控制系统就是一种这样的网络形式，它帮助美国企业重振了工人的积极性与生产效率。马斯洛预言，我们会抛弃那些为中央集权的工业社会发展服务的传统架构。马斯洛的观点与奈斯比特提出的"组织与沟通网络模型"概念是一致的，这一概念"根植于自然形成、人人平等的志同道合的群体"（p. 251）。

当今的美国社会拥有许多可以带来集体变革的因素。在《宝瓶同谋：大数据时代的思想聚变》（*The Aquarian Conspiracy: Personal and Social Transformation in the 1980's*）一书中，玛丽琳·弗格森（Marilyn Ferguson）认可了马斯洛的观点在许多领域的证据。弗格森写道："为了设想一种命运，为了超越过去，我们已经开始了解自己，我们意识到了旧科学的局限性，意识到了头重脚轻的等级制度的危险性，我们也看到了地球的处境。我们已经唤醒了学习与改变的力量。我们已经开始设想可能存在的社会。"（Ferguson，1980，p.142）

未来的一个研究方向可能是进一步理解跨文化的动机与自我实现模式。马斯洛的研究在世界范围内都得到了应用，包括观察发展中国家的工作动机，以及将马斯洛的理论与东方哲学家的理论进行比较等研究。我们需要综合那些对于马斯洛理论的研究。全球化视角可以增强国际社会的协同作用，帮助我们更好地理解跨文化的规范与价值观。

大树长青，硕果累累

追求心理健康的运动，也是追求精神安宁、社会和谐的运动（Maslow，1971，p. 195）。

亚伯拉罕·马斯洛的理论已经被广泛应用于各种组织与情境，从农场到银行，从冥想团体到军队，从养老院到幼儿园。这些理论已经被用于制作商业广告，起草公共卫生公告。

马斯洛的心理学很好地体现了他那个时代的精神，并且已经融入了美国生活的方方面面。他的研究以细致入微的观察为基础，不断地延伸到美国文化的方方面面。《动机与人格》一书中所阐述的有力观点，对我们的价值观、思考与学习的方式，以及**我们的生活方式**都产生了深刻的影响。

从亚伯拉罕·马斯洛的心理学中收获的果实，将使我们继续提出独特的问题，并指导我们前进。他开创了一种看待人类世界的新方式，并以此鼓舞了我们，强调了我们人类潜能的本质，鼓励我们走得更远，并提醒我们，**我们每个人身上都有伟大之处**。归根结底，马斯洛所揭示的真理，存在于我们每个人身上，体现在我们成为更完整的人的追求之中。

A CITATION REVIEW OF *MOTIVATION AND PERSONALITY*
《动机与人格》引用回顾

《动机与人格》是马斯洛被引用最多的书。马斯洛的其他著作都是为普通大众写的，但学者更熟悉《动机与人格》，因为这本书被广泛用于教学。

以下结果来自"社会科学与人文艺术引文索引"（Social Sciences and Arts and Humanities Citation indexes）。下面的数字是对 1954 年版与 1970 年版《动机与人格》的参考次数，前后涵盖了 20 年的时间。

在 1966—1970 年的 5 年期间，共有 300 次引用。1971—1976 年的 6 年期间，共有 489 次引用。在出版 20 年后，在 1976—1980 年，这本书在各处被引用了 791 次。

近年来，在 1981—1985 年，《动机与人格》被引用了 550 次。这本书所激发出来的兴趣与挑战、对本书的参考稳步增加。这一趋势似乎在 1985 年趋于平稳，但没有迹象表明此时人们的兴趣正在下降。①

引用《动机与人格》的出版物，其多样性令人惊讶。在前 5 年（1966—1970 年），人们对马斯洛的理论产生了广泛的兴趣，在接下来的 10 年

---

① 根据美国心理学会数据平台（APA PsycNet），截止 2024 年 10 月 24 号，《动机与人格》已被引用 3084 次。——编者注

（1971—1980年），感兴趣的人群变得越发多样。

对本书引用最多的是心理学的一般领域，紧随其后的是教育学、商业、医学和护理，以及社会研究。也有来自工程学、遗传学、政治学、哲学、老年学、社会评论、广播、和平研究与宗教等领域的引用。

下列期刊中的大多数文章摘要，都侧重于马斯洛的动机理论与需求层次理论，因为这些理论与特定的领域和研究有关。其中许多文章都是对马斯洛理论的有效性所做的实证和应用研究。

《动机与人格》在以下主要期刊中被引用的频率最高。

心理学

《应用心理学杂志》（*Journal of Applied Psychology*）、《心理学评论》（*Psychological Review*）、《人本主义心理学杂志》（*Journal of Humanistic Psychology*）、《个体心理学杂志》（*Journal of Individual Psychology*）、《心理学与神学杂志》（*Journal of Psychology and Theology*）、《今日心理学》（*Psychology Today*）、《咨询心理学杂志》（*Journal of Counseling Psychology*）、《咨询与临床心理学杂志》（*Journal of Consulting and Clinical Psychology*）、《人格与个体差异》（*Personality and Individual Differences*）、《人格杂志》（*Journal of Personality*）、《心理学杂志》（*Journal of Psychology*）、《学校心理学》（*Psychology in the Schools*）、《超个人心理学杂志》（*Journal of Transpersonal Psychology*）、《精神分析季刊》（*Psychoanalytic Quarterly*）、《婚姻与家庭杂志》（*Journal of Marriage and the Family*）

"社会科学索引"（Social Sciences Index）中大多数与心理学相关的期刊似乎都会引用本书。

教育学

《儿童发展》（*Child Development*）、《哈佛教育评论》（*Harvard Educational*

Review）、《教育学》（*Education*）、《资优儿童季刊》（*Gifted Child Quarterly*）、《美国教育研究杂志》（*American Educational Research Journal*）、《阅读教师》（*Reading Teacher*）、《教育评论》（*Educational Review*）、《教育管理季刊》（*Educational Administration Quarterly*）、《教育领导与教学教育杂志》（*Educational Leadership and Journal of Education for Teaching*）、《青春期》（*Adolescence*）、《语言学习》（*Language Learning*）。

商业

《管理科学季刊》（*Administrative Science Quarterly*）、《职业指导季刊》（*Vocational Guidance Quarterly*）、《培训与发展杂志》（*Training and Development Journal*）、《管理科学》（*Management Science*）、《哈佛商业评论》（*Harvard Business Review*）、《商业视野》（*Business Horizons*）、《管理研究杂志》（*Journal of Management Studies*）、《人事与指导杂志》（*Personnel and Guidance Journal*）、《组织行为学与人力绩效》（*Organizational Behavior and Human Performance*）、《美国商法》（*American Business Law*）、《商业杂志》（*Journal of Business*）、《管理聚焦》（*Management Focus*）、《职业行为杂志》（*Journal of Vocational Behavior*）。

医学、护理与老龄化

《美国医学会杂志》（*Journal of the American Medical Association*）、《神经与精神疾病杂志》（*Journal of Nervous and Mental Diseases*）、《医院管理》（*Hospital Administration*）、《护理研究》（*Nurse Research*）、《护理管理与教育杂志》（*Journal of Nursing Administration and Education*）、《老年学家》（*Gerontologist*）、《老年学》（*Gerontology*）、《老龄化与人类发展》（*Aging and Human Development*）、《国际老龄化杂志》（*International Journal of Aging*）、《老龄化与工作》（*Aging and Work*）。

社会研究

《公 共 卫 生 研 究》(*Public Health Research*)、《人 际 关 系》(*Human Relations*)、《社会学评论》(*Sociology Review*)、《社会问题杂志》(*Journal of Social Issues*)、《休闲研究杂志》(*Journal of Leisure Research*)、《视野》(*Horizons*)、《美国文化杂志》(*Journal of American Culture*)、《社会问题》(*Social Problems*)、《社 会 服 务 评 论》(*Social Service Review*)、《社 会 政策》(*Social Policy*)、《社会工作》(*Social Work*)、《社会科学季刊》(*Social Science Quarterly*)、《公 共 福 利》(*Public Welfare*)、《舆 论 季 刊》(*Public Opinion Quarterly*)、《社会科学与医学》(*Social Science and Medicine*)、《卫生政策与教育》(*Health Policy and Education*)。